Muysers · Smidt

Kolloquium über Respirations-Massenspektrometrie

Kolloquium über Respirations-Massenspektrometrie

Technologie · Analytische Verfahren Untersuchungsmethoden

18.–20. 9. 1969 in Bonn

Verhandlungsbericht herausgegeben von

Priv.-Doz. Dr. med. **K. MUYSERS** und Dr. med. **U. SMIDT**
Physiologisches Institut der Universität Bonn   Krankenhaus Bethanien, Moers

Mit 114 Abbildungen und 12 Tabellen

19  71

F. K. SCHATTAUER VERLAG · STUTTGART – NEW YORK

Printed in Germany

Satz, Druck und Einband: W. F. Mayr Miesbach, Oberbayern

ISBN 3 7945 0209 4

VORWORT

In den 3 Jahren, die seit dem 1. Kolloquium über Respirations-Massenspektrometrie in Düsseldorf 1966 vergangen sind, hat es sowohl auf technologischem Gebiet wie auch in der medizinischen Anwendung viele Fortschritte gegeben.

Das 2. Kolloquium sollte nicht nur eine Bestandsaufnahme sein, sondern vor allem das Gespräch zwischen Konstrukteuren und Technikern einerseits und medizinischen Anwendern andrerseits intensivieren.

Der Mediziner, der ein Massenspektrometer benutzt, muß die Meßbedingungen, die Möglichkeiten und Grenzen des Gerätes kennen, um es optimal einsetzen zu können und keinen Irrtümern bei der Interpretation der Meßwerte zu unterliegen.

Die Konstrukteure müssen andrerseits die Interessen und Forderungen der Anwender eines solchen Gerätes kennen.

Um diese verschiedenen Aspekte darzustellen, wurde im 1. Teil des Kolloquiums die *Technologie* der Massenspektrometrie besprochen, im 2. Teil die *analytische Verfahrenstechnik*. Der 3. Teil war den physiologischen und pathophysiologischen *Untersuchungsmethoden* und ihren Resultaten gewidmet.

Die Diskussionen sind überwiegend durch eine spätere Überarbeitung der Referate von den jeweiligen Autoren berücksichtigt.

K. Muysers
U. Smidt

INHALTSVERZEICHNIS

TEILNEHMERVERZEICHNIS

Prof. Dr. D. Bargeton
Paris VI, 45, rue des Saints-Pères

Dr. Beneken-Kolmer
Nijmegen, Institut für Anästhesie

Dr. Buhr
Bremen, Städtische Krankenanstalten

Herr K. Casper
Mülheim, Max-Planck-Institut für Kohleforschung, Kaiser-Wilhelm-Platz

Prof. Dr. P. Cerretelli
Mailand, Physiologisches Institut

Dr. Cott
Göttingen, II. Physiologisches Institut

Prof. Dr. G. Cumming
Birmingham, Queen Elisabeth Hospital

Dr. Dipl.-Phys. H. W. Dahners
Bonn, Physiologisches Institut

Dr. Degré
Brüssel, Hôpital Universitaire Saint Pierre

Dipl.-Phys. L. Delgmann
Bremen, Woltmershauserstr. 442–448a (Firma VARIAN MAT)

Dr. Döhring
Mainz, Physiologisches Institut

Dr. Fenyves
Basel, Leonhardstr. 26 (Firma Dr. Fenyves & Gut)

Dr. Ferlinz
Bonn, Medizinische Poliklinik

Herr Fischer
Erlangen, Henkestraße (Firma Siemens)

Herr Fischer
Bremen, Woltmershauserstr. 442–448a (Firma VARIAN MAT)

Dr. Flohr
Bonn, Physiologisches Institut

Herr Flügel
Erlangen, Henkestraße (Firma Siemens)

Herr Gädicke
Frankfurt, Kaiserstr. 13 (Firma R. Stern)

Fräulein Gomoll
Erlangen, Henkestraße (Firma Siemens)

Prof. Dr. P. Haab
Freiburg/Schweiz, Physiologisches Institut

Prof. Dr. Hamm
Remscheid, Städtische Krankenanstalten

Dr. Hauck
Berlin, Clausewitzstr. 2

Dr. Helmbold
Spechbach

Dr. F. H. Hertle
Wiesbaden, Deutsche Klinik für Diagnostik

Frau Dr. Heymer
Mainz, Institut für Anästhesiologie

Herr Hiller
Darmstadt, Mathildenplatz 1 (Firma VARIAN MAT)

Dr. Huckauf
Berlin, Klinikum Steglitz

Dr. Hüttemann
Berlin, Klinikum Steglitz

Prof. Dr. Kesseler
Bonn, Physiologisches Institut

Dr. Kunkel
Berlin, Klinikum Steglitz

Dr. de Lattre
Paris VI, 45, rue des Saints-Pères

Ing. Look
Bonn, Physiologisches Institut

Dr. P. Lotz
Bonn, Physiologisches Institut

Herr Menopace
Erlangen, Henkestraße (Firma Siemens)

Dr. Meunier-Carus
Straßburg, Centre d'Etudes Bioclimaticques 21, rue Becquerel

Herr Meyer
Bilthoven (Holland), Jan van Eicklaan 2 (Firma Godart)

Dr. J. L. MICHELI
Freiburg/Schweiz, Physiologisches Institut

Dr. K. MUYSERS
Bonn, Physiologisches Institut

Dr. G. v. NIEDING
Berlin, Bundesgesundheitsamt, Corrensplatz 1

Dr. O. NISHIDA
Hiroshima, Medizinische Universitätsklinik

Prof. Dr. J. PICHOTKA
Bonn, Physiologisches Institut

Prof. Dr. PIIPER
Göttingen, Max-Planck-Institut für Experimentelle Medizin

Dr. PLESCHKA
Bad Nauheim, W. Kerckhoff-Institut

Dr. RITTEL
Aachen, Roermonderstr. 7–9, Technische Hochschule

Dr. SCHEID
Göttingen, Max-Planck-Institut für Experimentelle Medizin

Dr. SCHEPERS
Bonn, Physikalisches Institut

Dr. SCHIEBER
Straßburg, Centre d'Etudes Bioclimaticques 21, rue Bequerel

Dr. F. J. SCHITTKO
Bonn, Physikalisches Institut

Dr. W. SCHMIDT
Mainz, Physiologisches Institut

Dr. SCHMIDT
Bonn, Physiologisches Institut

Dr. K. H. SCHNABEL
Mainz, Physiologisches Institut

Dr. SCHNELLBÄCHER
Düsseldorf, Staatlicher Gewerbearzt, Auf'm Hennekamp 70

Dr. SERRA
Genua, Institut für Arbeitsmedizin

Dr. U. SMIDT
Moers, Krankenhaus Bethanien

Dr. STRUNK
Mainz, II. Medizinische Klinik

Prof. Dr. Dr. G. Thews
Mainz, Physiologisches Institut

Prof. Dr. Trendelenburg
Homburg, Universitätsklinik

Dr. B. F. Visser
Utrecht, van Speijkstraat 17

Dr. Waterloh
Aachen, Roermonderstr. 7–9, Technische Hochschule

Physiologisches Institut der Universität Paris
(Direktor: Prof. Dr. D. Bargeton)

Bedeutung und Grenzen der Respirations-Massenspektrometrie

D. Bargeton

Um die Bedeutung und die Grenzen der Respirations-Massenspektrometrie zu umreißen, muß man diese in den Rahmen der Entwicklung der physiologischen Untersuchungsmethoden stellen.

In der Tat war die klassische Atmungsphysiologie eine Physiologie des stationären Zustandes. Doch wußte man genau, daß der stationäre Zustand nur unter den experimentellen Bedingungen im Labor zu erreichen ist, und daß er sich unter den normalen Lebensumständen nur ausnahmsweise verwirklicht. Außerdem lassen sich die Regulationsmechanismen in ihrem vollen Umfang nur bei Übergangszuständen untersuchen.

So wurde diese eingeschränkte Betrachtung keineswegs mit Vorbedacht gewählt, sondern ist eine Folge der beschränkten Möglichkeiten der Meßmethoden gewesen.

Um die Zusammensetzung der respiratorischen Gasgemische zu bestimmen, standen jahrelang allein chemische Verfahren zur Verfügung, mit denen nur Mittelwerte zu erhalten waren. Später kamen physikalische Analysatoren auf, die zwar fortlaufend arbeiten, aber keineswegs augenblicklich, wenn man als »augenblicklich« einen Analysator bezeichnet, dessen Einstellzeit im Vergleich zur Dauer eines Atemzuges vernachlässigt werden kann.

In diesem Sinn ist das Massenspektrometer der erste und bis jetzt der einzige »augenblickliche Analysator« für respiratorische Gasgemische. Daher das Interesse, das er bei Physiologen und Ärzten hervorgerufen hat.

Die ersten Massenspektrometer wurden aber für Zwecke der physikalischen Forschung gebaut, und erst später wurden Apparate für biologische Untersuchungen entwickelt. Die ihnen dadurch ursprünglich anhaftenden Eigenschaften hat das Respirations-Massenspektrometer geerbt, und die Anpassung der Technologie an biologische Zwecke bleibt daher oft unvollkommen.

So ist ein Zusammentreffen zwischen Ingenieuren, die solche Apparate konstruieren, und Physiologen und Ärzten, die sie benützen, eine notwendige Vorbedingung, um eine wirkliche Anpassung an biologische Bedürfnisse zu erreichen (Abb. 1).

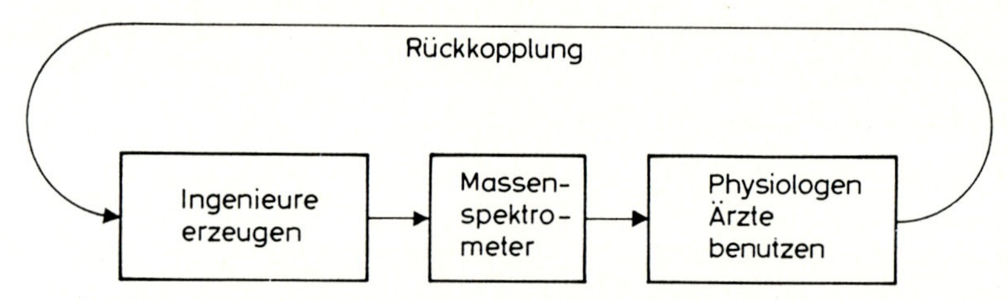

Abb. 1. Anpassung an biologische Zwecke durch Rückkopplung.

Prinzip des Massenspektrometers

Die Möglichkeiten und die Grenzen der Massenspektrometrie hängen von ihrem Prinzip ab; so ist es auch nicht überflüssig, dieses Prinzip kurz in Erinnerung zu rufen (Abb. 2). Eine sehr geringe Menge des Gasgemisches wird durch einen Schlauch abgesaugt und in eine Vakuumkammer eingeführt. Die verschiedenen Bestandteile des Gasgemisches werden ionisiert und die entsprechenden Ionen durch ein elektrisches Feld beschleunigt. Nach Fokussierung werden die Ionen durch ein Magnetfeld abgelenkt, wodurch sie eine gekrümmte Flugbahn erhalten. Der Radius der Flugbahn jedes Ions hängt von seiner kinetischen Energie, d. h. von seiner Massenzahl ab. So werden die verschiedenen Ionen gemäß ihrer Massenzahl getrennt.

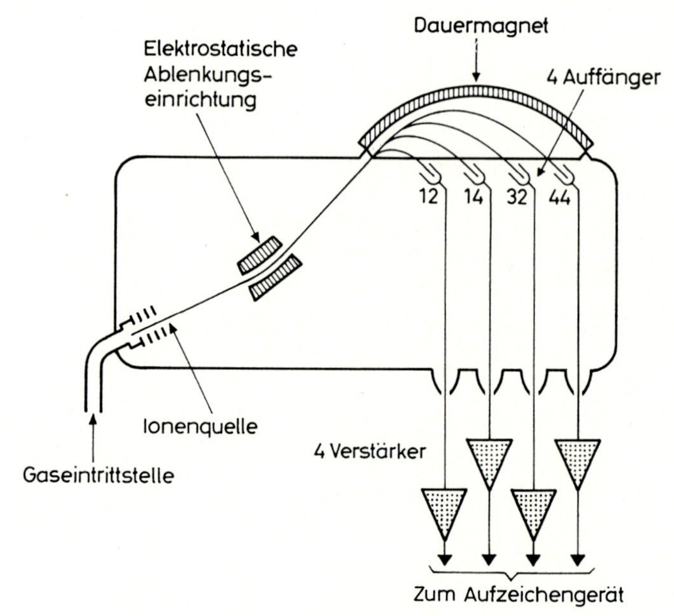

Abb. 2. Prinzip der Massenspektrometrie.

Dieses Verfahren ist mit der Spaltung eines Lichtstrahls durch ein Prisma zu vergleichen; die Wellenlänge in der Lichtspektrometrie spielt die Rolle der Massenzahl bei der Massenspektrometrie.

Weil jedes Ion eine ihm eigene Massenzahl besitzt, ist die Massenspektrometrie ein vollkommen universelles Verfahren. Weil die Flugbahnen der verschiedenen Ionen voneinander unabhängig sind, ist das Auflösungsvermögen theoretisch unbegrenzt.

Die Ionen werden von einem Kollektor aufgefangen, es entsteht ein Strom, der verstärkt wird und ein Signal abgibt, das proportional der Anzahl der betreffenden Ionen pro Zeiteinheit ist.

Es gibt hauptsächlich 2 Methoden, um die verschiedenen Ionen aufzufangen:

- entweder wird die Intensität des Beschleunigungs- oder des Ablenkungsfeldes periodisch geändert, und die verschiedenen Ionen werden der Reihe nach von demselben einzigen Kollektor aufgefangen;
- oder es bleiben das Ablenkungsfeld und das Beschleunigungsfeld konstant, und jedes zu bestimmende Ion wird von einem ihm zugeordneten Kollektor aufgefangen.

Die 1. Methode hat den Vorteil, daß das ganze Massenspektrum untersucht wird, hat aber den Nachteil, daß jedes Ion nur während eines Bruchteils der Zeit aufgefangen wird, was zu einer geringeren Empfindlichkeit und längeren Einstellzeit führt.

Die 2. Methode hat den Nachteil, daß nur die Ionen, für welche ein Kollektor vorgesehen ist, bestimmt werden können, den Vorteil aber einer höheren Empfindlichkeit und kürzeren Einstellzeit.

Gegenwärtiger Stand der Technologie

Bei dem gegenwärtigen Stand der Apparate, die zur Verfügung stehen, kann man das Leistungsvermögen der Respirations-Massenspektrometrie folgendermaßen zusammenfassen:

Empfindlichkeit, Auflösungsvermögen und Linearität sind in den meisten Fällen für biologische Untersuchungen befriedigend.

Einstellzeit:

Die Gesamt-Einstellzeit hängt von 3 Prozessen ab:

1. Auswaschen der Einlaßleitung
2. Auswaschen der Vakuumkammer
3. Zeitkonstante der Elektronik.

Die Rolle dieses 3. Punktes kann vernachlässigt werden im Vergleich mit den beiden ersten, die, wie alle Auswaschprozesse, von dem Verhältnis der Anzahl der anwesenden Moleküle zur Anzahl der bewegten Moleküle pro Zeiteinheit abhängen.

Der Druck in der Vakuumkammer ist sehr niedrig, denn es sind sehr wenige Moleküle anwesend; daher ist die Auswaschzeitkonstante sehr gering. Wäre das Auswaschen der Vakuumkammer allein verantwortlich für die Einstellzeit, so wären 90% der Änderung in 20–50 Millisekunden erreicht.

Die Auswaschbedingungen der Einlaßleitung hängen von der Art ab, wie das Druckgefälle verursacht wird. Ist das Einlaßsystem mit einem Eintrittsnadelventil versehen, so ist der Druck in der ganzen Einlaßleitung sehr niedrig, wodurch das Auswaschen sich relativ schnell vollzieht.

Wenn dagegen eine Kapillare verwendet wird, verteilt sich das Druckgefälle auf die ganze Leitung, und so geht das Auswaschen relativ langsam vor sich.

Später wird über das Einlaßsystem ausführlich berichtet werden, vorher muß man aber erwähnen, daß in der Entstehung der gesamten Einstellzeit das Auswaschen des Einlaßsystems und das der Vakuumkammer verschiedene Rollen spielen.

Das Auswaschen des Einlaßsystems verursacht eine fast reine Verzögerung ohne nennenswerten Verlust an Information. Dagegen bringt das Auswaschen der Vakuumkammer eine Phasenverschiebung mit sich und folglich einen Verlust an Information. Abb. 3 zeigt die Kompensation der Verzögerung des massenspektrometrischen Signals durch ebensolche Verzögerung des pneumotachographischen Signals.

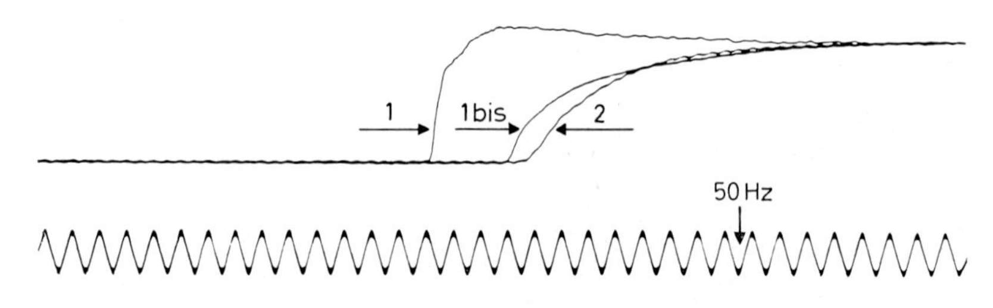

1 Pneumotachograph (direkt)
1bis Pneumotachograph mit Verzögerungskreis
2 Massenspektrometer (CO_2)

Abb. 3. Direktes (1) und verzögertes (1bis) Pneumotachographensignal zur Anpassung an die Totzeit des Massenspektrometers.

Stabilität

Bei fast allen Apparaten genügt die Stabilität für kurzzeitige Versuche wie z. B. Single-Breath-Experimente. Sie reicht aber nicht für Untersuchungen aus, deren Dauer die Größenordnung von Stunden erreicht.

Diese Langzeitabweichung hängt hauptsächlich von den Druckschwankungen in der Vakuumkammer ab, denn bei einer bestimmten Zusammensetzung des Gasgemisches ist das jeden Bestandteil betreffende Signal proportional dem Druck in der Vakuumkammer.

Dieser Druck selbst ist proportional dem Druck am Ende der Einlaßleitung, der wieder vom aerodynamischen Widerstand des Einlaßsystems abhängt.

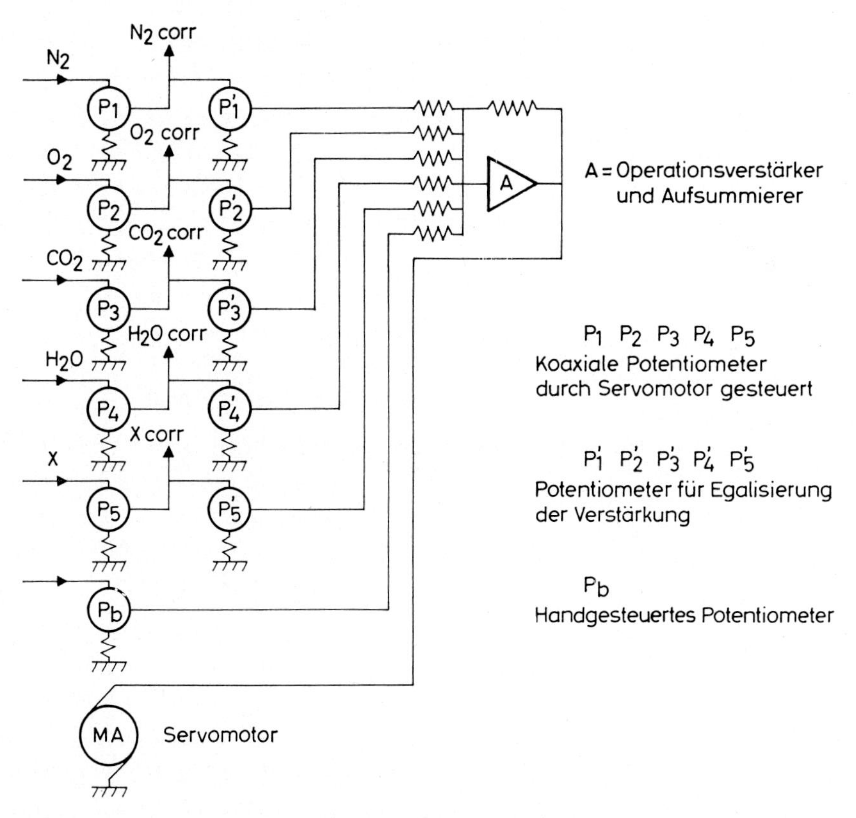

Abb. 4. Prinzip der Stabilisierungseinrichtung. Ist die Summe der Signale nicht dem atmosphärischen Druck gleich, so laufen der Servomotor und die koaxialen Potentiometer, um die verschiedenen Signale proportional zu beeinflussen und ihre Summe wieder auf den atmosphärischen Druck zu bringen.

Dieser Widerstand ist von der Geometrie des Nadelventils oder der Kapillare und der Viskosität des Gasgemisches abhängig. Die Geometrie verändert sich mit der Temperatur und durch eine unvermeidbare allmähliche Verschmutzung; die Viskosität hängt von der Temperatur und dem Wasserdampfgehalt des Gasgemisches ab.

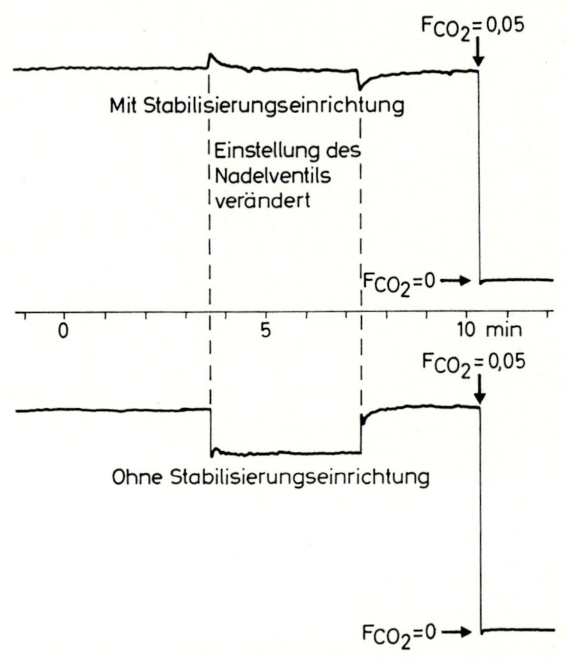

Abb. 5. Wirkung der Stabilisierungseinrichtung bei Veränderung des aerodynamischen Widerstandes des Einlaßsystems (Einstellung des Nadelventils absichtlich verändert).

Wäre z. B. ein Apparat mit Außenluft geeicht, so wäre die Eichung nicht mehr gültig für ausgeatmete Luft, die nicht dieselbe Zusammensetzung, Temperatur und Feuchtigkeit besitzt.

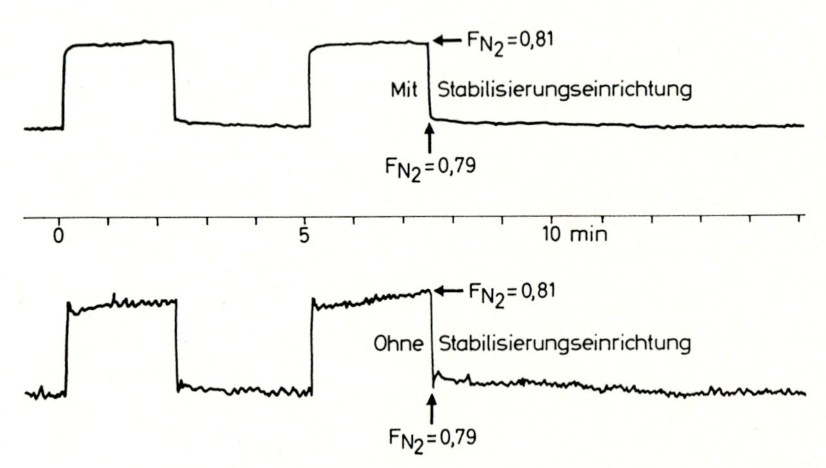

Abb. 6. Wirkung der Stabilisierungseinrichtung bei Verschmutzung des Einlaßsystems.

Es ist aber zu bemerken, daß die Druckschwankungen in der Vakuumkammer jedes Signal proportional beeinflussen, und so ist die Möglichkeit gegeben, die Wirkung dieser Druckschwankungen zu korrigieren. Wenn man, wie es in der Atmungsphysiologie üblich ist, alle Bestandteile eines Gasgemisches bestimmen kann, muß die Summe der Signale dem atmosphärischen Druck gleichen, d. h. konstant bleiben. Ein Servomechanismus kann nach diesem Prinzip arbeiten und über mehrere Stunden hinweg eine Stabilität, die besser als 1% ist, gewährleisten (Abb. 4, 5 und 6).

Hilfsgeräte

Ein fortlaufend arbeitendes Massenspektrometer liefert so viele Daten, daß ihre Auswertung viel Zeit und Mühe erfordert. So ist es häufig zweckmäßig, den Apparat an einen Analog- oder Digital-Rechner anzuschließen, um die Lösung des Problems direkt zu bekommen.

Schluß

Diese Einführung sollte versuchen, die Aufgabe zu erfüllen, die Hauptlinien des Themas dieses Kolloquiums zu skizzieren. Die folgenden ausführlichen Berichte werden tiefer in die Materie eindringen.

Aus dem Physiologischen Institut der Universität Bonn (Direktor: Prof. Dr. J. Pichotka)

Ionenerzeugung und Massendispersion

H. W. Dahners

Zu den Aufgaben, welche mittels der Massenspektrometrie gelöst werden können, gehört die qualitative und quantitative Analyse von Proben unbekannter Zusammensetzung. Dabei lassen sich folgende methodische Schritte unterscheiden:

1. Einbringen der Probe in den evakuierten Analysator.
2. Erzeugung von Ionen aus den Molekülen der eingelassenen Probe.
3. Bildung eines Ionenstrahls geringer Impuls- oder Energiehomogenität.
4. Zerlegung des Ionenstrahls in seine Komponenten (Massendispersion).
5. Nachweis der Ionenstrahlkomponenten.

In diesem Vortrag werden die Punkte 2 und 4 behandelt, und zwar nur hinsichtlich der Analyse gasförmiger Proben.

Erzeugung von Ionen

Die klassische Methode der Ionenerzeugung ist die von Dempster (1) 1916 benutzte Elektronenstoßmethode. Die von einer Glühkathode emittierten Elektronen werden beschleunigt und stoßen mit Atomen oder Molekülen der Probe zusammen. Nach der Reaktionsgleichung

$$A + e \rightarrow A^+ + 2e^-$$

entstehen dabei Ionen und Elektronen (Abb. 1). Ist der Druck in der Ionisationskammer kleiner als 10^{-4} Torr, dann ist die Wahrscheinlichkeit für Rekombinationsstöße, d. h. Stöße, bei denen ein primär erzeugtes Ion wieder ein Elektron aufnimmt ($A^+ + B \rightarrow A + B^+$), so gering, daß die Zahl der erzeugten Ionen der Zahl der in der Kammer vorhandenen Moleküle proportional ist. Mit den typischen Betriebsdaten für eine derartige Ionenquelle, nämlich Energie der stoßenden Elektronen 50–100 eV, deren Stromstärke 0,1–1,0 mA, lassen sich Ionenströme von 10^{-7} bis 10^{-14} A erzeugen. Diesem Vorteil großer Ionenströme steht eine Reihe von Nachteilen gegenüber. Beim Elektronenstoß entstehen nicht nur einfach geladene Ionen, sondern auch mehrfach geladene, und außerdem kommt es besonders bei schwach gebundenen organischen Molekülen zur Dissoziation. Daraus resultiert ein kompliziertes Spektrum, welches die Aus-

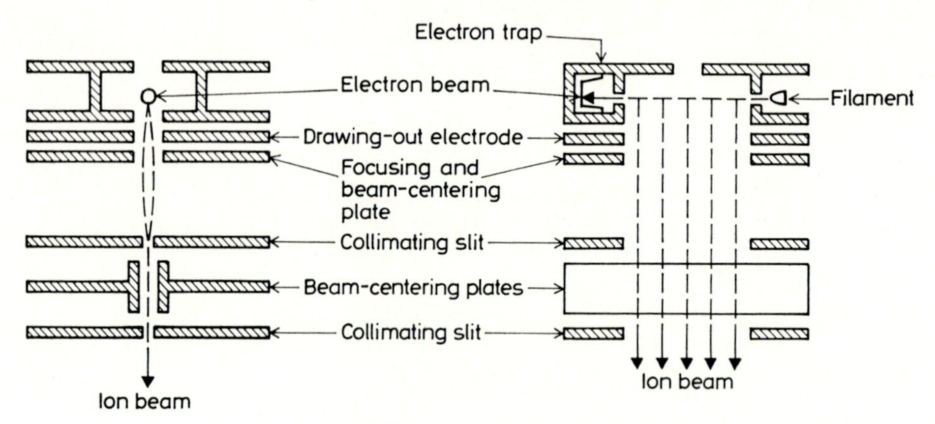

Abb. 1. Elektronenstoßionenquelle.

wertung erschwert. Hierzu kommen die Nachteile, die von der Glühkathode herrühren. Aus dem glühenden Wolfram- oder Rheniumdraht werden ständig Gase freigesetzt, so daß deren Beitrag zum Spektrum berücksichtigt werden muß. Unangenehmer ist ein weiterer Effekt: Das verdampfende Kathodenmaterial setzt sich auf den kühleren Oberflächen ab und adsorbiert Gase. An diesen frisch sich bildenden Metallflächen besteht ein Fließgleichgewicht zwischen den adsorbierbaren Gasmolekülen und dem in der Ionenquelle befindlichen Gasgemisch. Dies hat zur Folge, daß bei Änderungen der Probenzusammensetzung ein abklingender Ausgleichsvorgang in der Gasbesetzung dieser Flächen einsetzt, so daß die Ionenquelle sich aufgrund dieses »Gettereffektes« in oft störender Weise an die voraufgegangene Probe erinnert.
Trotz dieser Nachteile wird die Elektronenstoßionenquelle wegen ihrer von keiner anderen Ionenquelle erreichten großen Ionenausbeute bevorzugt verwendet.

Eine Alternative zur Elektronenstoßionenquelle bietet die Feldionisation, die in Muellers (2) Feldionenmikroskop benutzt wird, und die von Gomer und Inghram (3) in die Massenspektrometrie eingeführt wurde. An einer Metallspitze wird durch Anlegen einer Spannung von ca. 20 kV gegen die Umgebung ein inhomogenes elektrisches Feld erzeugt, dessen Stärke an der Metallspitze 10^6 V cm^{-1} übersteigt (Abb. 2). Stößt ein Molekül gegen die Spitze, so besteht eine gewisse quantenmechanische Wahrscheinlichkeit dafür, daß ein Elektron, welches durch die große Feldstärke auf ein höheres, dem Ferminiveau der Elektronen im Metall entsprechendes Energieniveau gebracht wurde, durch einen »Tunneleffekt« vom Molekül auf das Metall übergeht und damit ein Ion zurückläßt:

$$A \rightarrow A^+ + e^- .$$

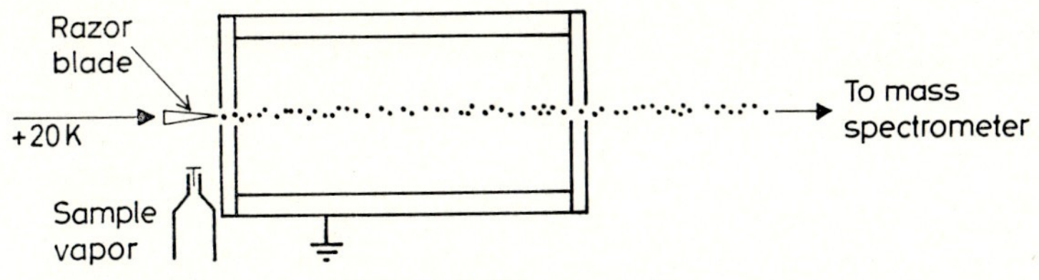

Abb. 2. Feldionenquelle.

Dies ist ein sehr schonendes Ionisierungsverfahren und damit geeignet für schwach gebundene organische Moleküle. Weiterhin gibt es kein »Gasen« und keinen Gettereffekt; allerdings sind die maximalen Ionenströme um den Faktor 10^{-2} kleiner und liegen bei 10^{-9} A.

Von POSCHENRIEDER und WARNECK (4) wurde 1966 eine Photoionenquelle angegeben, bei der Moleküle durch Bestrahlung mit monochromatischem Licht ionisiert wurden (Abb. 3):

$$A + h\nu \rightarrow A^+ + e^- .$$

Die Vorteile der Methode liegen darin, daß über die Wahl der Wellenlänge des Lichtes die molekülspezifischen Ionisationsenergien eingestrahlt werden können. Dies führt zu einem geringen Auftreten von Bruchstückionen und damit zu klaren linienarmen Spektren. Die höchsten erreichten Ionenströme von $5 \cdot 10^{-13}$ A liegen allerdings um mehrere Größenordnungen unter denen anderer Quellen.

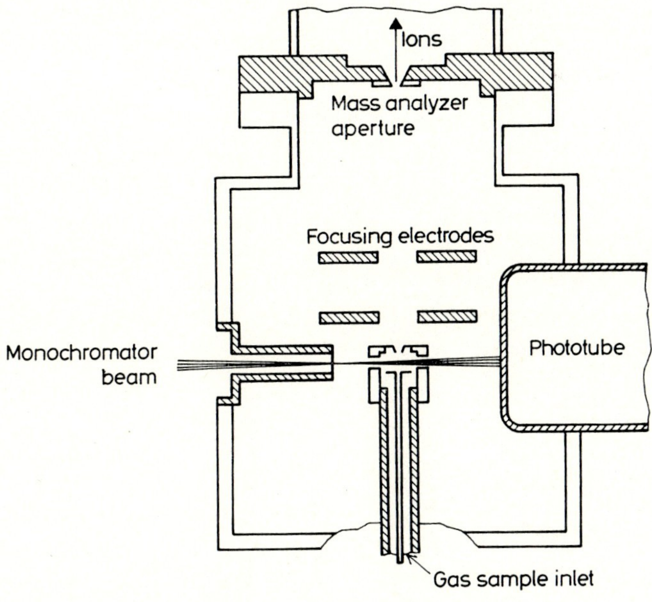

Abb. 3. Photoionenquelle.

Testerman (5) beschrieb 1965 eine Elektronenstoßionenquelle, bei der die Glühkathode ersetzt ist durch eine »kalte« Elektronenquelle. Die Ionisierung erfolgt wie bei der eingangs beschriebenen Quelle nach der Reaktionsgleichung

$$A + e^- \rightarrow A^+ + 2\,e^-,$$

mit dem Unterschied, daß die zum Stoß benötigten Elektronen durch eine Photokathode oder von einem weichen β-Strahler erzeugt werden; die erforderliche Elektronenstromdichte wird durch einen Elektronenmultiplier erreicht. Die Vorteile liegen auf der Hand: Kein »Gasen«, kein Gettern. Entwickelt wurde diese Ionenquelle im Hinblick auf ihre Verwendung in Raumsonden; dabei ist ein weiterer Vorteil, daß die Energieversorgung der Ionenquelle durch Sonnenlicht erreicht wird. Beim Betrieb in mit Diffusionspumpen erzeugten Vakua stört allerdings die Verschmutzung der Multiplier-Dynoden.

Massendispersion

Die klassischen Verfahren zur Zerlegung eines Ionenstrahls in Teilstrahlen, welche nur Ionen einer bestimmten Masse (genauer: eines bestimmten Verhältnisses von Ladung und Masse) enthalten, bedienen sich der Kräfte, die statische elektrische und magnetische Felder auf bewegte Ladungen ausüben. In einem statischen elektrischen Feld wirkt auf eine Ladung eine Kraft, die der elektrischen Feldstärke am Ort der Ladung proportional ist und die die gleiche Richtung wie die elektrische Feldstärke hat:

$$\vec{K}_e \propto \vec{E}\,.$$

In einem statischen Magnetfeld wirkt auf eine bewegte Ladung eine Kraft, die sowohl der magnetischen Kraftflußdichte (und damit auch der Feldstärke) am Ort der Ladung als auch deren Geschwindigkeit proportional ist; die Richtung dieser Kraft steht senkrecht auf Kraftflußdichte und Geschwindigkeit:

$$\vec{K}_m \propto \vec{B} \times \vec{v}.$$

Treten Ionen mit einer Translationsenergie T senkrecht in ein homogenes Magnetfeld ein, so bewegen sie sich dort auf Kreisbahnen, deren Radius

$$R \propto \frac{1}{nB} \sqrt{MT}$$

ist; dabei bedeuten M die Massenzahl des betreffenden Ions und n die Zahl seiner Ladungseinheiten. Die Translationsenergie der Ionen setzt sich zusammen aus der thermischen Translationsenergie und der bei der Bildung des Ionenstrahls aus dem elektrischen Beschleunigungsfeld aufgenommenen Energie, die stets groß ist gegenüber der thermischen Energie, so daß diese dagegen vernachlässigt werden kann. Somit haben alle Ionen die gleiche Translationsenergie, die gegeben ist durch die durchlaufene Beschleunigungsspannung U und die Ladungszahl n

$$T \propto nU.$$

Damit wird der Bahnradius bei gegebenem Magnetfeld und fester Spannung U eine Funktion des Masse-Ladungs-Verhältnisses allein

$$R \propto \frac{1}{B} \sqrt{\frac{M}{n} U}\,.$$

Dies bedeutet, daß alle Ionen eines bestimmten Masse-Ladungs-Verhältnisses Kreisbahnen mit dem gleichen Radius beschreiben (Abb. 4), dies bedeutet aber auch, daß genaugenommen im homogenen Magnetfeld keine Richtungsfokussierung stattfindet. Bei einem 180°-Sektorfeld z. B. werden die Randionenstrahlen des von der Eintrittsblende hindurchgelassenen Ionenstrahlbündels in einem geringeren Abstand vom Eintrittsspalt vereinigt als der zentrale Strahl (Abb. 5). Zur Korrektur dieses Effektes wurde 1960 von Balestrini und White (6) vorgeschlagen, zwischen den Polschuhen des Magneten 2 parabelförmige Folien hoher magnetischer Susceptibilität anzubringen. Dadurch wird die magnetische Kraftflußdichte zwischen diesen Folien vergrößert und

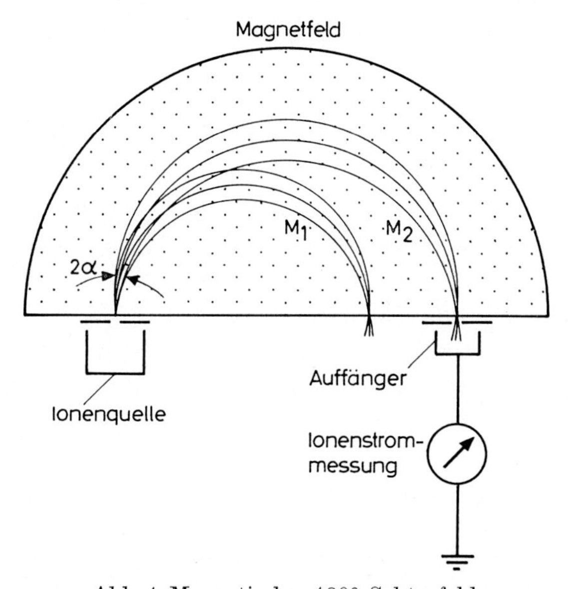

Abb. 4. Magnetisches 180°-Sektorfeld.

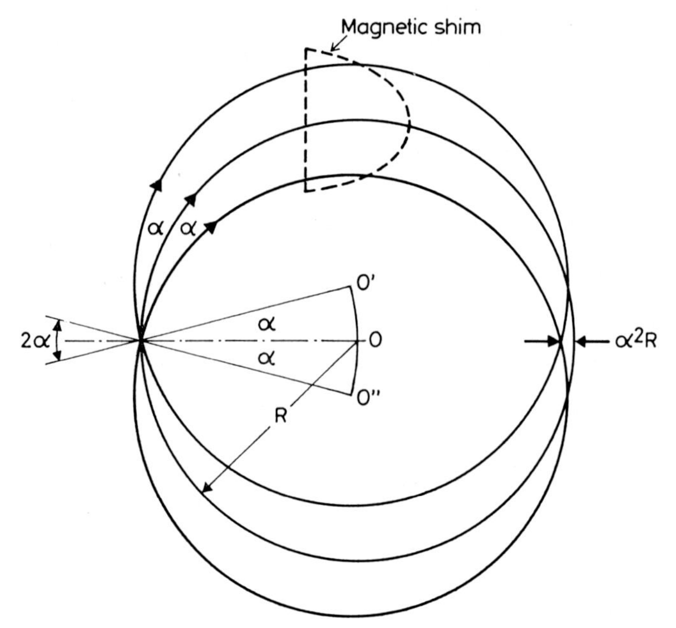

Abb. 5. Richtungsfokussierung im homogenen 180°-Magnetsektorfeld.

werden die Ionenbahnen stärker gekrümmt. Wegen der Form der Folien ist die Wirkung auf die zentraler gelegenen Bahnen größer als auf die peripheren; daraus resultiert eine scheinbare Verkürzung des zentralen Bahnradius und damit eine Verbesserung der Fokussierung.

Neben dem 180°-Sektorfeld, welches erstmals von DEMPSTER (7) 1918 benutzt wurde, gibt es Massenspektrometer mit 60°- und 90°-Sektorenfeldern sowie Kombinationen von elektrischen und magnetischen Sektorfeldern, auf die hier wegen der Kürze der Zeit nicht eingegangen werden kann.

Die Grundlage einer anderen Familie von Massenspektrometern ist die massenabhängige Geschwindigkeit von Ionen mit gleicher Translationsenergie oder gleicher Bewegungsgröße. Hierbei besteht die Vorrichtung zur Massendispersion lediglich aus einer feldfreien und evakuierten Driftröhre. Eine gepulste Ionenquelle liefert Pakete von Ionen, die entweder eine bestimmte Spannung durchlaufen haben und daher alle die gleiche Translationsenergie $T = \frac{1}{2} mv^2$ besitzen, oder die durch einen Spannungsstoß alle den gleichen Impuls erhalten haben, so daß sie die Bewegungsgröße $I = mv$ besitzen. In der Driftröhre eilen die leichteren Ionen den schwereren voraus, und auf einem Aufhänger können die nach verschiedenen Laufzeiten eintreffenden Ionen registriert werden. Wiederholt man diesen Vorgang periodisch, so kann auf einem Oszillo-

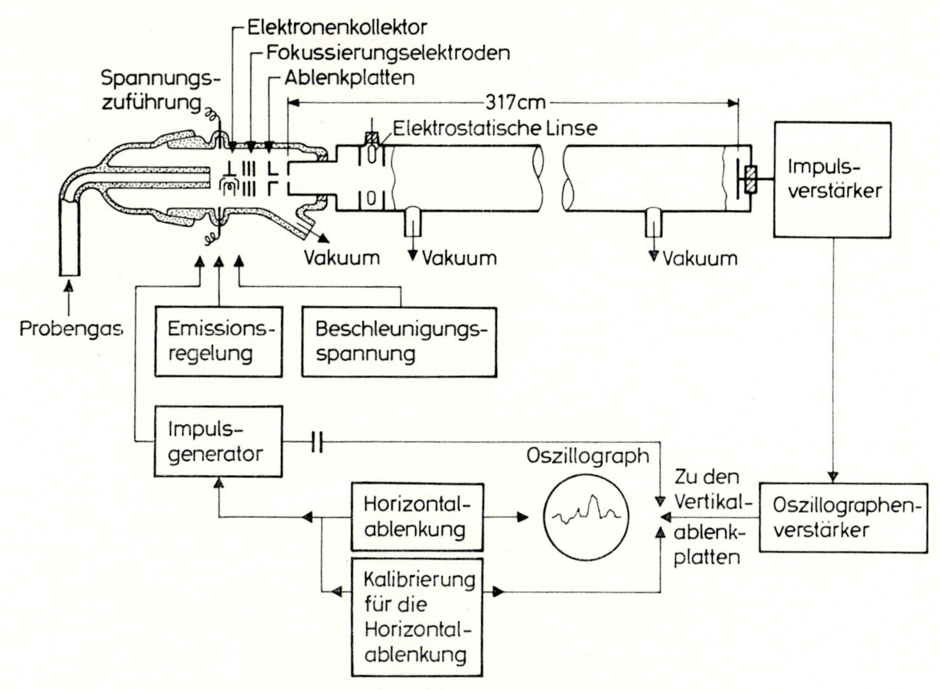

Abb. 6. Flugzeitmassenspektrometer »Velocitron«.

graphen, dessen x-Achse mit der Ionenquelle synchron durchgefahren wird, ein stehendes Bild der auftreffenden Ionenströme und damit ein Spektrum geschrieben werden.

Vorgeschlagen wurde ein solches Massenspektrometer erstmals 1946 von Stephens (8). 1948 wurde das erste Velocitron genannte Gerät von Cameron und Eggers (9) vorgestellt (Abb. 6).

Das abschließend zu besprechende von Paul und Steinwedel (10) 1953 gebaute Massenfilter ist ein Bahnstabilitätsmassenspektrometer. In einem von 4 parallelen Stabelektroden erzeugten elektrischen Wechselfeld sind Ionen Kräften ausgesetzt, die sie einerseits an eine Ebene elastisch binden, andererseits in dieser Ebene jedoch nach außen hin beschleunigen (Abb. 7). Durch den ständigen Wechsel der Polaritäten »sieht« ein Ion ein rotierendes elektrisches Feld, dessen Einwirkung es wegen seiner Masse mit einer gewissen Verzögerung folgt. Hierdurch werden Ionen eines gewissen Massenbereiches während der Passage in Richtung der Symmetrieachse zu Schwingungen veranlaßt, die sie auf die Elektroden bringen oder aus dem System herausführen, während Ionen eines anderen Massenbereiches ebenfalls schwingend auf einer stabil genannten Bahn das Filter passieren können. Der größte Vorteil der Methode liegt in ihrer

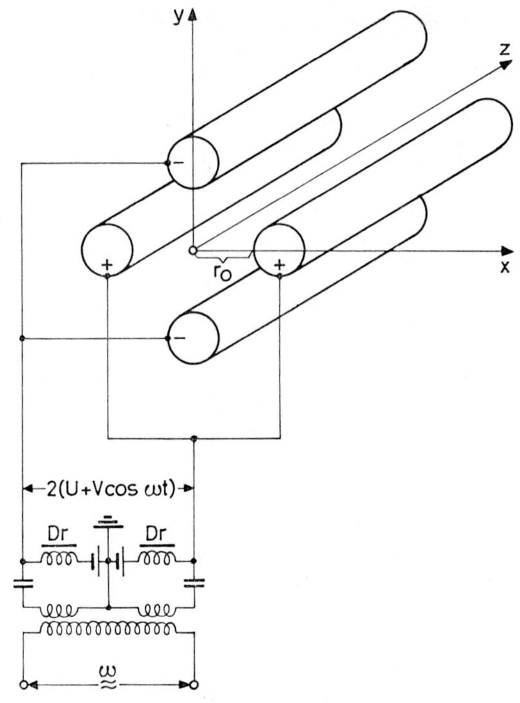

Abb. 7. Massenfilter.

hohen Empfindlichkeit, die die Messung von Partialdrucken im Bereich von 10^{-13} Torr erlaubt.

Einige der hier erörterten Verfahren zur Ionenerzeugung und zur Massendispersion werden bereits in der Respirations-Massenspektrometrie angewandt, während andere z. Z. nur für sehr spezielle Fragestellungen Bedeutung haben. Da die Anregungen für die Weiterentwicklung der kommerziellen Massenspektrometer jedoch naturgemäß von den letztgenannten Verfahren herrühren, scheint es mir berechtigt, diese wenigstens kurz vorzustellen.

Literatur

(1) Dempster, A. J.: Phil. Mag. *31:* 438 (1916). Physiol. Rev. *18:* 415 (1921).
(2) Mueller, E. W.: Physiol. Rev. *102:* 618 (1956).
(3) Gomer, R., M. G. Inghram: J. Chem. Phys. *22:* 1279 (1954).
(4) Poschenrieder, W., P. Warneck: J. appl. Phys. *37:* 2812 (1966).
(5) Testerman, M. K., R. W. Raible, B. E. Guilland, J. R. Williams, G. B. Grimes: J. appl. Phys. *36:* 2939 (1965).
(6) Balestrini, S. J., F. A. White: Rev. Sci. Instr. *31:* 633 (1960).
(7) Dempster, A. J.: Physiol. Rev. *11:* 316 (1918).
(8) Stephens, W. E.: Physiol. Rev. *69:* 691 (1946).

(9) Cameron, A. E., D. F. Eggers: Rev. Sci. Instr. *19:* 605 (1948).
(10) Paul, W., H. Steinwedel: Z. Naturforsch. *8A:* 448 (1953).

Zusammenfassende Darstellungen:

Ewald, H., H. Hintenberger: Methoden und Anwendungen der Massenspektroskopie. Verlag Chemie, Weinheim 1953.
White, F. A.: Mass Spectrometry in Science and Technology. Wiley, New York, London, Sydney 1968.
Jayaram, R.: Mass Spectrometry, Theory and Applications. Plenum Press, New York 1966.
Blauth, E. W.: Dynamische Massenspektrometer. Vieweg, Braunschweig 1965.
Muysers, K., U. Smidt: Respirations-Massenspektrometrie. Schattauer, Stuttgart – New York 1969.

Aus dem Max-Planck-Institut für Kohleforschung, Mülheim
(Direktor: Prof. Dr. Wilke)

Fortschritte und Probleme der Elektronik in der Meßtechnik

K. Casper

In den letzten 10 Jahren haben wir einen außerordentlichen Zuwachs elektronischer Geräte und Verfahren erlebt. Es gibt kaum eine Messung, bei der nicht direkt oder indirekt elektronische Elemente beteiligt sind. Diese Entwicklung wird sich auch in der nächsten Zukunft fortsetzen. Insbesondere zeichnet sich Integration und Automation der Datenerfassung und Datenanalyse als neuer Arbeitsstil im Laboratorium ab, ein Stil, der sehr elektronikintensiv sein wird. Die Entwicklung verlangt, daß der Benutzer elektronischer Hilfsmittel sich mit den Begriffen und Funktionen der Elektronik vertraut macht, daher erscheint es gerechtfertigt, auch auf einer medizinischen Fachtagung über das etwas spröde, aber trotzdem aktuelle Thema der Elektronik zu sprechen.

Die direkte Ursache der starken Aufwärtsentwicklung der Elektronik war die Einführung der Halbleitertechnik. Den Durchbruch brachte im Jahre 1948 der Transistor, der die Vakuumröhre in vielen Fällen ersetzen konnte und ihr in einer Reihe von Eigenschaften überlegen war. Die sich damals abzeichnende Tendenz hat sich in der Folgezeit für alle Halbleiter bestätigt. Folgende Eigenschaften machen die Halbleitertechnik der konventionellen Technik eindeutig überlegen:

1. *Geringes Gewicht und kleines Volumen.* Kann man im Schnitt bei der Röhrentechnik 10^{-1} Bauteile/cm^3 unterbringen, so sind es schon bei der Transistorbauweise 5 Bauteile/cm^3, in der modernsten Halbleitertechnik ist die Dichte bereits bei $10^6/cm^3$ angekommen, womit sie sich der Neuronendichte des Gehirns nähert.

2. *Geringe Ausfallsrate bei geringem Wartungsaufwand.* Die Ausfallsrate bei Röhren liegt in der Größenordnung von 10^{-4}/h, d. h. in 1 Stunde wird erwartungsgemäß 1 unter 4000 Röhren ausfallen. Ein Gerät, das mit 4000 Röhren bestückt ist, wird also jede Stunde einen Ausfall haben. Mittlere Rechenanlagen haben aber bereits eine weit höhere Bestückung mit aktiven Elementen, die sich nur durch Transistoren mit einer Ausfallsrate von $0{,}05 \cdot 10^{-6}$/h realisieren läßt. D. h. bei einer Anlage mit 1 Million aktiver Elemente ist alle 20 Stunden mit einem Ausfall zu rechnen.

3. *Das Herstellungsverfahren ermöglicht eine sehr günstige Preisgestaltung.* Die Verbilligung läßt sich anschaulich aus der Informationsmenge, die man pro Dollar kaufen kann, ablesen. Im Jahre 1970 hofft man, 10^{11} bit/Dollar zu erhalten.

4. *Der Energiebedarf des Transistors ist sehr gering, außerdem behält er seine Funktionstüchtigkeit unter extremen Bedingungen besser bei als Röhren.* Der geringe Energiebedarf ermöglicht die hohe Packungsdichte, ohne daß die erzeugte Wärme zerstörerisch wirkt. Auch hier ist das menschliche Gehirn mit einer Neuronenleistung von 10^{-9} Watt der Technik mit der erreichten unteren Grenze von 10^{-7} Watt überlegen, MATARÉ (1).

Was ist ein Halbleiter? Seine Grundsubstanz ist ein Halbleiter im physikalischen Sinn: Germanium, Silizium, Gallium - Arsenid, Kupferoxyd. Verunreinigt man diese Halbleiterkristalle mit Spuren bestimmter Elemente – man spricht von Dotierung –, so fließen in den Halbleitern bei Anlegen einer Spannung Ströme. Diese können entweder von positiven Ladungsträgern herrühren – wir haben eine p-Leitfähigkeit – oder sie rühren von negativen Ladungsträgern her – wir haben eine n-Leitfähigkeit. P- oder n-Leitfähigkeit wird durch das Dotierungsmaterial bestimmt. Elemente der 3. Gruppe des periodischen Systems, z. B. Bor, Gallium, Indium, erzeugen p-Leitfähigkeit, während Elemente aus der 5. Gruppe, z. B. Arsen, Antimon n-Leitfähigkeit erzeugen. Die Übereinanderschichtung von p- und n-leitfähigen Zonen machen den speziellen Charakter der aktiven Halbleiter aus. Die Dotierung der Halbleiter wird nach

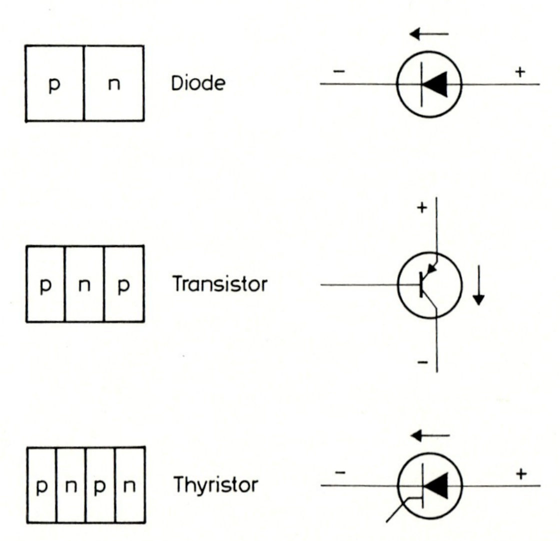

Abb. 1. Grundtypen aktiver Halbleiter, Schichtfolge und Schaltsymbole.

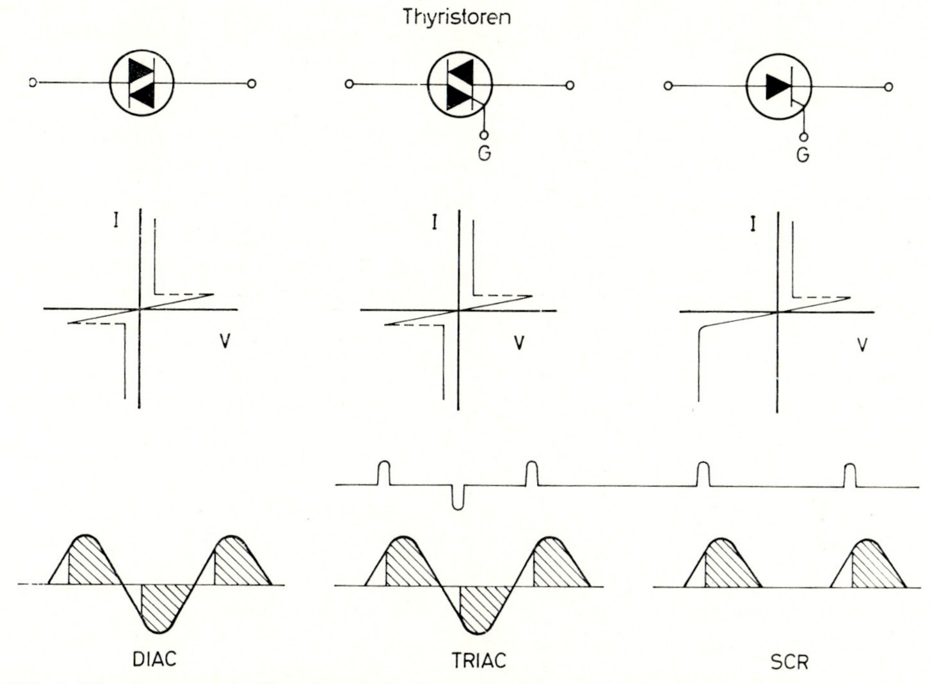

Abb. 2. Thyristoren mit Charakteristik. Der schraffierte Teil der Sinuswelle wird von dem Thyristor durchgelassen. G = Gitter, I = Strom, V = Spannung.

verschiedenen Verfahren ausgeführt. Legierungs-, Diffusions-, Mesa-, Planartechnik sind verschiedene Herstellungsverfahren der dotierten Zonen.

Das sehr reichhaltige Angebot aktiver Einzelelemente der Halbleitertechnik kann man in 3 Gruppen einteilen (Abb. 1):

1. **Transistoren.** Sie bestehen aus 3 Schichten, etwa in der Reihenfolge positiv – negativ – positiv leitfähig. Das Symbol ist der Kreis mit den 3 Zugängen.

2. **Dioden.** Sie bestehen aus 2 Schichtfolgen, p und n. Das Symbol ist der Kreis mit 2 Zugängen und dem Richtungsdreieck, das die Durchgangsrichtung des Stroms anzeigt.

3. **Thyristoren.** Sie bestehen aus 4 Schichten, das Symbol ist der Kreis mit Richtungsdreiecken, Zugänge können 2, 3 oder 4 sein (Abb. 2).

Der Transistor. Er kann als Verstärker oder als Schalter arbeiten. Angesteuert wird er über die Basis, die etwa dem Gitter bei der Röhre vergleichbar ist. Der geschaltete oder gesteuerte Strom fließt entweder vom Emitter zum Kollektor, wenn der Schichtaufbau pnp ist, oder vom Kollektor zum Emitter, wenn die Schichtfolge npn ist. Die Stromrichtung entspricht der Pfeilrichtung des Emitters. Entsprechend ist der Kollektor einmal auf negatives, einmal auf positives

Potential, bezogen auf das Potential des Emitters, zu legen. In der Röhrentechnik gibt es kein Äquivalent zu diesen Komplementärtypen npn und pnp, die Anode einer Röhre wird immer positiv geschaltet. Das invertierte Verhalten ermöglicht schaltungstechnische Vereinfachungen. Eine der bekanntesten Anwendungen ist die eisenlose Endstufe von NF-Verstärkern. Weiterhin unterscheiden sich die Transistoren durch ihre Grundsubstanz: Germanium oder Silizium. Die Siliziumtransistoren sind im NF-Bereich, also überall dort, wo es nicht um schnelle Änderungen geht, vorzuziehen. Sie haben kleinere Sperrströme und lassen höhere Betriebstemperaturen zu. Im Gebiet der Hochfrequenz sind Germaniumtransistoren wegen ihrer größeren Elektronenbeweglichkeit geeigneter. Ein nachteiliger Effekt des Transistors gegenüber der Röhre ist der hohe Leistungsaufwand zur Steuerung. In der Basisleitung fließt ein großer Strom oder anders gesagt, die Eingangsimpedanz ist niedrig im Vergleich zur Röhre. Aus diesem Grund wurden bis vor einiger Zeit die Elektrometerverstärker im Eingang mit Röhren bestückt. Ein neuer Typ, der eine fast leistungslose Steuerung erlaubt, ist der Feldeffekttransistor, abgekürzt FET Er hat folgende bemerkenswerte Eigenschaften:

1. Seine Verlustleistung ist durch die hohe Eingangsimpedanz, die bis zu Gigaohm groß werden kann, sehr gering,
2. er ist rauscharm,
3. er ist unempfindlich gegen Überspannung.

Ähnliche Eigenschaften weisen die Metalloxydtransistoren (MOST oder MOSFET) auf, die ebenfalls auf der Basis des Feldeffektes arbeiten, jedoch mit Metalloxyd beschichtet sind. Aus der Schar der speziellen Transistoren sei ein Typ herausgegriffen, um exemplarisch die interessanten Möglichkeiten der Transistoren aufzuzeigen. Der Doppelbasistransistor (unijunktion) läßt zwischen Emitter und Basis I solange keinen Strom fließen, bis eine bestimmte Spannungsdifferenz, bezeichnet als Peakpoint, erreicht ist. Nach Erreichen dieser Spannung wird die Strecke leitend, der Stromfluß nimmt sogar mit abfallender Spannung zu. Dieser Zustand wird erst wieder aufgehoben, wenn die Spannung unter einen bestimmten Minimalwert absinkt. Dann kippt die Basis-Emitter-Strecke wieder in den sperrenden Zustand zurück. Eine einfache Schaltung soll die Wirkungsweise verdeutlichen. In der Schaltung (Abb. 3) wird über einen Widerstand ein Kondensator aufgeladen. Ein Doppelbasistransistor ist parallel zum Kondensator geschaltet. Der Transistor hat zunächst keinen Einfluß auf den Ladevorgang des Kondensators, da er sich im sperrenden Zustand befindet. Hat der Kondensator sich jedoch bis zur Peakpoint-Spannung aufgeladen, so wird der Transistor leitend und läßt sehr schnell die Ladung des Kondensators abfließen. Damit fällt die Kondensatorspannung praktisch auf 0 ab und der Transistor kippt in den sperrenden Zustand zurück. Nun wiederholt

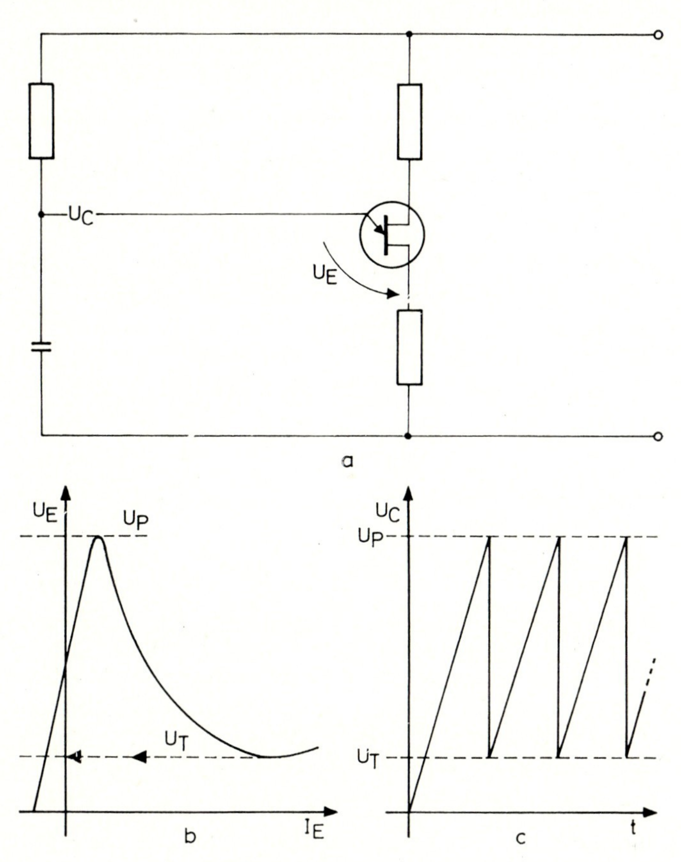

Abb. 3. a) Sägezahngenerator mit Doppelbasistransistor. U_E = Spannung zwischen Basis und Emitter, U_C = Spannung am Kondensator, b) Statistische Charakteristik, I_E = Emitterstrom, U_P = Peakpoint-Spannung, U_T = Talspannung; c) Spannung am Kondensator, t = Zeit.

sich der Zyklus, so daß eine periodische Folge langsam ansteigender Spannung, gefolgt von einem plötzlichen Spannungsabfall, entsteht. Mit dieser Spannung können Sägezahnspannungen, Taktgeber oder, leicht modifiziert, Verzögerungsglieder erstellt werden.

Die Verwendung des Transistors als steuerbarer Sensor gewinnt allmählich an Bedeutung. Als lichtempfindlicher Fühler ist der Fototransistor lange bekannt. Der »Pitran« ist ein steuerbarer Drucksensor. Als typische Ansprechempfindlichkeit wird 4 V/p (p ist ca. 35 cm H_2O Druckdifferenz) angegeben, MATARÉ (2). Die neueste Entwicklung ist ein Transistor, der auf magnetische Felder anspricht, MATARÉ (3). Auf Temperaturänderungen reagieren alle Transistoren; als Temperaturfühler hat er jedoch praktisch keine Bedeutung, da sein zulässiger Temperaturbereich sehr begrenzt ist. Die Temperaturempfindlichkeit macht sich als »Drift« im allgemeinen nur störend bemerkbar.

Die Diode. Sie ist in ihrer Funktion als Gleichrichter am bekanntesten. Das kommerzielle Angebot ist reichhaltig und preiswert. Im Zusammenhang mit der Wechselstromgleichrichtung der Stromversorgungsgeräte sind die Miniaturausführungen der Gleichrichterbrücken von besonderem praktischen Interesse. Auch im Hochspannungsbereich hat die Diode die Röhre abgelöst. Es werden z. B. Gleichrichterdioden mit Sperrspannungen von 8–20 KV bei einem Strom von 50 mA in der Größe 16 ×5 mm angeboten.

Außer in ihrer Gleichrichterfunktion kommt die Diode in einer ganzen Reihe von speziellen Funktionen in Schaltungen vor. Am bekanntesten ist die Zenerdiode. Sie liefert in Schaltungen konstante Spannungen, weitgehenst unabhängig von Schwankungen der Spannungsversorgung und der Belastung. Diese Eigenschaft macht sie als Referenzspannung in Stabilisierungsschaltungen geeignet. Zur direkten Stabilisierung bei großer Last sind sie ungeeignet. Die Tunneldiode hat ähnliche Eigenschaften wie der Doppelbasistransistor. Durch eine Stromänderung kann sie vom leitenden Zustand in den sperrenden gekippt werden. Die Fotodiode ändert ihre Sperrwirkung abhängig von der einstrahlenden Lichtintensität. Sie wird wie die Zenerdiode in Sperrichtung betrieben. Die lichtemittierende Diode ist das Gegenstück zur Fotodiode. Sie emittiert monochromatisches Licht, wobei die Wellenlänge vom verwendeten Material abhängt. Der entscheidende Vorteil dieser Diode gegenüber anderen Lichtquellen liegt in der kurzen Ansprechzeit, die heute bereits in dem Bereich von μ-sec liegt. In Verbindung mit einem Fototransistor eignet sich diese Diode zur vollständigen elektrischen Entkopplung zweier Schaltkreise, Übertragungselement ist nur noch der Lichtstrahl. Auch Hochspannungsentkopplungen sind möglich, für 5 KV Spannungsdifferenz ist z. B. eine Miniaturausführung auf dem Markt.

Der Thyristor. Obwohl der Thyristor in der Meßtechnik keine Rolle spielt, sei er trotzdem hier kurz erwähnt, da er als Leistungsregler und erhebliche Störquelle bei Meßproblemen mittelbar beteiligt ist. Geeignet sind Thyristoren immer dort, wo größere Wechselstromleistungen gesteuert werden müssen, etwa Heizungen von Kapillaren oder Motorsteuerungen. Der materielle wie der finanzielle Aufwand ist sehr klein im Vergleich zu anderen Methoden. Thyristoren senden starke Störimpulse aus, die sich in weiter Umgebung bemerkbar machen. Es ist daher immer darauf zu achten, daß die Netzanschlüsse thyristorbetriebener Geräte elektrisch verriegelt sind.

Der bekannteste Thyristor ist der SCR (Semiconductor Controlled Rectifier). Er ist ein gesteuerter Gleichrichter (Abb. 2). Die Steuerung erfolgt durch einen Stromimpuls auf das sogenannte »Gatter«. Dadurch wird der Thyristor in den leitenden Zustand gesteuert und bleibt in diesem solange, bis der Hauptstrom auf einen kleinen Betrag abgesunken ist.

Wird als Hauptstrom ein Wechselstrom eingespeist, so fließt bei ansteigender positiver Halbwelle praktisch kein Strom. Beim Erreichen einer bestimmten Spannung wird über das Gatter mittels einer Triggerdiode der Strom kurzfristig erhöht, der Thyristor kippt über den instabilen Zustand in den leitenden. Wenn die Halbwelle praktisch auf 0 abgesunken ist, sperrt der Transistor wieder. Bei negativer Halbwelle kann der Thyristor nicht leitend werden, da die Durchbruchsspannung U_D immer weit über der erreichbaren Spitzenspannung liegen muß. Durch dieses Verhalten wird nur der schraffierte Teil der Welle wirksam. Das bedingt einmal den Ausfall der negativen Halbwelle und eines wählbaren Anteils der positiven. Das steile Abschneiden der Phase – daher auch der Name »Phasenanschnitt« – bedingt die oben erwähnten Störimpulse.

Mehr für Laborzwecke geeignet ist der *Triac* (Bidirectional Triode Thyristor). Er kann durch Triggerimpulse in beiden Richtungen leitend gemacht werden. Damit kann die Gleichrichterwirkung unterdrückt werden, die Leistungssteuerung bleibt voll erhalten. Nicht von außen getriggert wird der *Diac*. Bei ihm liegen die Durchbruchsspannungen so niedrig, daß sie von der Wechselspannung erreicht werden. Dadurch kippt er bei Überschreiten einer bestimmten Spannung in den leitenden Zustand. Anzumerken ist noch, daß es auch bei den Thyristoren eine ganze Anzahl Typen mit besonders gearteten Funktionen gibt, Hibberd (4). Der durch die Einzelelemente eingeleitete Trend zur Miniaturisierung wird konsequent fortgesetzt durch die sogenannte »Integrierte Schaltung«.

Was ist eine integrierte Schaltung?

Nach Definition soll eine integrierte Schaltung dadurch gekennzeichnet sein, daß ein Teil der Bestandteile – etwa die Verbindung zwischen den Bauelementen – mit Hilfe einer Maskierungstechnik hergestellt ist. Die Maskierungstechnik besteht darin, daß man Träger über Fotoätz-, Siebdruck-, Xerox- oder Aufdampfverfahren beschichtet. Für die Labortechnik ist das Fotoätzverfahren geeignet, praktikabler sind allerdings die vorgefertigten Leiterbahnkarten, die sich als »Steckkartentechnik« auch in der kommerziellen Elektronik durchzusetzen beginnen.

Die bedeutendste Entwicklung der integrierten Schalttechnik ist der *Festkörperschaltkreis*. Er vereinigt auf kleinstem Raum eine komplette Schaltung mit aktiven und passiven Elementen. Die bekanntesten Bausteine der Festkörperschaltkreise sind die operativen Verstärker und die Vielzahl der Digitalbausteine, Dahlberg (5).

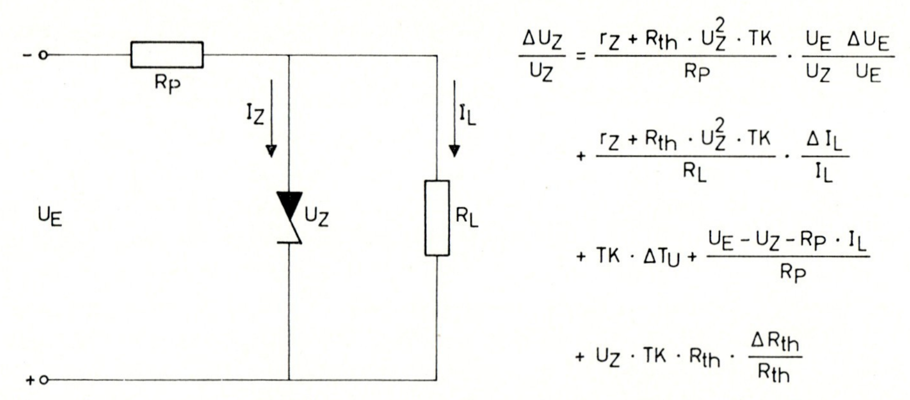

Abb. 4. Zener-Diode zur Stabilisierung der Spannung U_Z über dem Lastwiderstand R_L. Die Stabilisierungsformel gibt den Zusammenhang zwischen Spannungsstabilität und den Diodenparametern an. R_{th} = Wärmewiderstand, r_z = dynamisch-differentieller Widerstand, R_P = Vorwiderstand, I_L = Laststrom, T_E = Temperaturkoeffizient, Tu = Umgebungstemperatur, U_E = Eingangsspannung.

Das reichhaltige Angebot an Elementen, die der Meßtechnik zur Verfügung stehen, animiert zum Selbstbau. Dieser Versuchung sollte man jedoch widerstehen und Selbstbau nur auf die unumgänglichsten Fälle beschränken. Selbst die elementarsten Schaltungen stellen hohe Anforderungen an Kenntnisse und Erfahrung, wenn man ein zuverlässiges Ergebnis erhalten will. Als Beispiel sei eine einfache Stabilisierungsschaltung mit Zener-Diode gezeigt (Abb. 4). Um vorgegebene Stabilitätsanforderungen erfüllen zu können, muß die angegebene Gleichung interpretiert werden, Micic (6).

Die entscheidende Aufgabe des Benutzers liegt vielmehr darin, die Meßkreise funktionell aufzubauen und zu koordinieren. Konkret heißt das, er muß den geeigneten Meßwertaufnehmer auswählen, Meßwerte für die Informationsverarbeitung vorbereiten, Meßstrecken mit bereits vorhandenen Geräten integrieren und für zukünftige Erweiterungen vorsorgen. Eine weitere wichtige Aufgabe ist die Fehlerrechnung aus den Ausgangsdaten und die Fehlerlokalisierung. Dazu benötigt man nicht detaillierte Kenntnisse spezieller elektronischer Schaltungen, sondern hier ist das Denken in komplexen Bausteinen angebracht.

Die Meßstrecke wird in Funktionsblöcken aufgebaut – den »Black Boxes« –, deren Inhalt nicht interessiert, sondern nur deren Funktionen. Einfach gesagt, wenn das Signal A an den Eingang des Kastens gelegt wird, welches Signal A erhält man am Ausgang des Kastens ?

Im allgemeinen hat eine Meßkette, die aus Funktionselementen aufgebaut ist, folgende Anordnung: Meßwertaufnehmer, Verstärker, Potentialtrennung, Begrenzer, Entkopplungsverstärker, Filter, Übertragungsleitung, Speicher (Abb. 5).

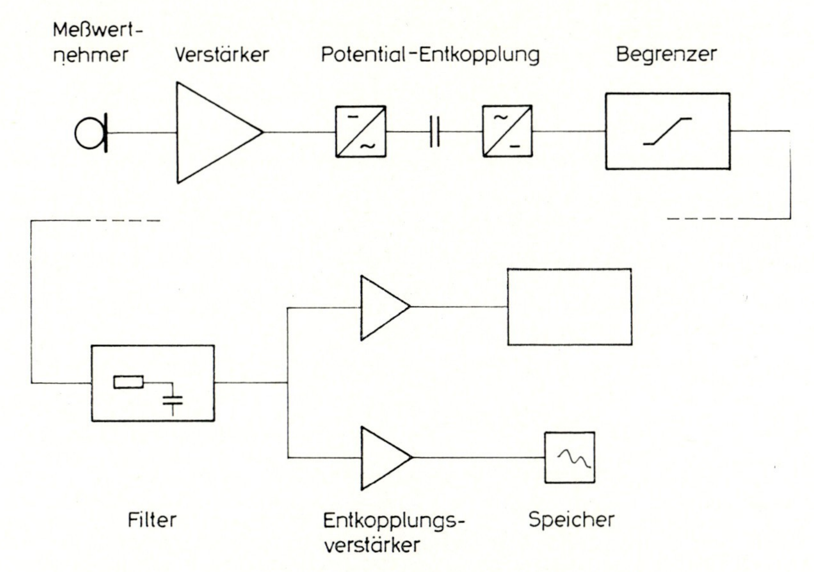

Abb. 5. Beispiel einer Meßkette, aufgebaut nach dem Baukastenprinzip.

Im konkreten Fall der Massenspektrometrie ist die Meßgröße der Partialdruck. Der Meßwertnehmer ist die massenspektrometrische Trenneinheit, die ein sehr hochohmiges Stromsignal am Ausgang liefert. Der Verstärker ist ein Elektrometerverstärker oder ein Multiplier mit anschließendem Elektrometerverstärker. Der Ausgang liefert in beiden Fällen ein Spannungssignal niedriger Ausgangsimpedanz. Das Ausgangssignal kann jetzt über größere Strecken weitergeleitet werden oder aber bereits durch niederohmige Anzeigeinstrumente sichtbar gemacht werden. Die Verstärkung läßt sich heute praktisch unbegrenzt hochtreiben, was jedoch nicht bedeutet, daß die untere Nachweisgrenze von Signalen beliebig tief liegt. Wenn die Signalgröße in den Bereich des Rauschens kommt, läßt sich das Signal immer weniger vom Rausch unterscheiden. Empfindlichkeitsangaben sollten daher sinnvollerweise nur in bezug auf die Rauschgrenze gemacht werden. Das Rauschen entsteht in Widerständen und aktiven Schaltelementen. Der Mindestrauschpegel eines Verstärkers ist der seines Eingangswiderstandes, entsprechend der Boltzmannstatistik ist die abgegebene Rauschspannung $U = k \cdot \sqrt{T \cdot \Delta f \cdot R}$. Die Rauschleistung hängt also von der Temperatur und der Frequenzbandbreite ab. Die rauschbezogene Empfindlichkeit läßt sich praktisch nur durch Einschränkung des Frequenzbandes verbessern, d.h. bei gegebener Geschwindigkeit eines Meßvorganges kann eine Empfindlichkeitssteigerung nur durch Verlust der Genauigkeit (etwa Verschleifen von Spitzen) erzielt werden. Verstärkersysteme ohne Widerstände

– etwa der Multiplier – haben praktisch keine rauscherzeugenden Widerstände. Trotzdem gibt es auch bei ihm Rauschgrenzen, die allerdings etwa 3 Zehnerpotenzen tiefer liegen. Die moderne Computertechnik ermöglicht es, durch mathematisch-statistische Verfahren Empfindlichkeiten zu erhöhen.

Beim Anschluß an Computer, aber auch an andere Geräte, ergibt sich häufig das Problem der Potentialtrennung, sei es die Entkopplung von Erdleitungen, sei es die Umwandlung erdunsymmetrischer Potentiale in erdsymmetrische. Der »schwarze Kasten« ist in diesem Fall ein Chopper-Verstärker, in Extremfällen, etwa bei Entkopplung von sehr hohen Potentialen, wäre eine Fotodioden-Transistor-Entkopplung denkbar.

Festkörperschaltkreise sind heute meist auf $\pm$ 10 V oder $\pm$ 5 V Eingangsspannung ausgelegt. Bei Meßsignalen, die den Wert überschreiten können, ist eine Begrenzerschaltung zum Schutz der Baugruppe notwendig. Im einfachsten Fall läßt sich diese durch eine Zenerdiode realisieren.

Registriergeräte und Speicher müssen rückwirkungsfrei in den Meßkreis eingebaut werden. Diese Entkopplung geschieht ebenfalls wieder mittels Verstärker.

Schließlich können Filter eingebaut werden, insofern das Signal durch die Frequenzbandeinengung nicht verzerrt wird. Neben den bekannten passiven Filtern stehen heute auch aktive Filter (Operationsverstärker) zur Verfügung. Beim Anschluß an Computer ist die sehr effektive mathematische Filterung im Rechner in vielen Fällen die geeignete Methode, Best (8).

Bei der **Signalübertragung** sind 2 Begriffe von entscheidender Bedeutung: Abschirmung und Erde. Die Abschirmung hat folgende Aufgabe:

1. kapazitiv eingestreute Störsignale von der Meßleitung abzuschirmen,
2. die Störung durch Magnetfelder abzuschwächen,
3. die Umwandlung von Gleichtakt- in Normalspannung zu verhindern.

Die Erdung wird vorgenommen:

1. zum Sicherungsschutz von Metallgehäusen,
2. als Bezugspunkt von Systemen,
3. zur Ableitung eingestreuter Störströme in Schirmen.

Die *kapazitive Einstreuung* in ein unabgeschirmtes Kabel wird durch das Ersatzschaltbild einer Spannungsquelle mit Kopplungskondensator dargestellt. Das abgeschirmte Kabel läßt sich als Serienkapazität mit der entsprechenden Störspannungsquelle auffassen. Mit Ausnahme sehr hoher Frequenzen fließt praktisch der gesamte Störstrom über einen gut leitenden Schirm zur Erde ab (Abb. 6). *Magnetische Störungen* sind viel schwerer abzuschirmen. Als Maß für die Abschirmwirkung führt man die Eindringtiefe ein. Sie ist definiert als die Tiefe d_0, in der ein Magnetfeld auf den 1/e-Betrag abgeschwächt worden ist. Diese

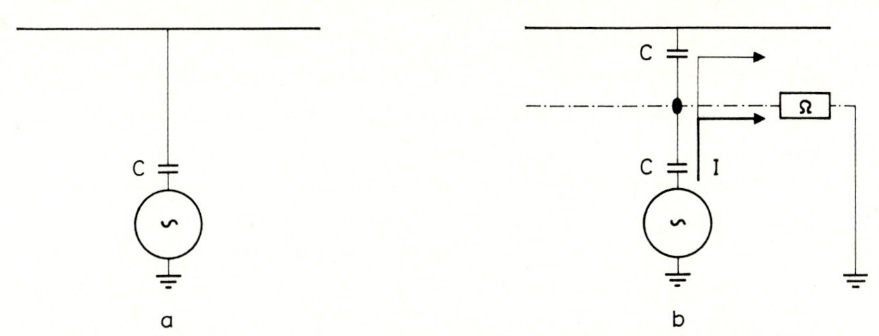

Abb. 6. Kapazitive Einkopplung von Störspannungen, a) direkte Einkopplung in die Meßleitung, b) die Störung wird über den Schirm zum größten Teil abgeleitet.

Tiefe läßt sich berechnen aus der Formel $d_o = \frac{2}{\sqrt{\omega \mu \delta}}$

ω = Winkelfrequenz
μ = Permeabilität
δ = Leitfähigkeit

Für niedrige Frequenzen eignen sich daher nur Materialien hoher Permeabilität, d.h. ferromagnetische Stoffe, zur Abschirmung. Die Eindringtiefe liegt für 50 Hz in der Größenordnung von 0,4 mm, für nicht-ferromagnetische Stoffe ist die Tiefe 100mal so groß. Im Gegensatz zur elektrischen Abschirmung braucht die magnetische Abschirmung nicht geerdet zu werden. Eine wirksame Methode zur Vermeidung der magnetischen Störung ist die Verdrillung der Drähte. Durch die Verdrillung werden in benachbarten Schlingen Ströme durch homogene Magnetfelder erzeugt, die sich gegenseitig aufheben. Eine Verdrillung von 30 Schlingen/m ist ausreichend. Zu *galvanischen Störeinkopplungen* kann es durch ungeeignete Führungen von Erdleitungen kommen. Dies ist z. B. möglich, wenn der 0-Leiter einer Stromversorgung gemeinsam mit dem 0-Leiter der Signalleitung läuft. Die Stromversorgung kann erhebliche Störspannungen am Widerstand der Rückleitung erzeugen (Abb. 7).

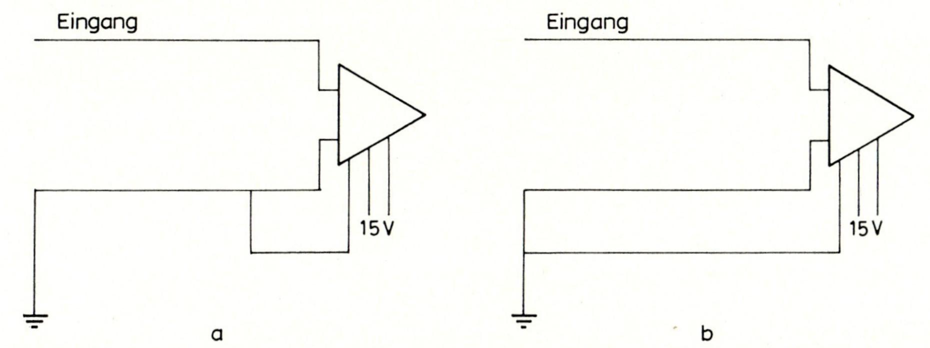

Abb. 7. Direkte Einkopplung von Störspannungen, a) falsche Nulleiterführung, Signal- und Versorgungsnulleiter benutzen einen gemeinsamen Strompfad, b) richtige Nulleiterführung.

Die Schwierigkeit bei der Erde entsteht dadurch, daß die Erde kein unendlich guter Leiter mit dem Potential 0 ist. Das Potential der verschiedenen Erdungspunkte ist verschieden. Im Ersatzschaltbild wird dies durch eine Störspannungsquelle zwischen den Erdpunkten dargestellt. Die Signalleitungen haben aus diesem Grund ein einflußloses Potential, die sog. *Gleichtaktspannung*, die aber durch parasitäre Widerstände (Z_1 und Z_2) in störende Normalspannung umgewandelt wird (Abb. 8). Ein Verstärker erhält infolge der Gleichtaktspannung am Eingang neben der Signalspannung U_S noch eine Störspannung $U_{ST} \simeq U_g \cdot \left(\frac{R_1}{Z_1} - \frac{R_2}{Z_2}\right)$, ($R_1$, R_2 die Zuleitungswiderstände, Z_1, Z_2 Parasitärwiderstände).

Die Probleme der Gleichtaktunterdrückung (Common-Mode-Rejection) sind recht kompliziert. Die wichtigsten Regeln für die Unterdrückung sind folgende:

1. Wenn möglich, Geber und Empfänger erdfrei betreiben, sog. schwebende Systeme,
2. Geber und Empfänger niemals an verschiedenen Erdpunkten erden, da sonst die Gleichtaktspannung vollständig in Normalspannung umgewandelt wird,
3. Abschirmung des Verstärkers durch den gleichen Schirm wie das Kabel (sog. »Guard«-Schirm),
4. Verwendung von direkt gekoppelten Differenzverstärkern.

Für den 0-Leiter ergeben sich die folgenden Regeln:

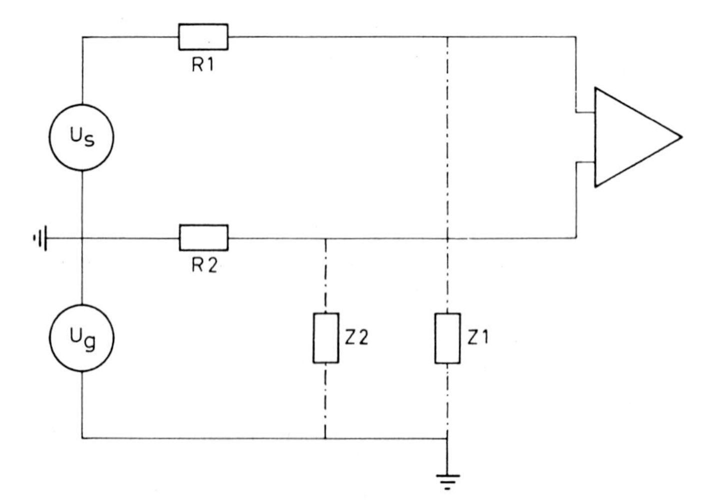

Abb. 8. Gleichtaktspannung. U_g ist eine Ersatzspannungsquelle für die Potentialdifferenz zwischen den verschiedenen Erdpunkten, Z_1, Z_2 sind Leckwiderstände und Störkapazitäten des Verstärkers zur Erde. Sie wandeln Gleichtaktspannung in Normalspannung um.

1. Erdleitungen sind isoliert und sternförmig auf eine isoliert befestigte Lötleiste oder Erdplatte zu führen,
2. Signalerde und Spannungserde sind getrennt zu führen,
3. dem System darf mit Ausnahme der Schirmerden nur eine »Erde« zugeführt werden,
4. elektrostatische Abschirmungen von Kabeln werden nur einseitig mit der Erde verbunden, Best (7).

Zum **Schluß** sei noch die Frage nach digitaler oder analoger Auslegung der Meßkette gestellt. Bei der analogen Messung wird eine stetig veränderliche physikalische Größe durch eine andere stetig veränderliche Größe dargestellt, etwa der Gaspartialdruck durch die Winkelstellung eines Zeigerinstrumentes. Bei der digitalen Messung stellt das Meßgerät fest, aus wieviel »Quanten«, d.h. kleinsten Einheiten, sich die Meßgröße zusammensetzt. Beide Methoden haben bestimmte Vorteile und Nachteile. Je nach Aufgabenstellung wird sich das eine oder das andere Verfahren eignen.

1. Überwachung und Regelung von Betriebsgrößen durch Hand:

   die digitale Anzeige ist objektiver,
   die analoge Anzeige vermittelt mehr Information, beispielsweise Reserven oder Änderungstrend sind viel schneller erfaßbar. Das Festhalten eines Fixwertes ist einfacher und genauer bei digitaler Anzeige,
   das Einregeln auf bestimmte Werte ist bei Analoganzeige leichter.

2. Speicherung von Meßwerten:

   Bei Analogspeicherung – etwa auf dem Schreiber – ist ein schneller Überblick möglich. Für die Weiterverarbeitung im Rechner ist die Analogaufzeichnung ungeeignet. Die Digitalspeicherung ist unübersichtlich, sie vermittelt kein Bild über den Meßvorgang, eignet sich aber zur Weiterverarbeitung in Digitalrechnern.

3. Fernübertragung:

   Die Übertragung von Digitalwerten ist verhältnismäßig einfach und störunanfällig. Analogdaten müssen im allgemeinen zur Fernübertragung umgewandelt werden.

4. Maschinelle Auswertung:

   Für die maschinelle Auswertung und Verarbeitung von Daten ist bei einfachen Prozessen die Analogdarstellung geeignet, bei komplizierter Berechnung ist die digitale Darstellung mit entsprechenden Verarbeitungsmaschinen vorzuziehen.

5. Automatische Regelung:

Automatische Regelungen lassen sich im allgemeinen besser mit Analogkreisen ausführen, da die Regelgrößen analog sind und man durch Analog – Digital-Umwandlung und Digital-Analog-Umwandlung Zeitverzögerungen erhält. Sind komplizierte Vergleiche durchzuführen, kann die digitale Regelung wieder von Vorteil sein (8).

Hiermit möchte ich den kleinen Einblick in die sich neu ergebenden Möglichkeiten und Probleme der Meßtechnik schließen. Es konnten hier natürlich nur Schlaglichter auf diesen sehr komplexen Bereich geworfen werden, die vielleicht aber doch Hinweise und kleine Hilfen in Ihren Bemühungen werden können.

Literatur

(1) Mataré, H. F.: Int. elektr. Rdsch. *4:* 82 (1968).
(2) Referat in Elektronik Praxis *9:* 26 (1968).
(3) Referat in Elektronik *3:* 224 (1969).
(4) Hibberd, R. G.: Orbit *7:* 9 (1968).
(5) Dahlberg, R.: Elektroniker *3:* 99 (1969).
(6) Micic, L.: ATM *8:* 271 (1968).
(7) Best, R.: Elektroniker *4:* 153 (1968).
(8) Tagungsber. »Digitale Meßtechnik«. VDI-Berichte, Düsseldorf 1964.

Aus dem Physikalischen Institut der Universität Bonn (Direktor: Prof. Dr. Paul)

Methoden der Vakuumtechnik

F. J. SCHITTKO

I. Modellbetrachtungen

A. Für die Massenspektroskopie benötigen wir Vakuumapparaturen, damit die Ionen ungestört auf den durch Impuls und Energie bestimmten Bahnen zum Auffänger gelangen, sonst würden sie infolge der Zusammenstöße mit Gasmolekülen eine statistische Bewegung ausführen.

Die Anwendung der vakuumtechnischen Erkenntnisse und Methoden ist ferner wichtig für den Aufbau der Leitungen, auf denen die zu analysierenden Gase in die Ionenquelle gelangen. Durch Diffusions- und Adsorptionseffekte wird bei nichtstationären Vorgängen in einem Leitungssystem immer die Zusammensetzung einer Gasmischung verändert. Die im Massenspektrometer gemessenen Partialdrucke brauchen also in keiner Weise dem wirklichen Partialdruckverhältnis zu entsprechen.

Schließlich muß aber auch darauf geachtet werden, daß die als Hilfsgeräte dienenden Vakuumapparate nicht zu Störquellen für die eigentlichen Messungen werden, z. B. durch Rückströmung von Öldampf und Verunreinigungen aus den Pumpen, oder durch Partialdruckerniedrigung an Kühlfallen.

B. Für die Erklärung der wesentlichen vakuumtechnischen Begriffe und Vorgänge benötigen wir zunächst nur das gaskinetische Modell des Moleküls als einer elastischen Kugel der Masse m vom Radius a ($a \approx 10^{-8}$ cm). In einem Volumen von 22,4 l befinden sich unter »Normalbedingungen« (760 Torr, 20° C) stets $6{,}023 \cdot 10^{23}$ Moleküle. Das entspricht so einer Dichte n von etwa $3 \cdot 10^{19}$ pro cm³.

Auf den Raum, der ihnen zur Verfügung steht, sind sie in thermischer Bewegung statistisch verteilt. Ihre mittlere Bewegungsgeschwindigkeit $\overline{w}$ ist:

$$\overline{w} = \sqrt{\frac{8\,kT}{\pi\,m}} = \sqrt{\frac{8\,RT}{\pi\,M}} = 1{,}455 \cdot 10^4 \sqrt{\frac{T}{M}}\ [\mathrm{cm/sec}] \qquad (1)$$

Bei Annahme einer Maxwell-Geschwindigkeitsverteilung erhalten wir für das mittlere Geschwindigkeitsquadrat:

$$\overline{w^2} = \frac{3\,kT}{m} = \frac{3\,RT}{M} = 2{,}5 \cdot 10^8 \frac{T}{M} \qquad (2)$$

Tab. 1. Verwendete Symbole.

Symbol	Maßeinheit	Benennung
a	cm	Molekülradius
F	cm^2	Fläche
K	erg/°K	Boltzmannkonstante $= 1{,}37 \cdot 10^{-16}$ erg/°K
l	cm	Länge
L	ltr/sec	Leitwert
Λ	cm	mittlere freie Weglänge
m	g	Molekülmasse
M	g/mol	Molekulargewicht
n	cm^{-3}	Anzahl der Moleküle je cm^3
p	Torr	Druck
Pe	Torr	Enddruck
Q	Torr · ltr/sec	Saugleistung, Leckrate, Gasmenge
r	cm	Radius
R	erg/Mol· °K oder Torr · l/Mol· °K	allgemeine Gaskonstante $= 8{,}315 \cdot 10^7$ erg/Mol. °K
ρ	g/cm^3	Gasdichte
S	ltr/sec, m^3/h	Sauggeschwindigkeit
S_{eff}	ltr/sec	effektive Sauggeschwindigkeit
t	sec	Auspumpzeit
T	°K	absolute Temperatur
V	cm^3, ltr	Volumen
W	sec/ltr	Strömungswiderstand

Bei der thermischen Bewegung stoßen sie miteinander zusammen und auf die Wände des Volumens, in das sie eingesperrt sind. Auf 1 cm^2 Wandfläche treffen sekundlich A-Moleküle auf

$$A = \frac{1}{4} n \bar{w} \tag{3}$$

Der bei diesen Stößen mit der Wand unter Voraussetzung einer elastischen Reflexion ausgetauschte Impuls ist:

$$J = m \cdot \bar{w}$$

Aus der Impulsänderung läßt sich der Druck P angeben:

$$p = \frac{1}{3} m n \overline{w^2} = \frac{1}{3} \rho \overline{w^2} \tag{4}$$

Zwischen den Zusammenstößen der Moleküle untereinander legen die Moleküle im Mittel die Strecke Λ zurück. Man nennt Λ die mittlere freie Weglänge. Sie wächst mit abnehmender Molekülkonzentration und kleiner werdendem Moleküldurchmesser.

$$\Lambda = \frac{1}{4\sqrt{2}} \cdot \frac{1}{n r^2 \pi} \tag{5}$$

Dies ist eine statistische Gleichung, die nicht besagt, daß jedes Molekül nach Zurücklegen des Weges Λ nun mit einem anderen zusammenstoßen muß. Vielmehr gilt für irgendein Molekül aus der Gesamtmenge unabhängig von seiner Vorgeschichte: von allen überhaupt möglichen Wegstrecken ist eine von der Länge Λ die wahrscheinlichste.

Für Luft gilt etwa:

$$\Lambda\,\text{Luft} \approx \frac{1}{p} \cdot 5 \cdot 10^{-3}\,\text{cm} \qquad P\,[\text{Torr}] \tag{6}$$

Für den Betrieb des Massenspektrometers soll Λ groß sein gegenüber der Bahnlänge der Ionen, also $\Lambda \sim 10^2$ cm. Das ist gegeben bei $p \leq 10^{-5}$ Torr oder $n \leq 10^{11}\,\text{cm}^{-3}$.

Im Einlaßsystem hingegen kann eine hohe Stoßwahrscheinlichkeit vorteilhaft sein, um dadurch den Transport zur Ionenquelle zu beschleunigen. Man setzt eigens ein »Trägergas« zu. Dann muß man beim Übergang zum höheren Vakuum auf die Entmischungsreaktionen achten.

C. Zur Einführung der Strömungsvorgänge unter Vakuum gehen wir von einem Modell aus. Wir denken uns ein kleines Volumen V_1 mit einer Gaskonzentration n_1 und daneben ein großes Volumen V_2 mit der Gaskonzentration $n_2 = 0$. Wenn wir nun eine Verbindung von V_1 mit V_2 herstellen, können wir verschiedene Möglichkeiten des Konzentrationsausgleiches erwarten:

a) Der Durchmesser d der Verbindungsleitung ist klein gegenüber Λ, dann ist die Wahrscheinlichkeit für Zusammenstöße von Molekülen untereinander gering im Verhältnis zur Zahl der Wandstöße. Einen solchen Vorgang nennen wir molekulare Strömung.

b) Ist umgekehrt d sehr groß gegenüber Λ, so überlagert sich der Stoßbewegung der Einzelmoleküle eine Driftbewegung des Gesamtgases, die als viskose Strömung bezeichnet wird.

c) Der Übergang vom viskosen zum molekularen Gastransport heißt Knudsen-Strömung. Dieser Vorgang ist wichtig für die Dimensionierung der Einlaßsysteme.

In diesem Zusammenhang sei noch auf eine weitere bei Vakuumanlagen mögliche Gastransporterscheinung hingewiesen, die bei Glasapparaturen sehr gefährlich werden kann, die Schockwelle. Das ist eine Zone hohen Drucks, die mit Überschallgeschwindigkeit durch ein Rohrsystem laufen kann. Durch plötzliches Belüften läßt sich in Vakuumapparaturen eine Schockwelle auslösen (Implosion).

D. Adsorptionserscheinungen haben wir bisher außer Betracht gelassen. Wir haben angenommen, die Moleküle würden wie Tennisbälle von einer Wand zurückprallen. Wenn adsorbierbare Moleküle auf eine saubere Oberfläche treffen, werden diese zunächst einmal dort angelagert. Allgemein bekannt ist ja die Adsorption auf Aktivkohle. Adsorptionserscheinungen bilden eines der Hauptprobleme der Vakuumtechnik. Die Oberflächen der meisten Stoffe wie Glas, Metalle und Kunststoffe lagern mehrere oder sogar viele sogenannte Monoschichten von Wasser und CO_2 an. – Eine Monoschicht wird mit $(10^8)^2 = 10^{16}$ Molekülen pro cm^2 angenommen. – Ein Behälter läßt sich nicht auf 10^{-6} Torr bringen, wenn seine Oberfläche eine Wandbeladung von mehreren Monoschichten hat. Einer Konzentration von 10^{10} Molekülen pro cm^3 im Volumen steht auf der Wand ein Vorrat von einigen 10^{16} gegenüber, die zunächst einmal fortgeschafft werden müssen. Gasanlagerung und Gasabgabe, wie diese Effekte genannt werden, verfälschen immer die Partialdruckmessung bei nichtstationären Vorgängen, falls nicht die Ionenquelle unmittelbar, d. h. ohne Zwischenschaltung einer Leitung die Gasmischung beziehen kann.

Ein weiterer, bei Massenspektrometern oft erheblich störender Adsorptionseffekt wird verursacht von den Treibmitteln und deren Zersetzungsprodukten, die aus den Pumpen ins Hochvakuum geliefert werden (Rückströmung, Rückdiffusion, Kriechen). Darum lassen sich bei Verwendung von Pumpen, die mit organischen Treibmitteln arbeiten, stets ganze Gruppen von Kohlenwasserstoffen im Massenspektrometer nachweisen, wenn nicht besondere Vorsichtsmaßnahmen getroffen werden. Bei Verwendung von Silikonölen in den Pumpen kriecht sehr leicht ein isolierender Oberflächenfilm in die Apparatur, der sich besonders in Ionenquellen leicht elektrisch aufladen und dadurch die elektronenoptischen Eigenschaften stören kann.

II. Die Erzeugung von Vakuum

Pumpen

Um in einem Volumen Vakuum herstellen zu können, benötigen wir einen Apparat, der dafür sorgt, daß genügend viele Moleküle aus diesem Volumen verschwinden können. Prinzipiell wendet man heute – natürlich wesentlich technisch verfeinert – immer noch die Methode von Torricelli (1608–1647) und Otto v. Guericke (1602–1686) an und erreicht damit Drucke von etwa 10^{-4} Torr. Man faßt sie unter dem Namen Verdrängerpumpen zusammen. Je nach Konstruktion sind dies Hub- oder Dreh-Kolbenpumpen sowie Membranpumpen, die heute an Bedeutung gewinnen, weil man mit ihnen ein ölfreies Vorvakuum erzeugen kann. Am meisten angewendet werden Dreh-Kolbenpumpen, und zwar als Dreh- und Sperr-Schieberpumpen, als Wankel-, Wälzkolben- und Flüssigkeitsringpumpen. In diesem Zusammenhang soll jedoch nur die Drehschieberpumpe mit Gasballast erklärt werden (Abb. 1 und 2).

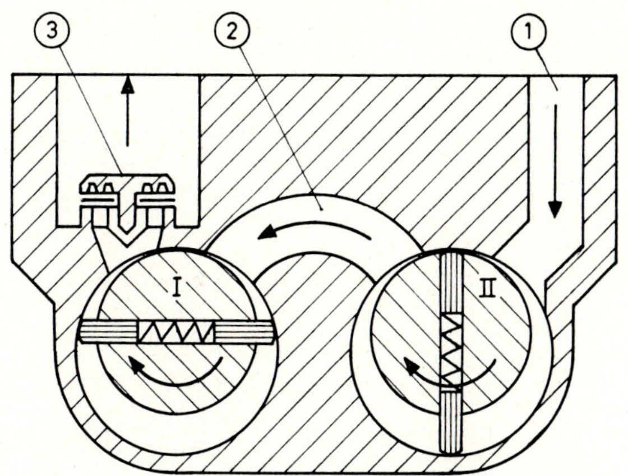

Abb. 1. Schnittschema einer zweistufigen Drehschieberpumpe. 1 = Gaseinlaß, 2 = Verbindungskanal, 3 = Auspuffventil, I = Auspuffstufe, II = Vakuumstufe.

Mit dieser Pumpe allein können wir jedoch kein Vakuum machen, bei dem die mittlere freie Weglänge so groß ist, daß die Ionen ihre Bahn fliegen können. Es ist üblich, eine Diffusionspumpe nachzuschalten, die in ihrem Grundprinzip

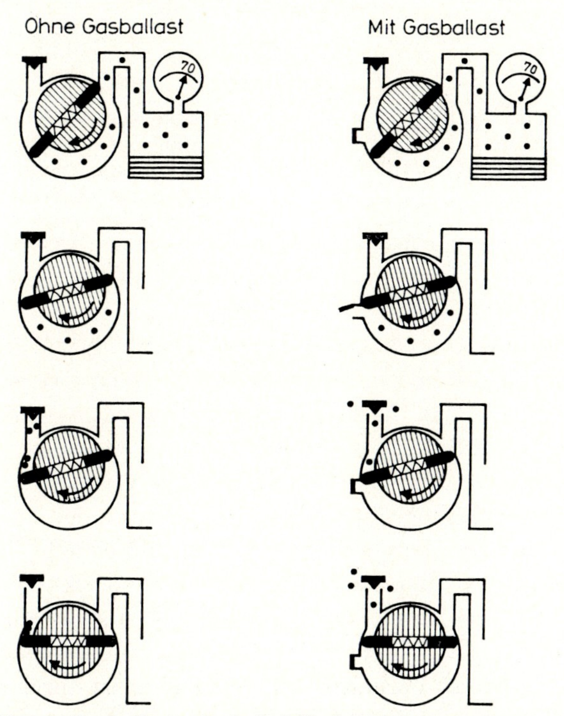

Abb. 2. Gasballastprinzip bei Drehschieberpumpen.

auf GAEDE und LANGMUIR zurückgeht. Es sei darauf hingewiesen, daß vor etwas mehr als 10 Jahren von Herrn Prof. R. JAECKEL, zusammen mit den Herren NÖLLER und KUTSCHER, grundlegende Experimente zum Verständnis und zur weiteren Verbesserung dieser Treibmittelpumpen durchgeführt worden sind.

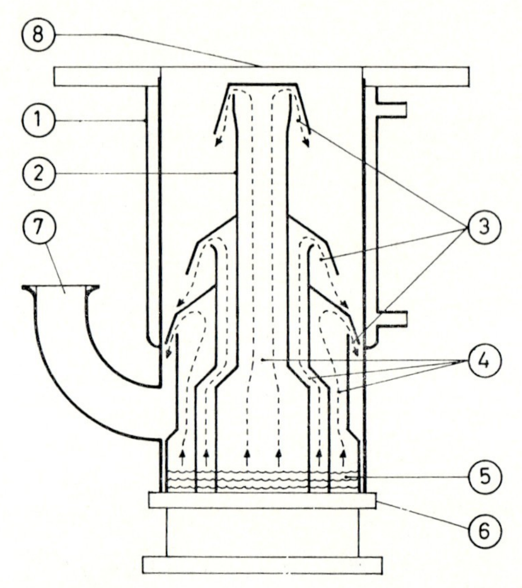

Abb. 3. Schema einer Diffusionspumpe. 1 = Pumpenkörper mit Kühlmantel, 2 = Düsenstock, 3 = Ringdüsen, 4 = Steigrohre, 5 = Siedegefäß mit Treibmittel, 6 = Heizplatte, 7 = Vorvakuumanschluß $p < 10^{-2}$ Torr, 8 = Hochvakuumanschluß.

Abb. 3 zeigt den schematischen Aufbau einer solchen Diffusionspumpe.

Wir haben unten in der Pumpe einen Topf, in dem laufend Treibmittel verdampft wird. Durch das konzentrische Rohrsystem steigt es hoch, wird an den Ringdüsen umgelenkt und bildet dann einen nach unten gerichteten Dampfstrom, der an den gekühlten Außenwänden kondensiert und ins Siedegefäß zurückläuft. Gasmoleküle, die zufällig durch ihre statistische Bewegung in den Dampfstrom hineindiffundieren, erhalten mit hoher Wahrscheinlichkeit durch Stoßübertragung einen Impuls nach unten. Die Wirkung dieses Prozesses ist eine Erhöhung der Gaskonzentration n in Richtung des Dampfstroms. Angenommen wir haben am oberen Eingang dieser Pumpe eine Gaskonzentration n von 10^{10} pro cm^3, das entspricht einem Druck P von $3 \cdot 10^{-6}$ Torr, so können wir in der Pumpe eine Anreicherung bis auf 10^{15} also $3 \cdot 10^{-2}$ Torr erreichen. Man nennt $n_1/n_2 = p_1/p_2$ – hier gleich $1/10^5$ – das Kompressionsverhältnis der Diffusionspumpe. Dieses Verhältnis ist charakterisiert durch ein Gleichgewicht, bei dem so viele Gasatome vom Dampfstrom der Pumpe abtransportiert werden, wie aufgrund des Konzentrationsgefälles zurückdiffundieren. Den Zustand nennt man das Endvakuum.

Unterhalb des Ringdüsensystems muß nun den Gasmolekülen die Möglichkeit gegeben werden, den Pumpenkörper zu verlassen. Das geschieht mit einer Drehschieberpumpe, deren Vakuumseite mit der angereicherten Zone der Diffusionspumpe verbunden wird. Darum nennt man in dieser Anordnung die Drehschieberpumpe Vorvakuumpumpe.

Die Förderleistung s einer solchen Pumpenanordnung muß einander angepaßt sein. Alle Moleküle, die durch die erste Pumpe kommen, muß die zweite übernehmen. Innerhalb des Arbeitsgebietes der Diffusionspumpe ist die Förder- bzw. Saugleistung s [liter/sec] konstant.

Außer diesem erwünschten Prozeß spielen sich in der Diffusionspumpe aber noch Störprozesse ab (Abb. 4).

Abb. 4. Niederschlag von Pumpentreibmittel auf einer Glasplatte über dem Hochvakuumstutzen, sichtbar gemacht durch »Farben dünner Schichten«. Der Treibmittelniederschlag ist am Rand des Pumpenkörpers und über der Mitte des Düsenstocks am stärksten.

Das Treibmittel, ein Kohlenwasserstoff oder Silikonöl mit möglichst niedrigem Dampfdruck bei Zimmertemperatur und steiler Dampfdruckkurve, entweicht entsprechend der Höhe seines Dampfdruckes ins Vakuum und verschmutzt den Rezipienten – in unserem Falle die Ionenquelle –. Zum Schutz werden nun Baffles eingebaut, die den Dampfdruck als Funktion der Temperatur, auf die sie abgekühlt sind, herabsetzen. Gleichzeitig drosseln sie aber die Saugleistung der Pumpe.

An den heißen Pumpenteilen wird laufend Treibmittel zersetzt (Crack-Prozeß). Die Zersetzungsprodukte können sehr unangenehm werden. Auf der Rezipientenseite stören sie ebenso wie die übrigen Treibmittelrücklieferungen. Die Molekülbruchstücke, deren Dampfdruck so niedrig liegt, daß die Vorpumpe sie mit normalem Gasballast nicht mehr fortschafft, werden angereichert und verschlechtern das Endvakuum. Diese Störungen lassen sich unterdrücken durch ein tiefgekühltes Baffle oder dadurch, daß man sie laufend aus dem Kreislauf des Pumpentreibmittels entfernt, z. B. durch eine Kühlfalle zwischen Vor- und Diffusionspumpe.

Weil alle diese Effekte, besonders bei Massenspektrometern, wegen der empfindlichen Potentiale in der Ionenquelle erheblich stören können, hat man schon Miniatur-Luftverflüssiger in spezielle Geräte eingebaut.

Eine Störung, die man auch damit nicht beseitigen kann, sind Öldampfausbrüche infolge von Siedestößen im Treibmittel. Diesen Effekt vermeidet man seit einiger Zeit durch den Einbau kleiner Rührer. Sie werden gedreht von einer Turbine, die im Steigrohr vom Treibmitteldampf angetrieben wird.

Eine weitere Schutzmaßnahme, die in der Massenspektroskopie auch angewendet wird, ist die »heiße Ionenquelle«, bei der Teile mit kritischen Potentialen auf möglichst hoher Temperatur gehalten werden, so daß dort Treibmittel und deren Zersetzungsprodukte nicht kondensieren.

Durch eine Reihe technischer Kunstgriffe ist man mit diesen Vakuumproblemen fertig geworden, und die Geräte funktionieren. Man kann sich nun fragen, ob sich die Vakuumbedingungen wesentlich verbessern lassen? Hier sei darum auf andere Pumpen hingewiesen, die sich zweckmäßig einsetzen lassen.

Ursprünglich zur Unterdrückung der Treibmittelrückdiffusion aus Diffusionspumpen kam BECKER (1) auf die Idee, eine schnell bewegte Anordnung zu verwenden, wie sie in Abb. 5a dargestellt ist. Dies führte zu einem aufsehenerregenden Erfolg, denn man war nicht nur die Ölströmung los, sondern hatte gleichzeitig noch die Neukonstruktion einer Molekularpumpe (Abb. 5b).

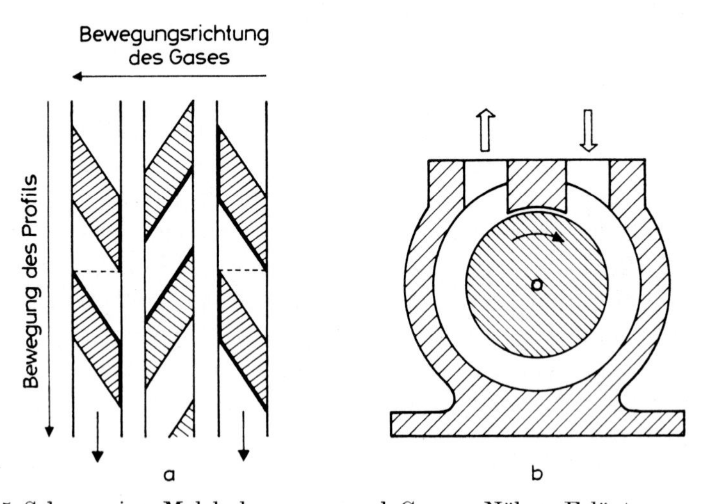

Abb. 5. Schema einer Molekularpumpe nach GAEDE. Nähere Erläuterung s. Text.

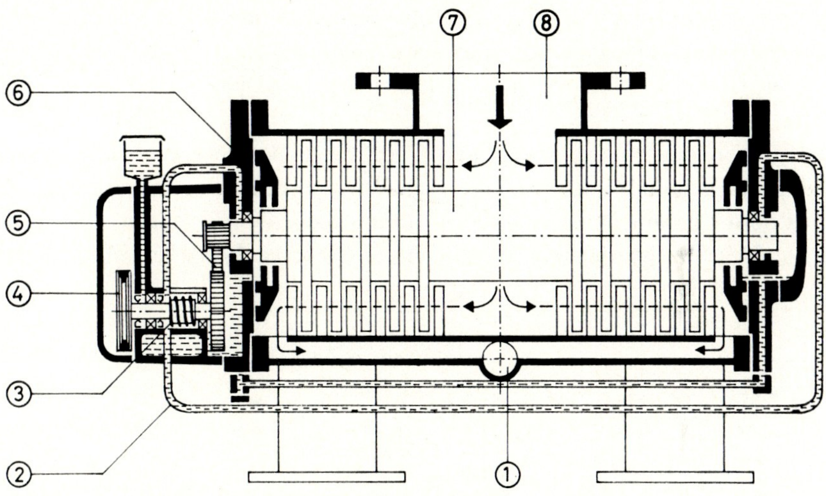

Abb. 6. Turbomolekularpumpe. 1 = Vorvakuumstutzen, 2 = Ölumlaufschmierung, 3 = Ölpumpe, 4 = Keilriemenantrieb, 5 = Zahnriementrieb, 6 = Gehäuse, 7 = Rotor, 8 = Ansaugstutzen.

Abb. 6 zeigt den prinzipiellen Aufbau einer solchen Pumpe. In der Mitte diffundieren die Moleküle in den Pumpenkörper hinein. Sie werden nicht von Dampfmolekülen, sondern von den schräggeschlitzten schnell umlaufenden Rotorscheiben (entsprechend 5a) nach den beiden Seiten gestoßen, wo sie ebenfalls von einer Vorpumpe übernommen werden.

Inzwischen gibt es auch eine kleine Ausführung, die für den Einbau in ein Massenspektrometer geeignet ist. Abb. 7 zeigt eine Abbildung mit den Abmessungen. Aus den Erfahrungen, die man mit solchen Turbomolekularpumpen

Abb. 7. Turbomolekularpumpe.

in den letzten Jahren in der Hochenergiephysik gemacht hat – auf diesem Gebiet haben sich solche Pumpen sehr schnell durchgesetzt und bewährt – sollte man überlegen, ob man sie nicht auch in Massenspektrometern vorteilhaft einsetzt.

Für Massenspektrometer mit geringem Gaseinlaß eignen sich auch noch Vakuumpumpen einer ganz anderen Art. Während die bisher besprochenen das Gas aus dem System herausschaffen, binden diese es im Innern durch Getterprozesse. Abb. 8 zeigt die Arbeitsweise einer solchen Ionenzerstäuberpumpe.

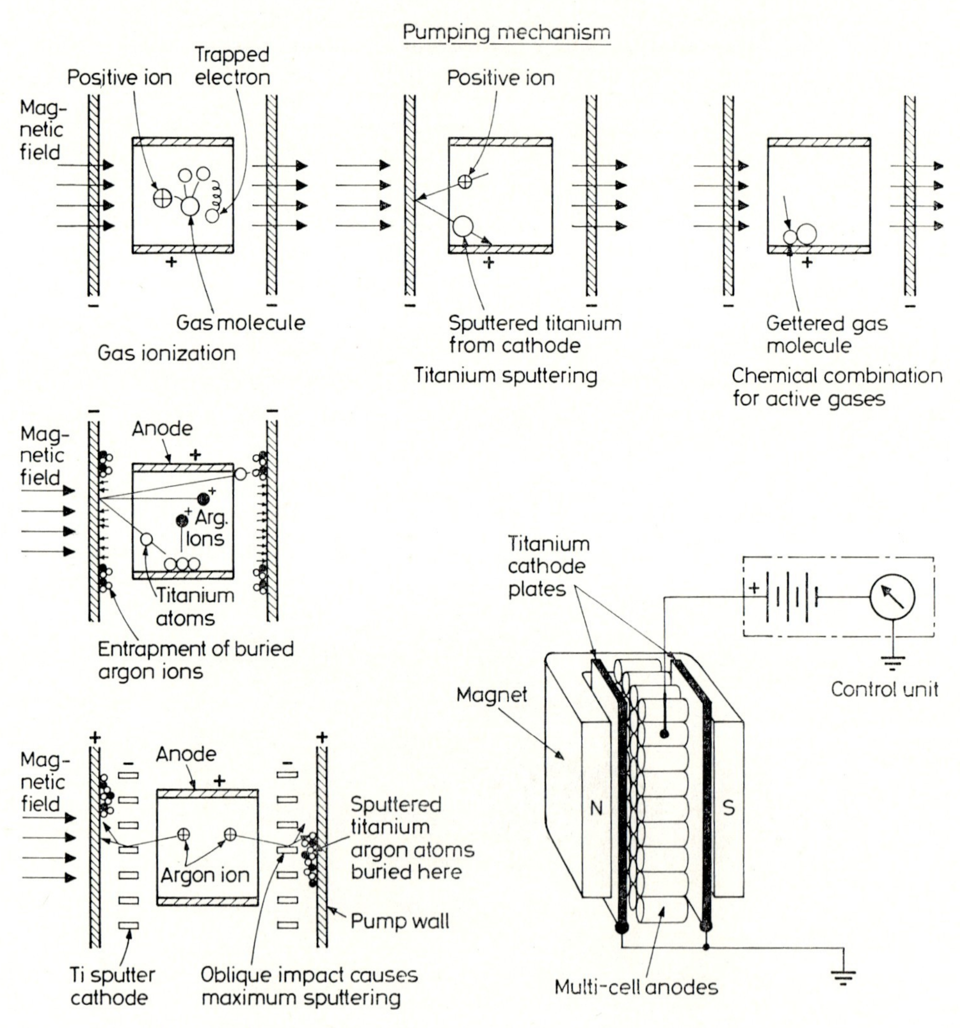

Abb. 8. Erläuterung zur Wirkweise einer Ionenzerstäuberpumpe.

In letzter Zeit ist auch die Technik der Kryopumpen stark entwickelt worden. Es gibt zwar schon sehr kleine und brauchbare Ausführungen davon, allerdings sind sie noch so teuer, daß sie für den Einbau nicht in Frage kommen.

III. Vakuum – Meßinstrumente

A. Membran- und Dosenmanometer bestimmen unmittelbar den Gasdruck, den die auftreffenden Moleküle auf einer leicht beweglichen Fläche erzeugen. Im allgemeinen sind die Geräte so gebaut, daß eine Seite unter einem sehr guten Vakuum steht, während die andere mit dem Rezipienten verbunden ist, dessen Druck gemessen werden soll. Die Durchbiegung der Membran wird über ein empfindliches mechanisches Hebelsystem angezeigt oder kapazitiv bzw. induktiv gemessen. Von den verschiedenen Vakuum- und Manometerfirmen wird eine große Anzahl von solchen Geräten angeboten. Sie können je nach Ausführungsform bis zu Drucken von 10^{-4} Torr eingesetzt werden.

B. Eines der ältesten genauen Vakuummeßinstrumente ist das Kompressionsmanometer nach McLeod (Abb. 9). Hier werden die Moleküle aus einem großen Volumen V, das mit dem Rezipienten verbunden ist, in ein kleines Vc zusammengedrängt. Dabei wird der gaskinetische Druck so hoch, daß er sich unmittelbar mit einer Quecksilbersäule messen läßt (Dämpfe kondensieren aus).

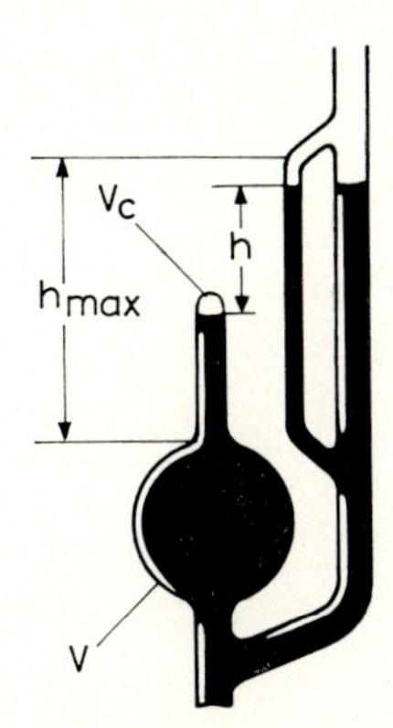

Abb. 9. Kompressionsmanometer nach McLeod. Das in V befindliche Gas wird auf V_c komprimiert und erzeugt dabei den gaskinetischen Druck entsprechend der Höhe h.

C. Für das Vakuumgebiet von Atmosphäre bis etwa 10^{-3} Torr gibt es eine Menge sehr praktischer Druckanzeigegeräte, die auf dem Effekt der Wärmeleitung von Gasen beruhen. In der Kurve auf Abb. 10 ist die Wärmeleitfähigkeit als Funktion des Druckes dargestellt. Wird ein Widerstandsdraht oder ein Thermoelement mit konstanter Leistung geheizt, so stellt sich eine Temperatur

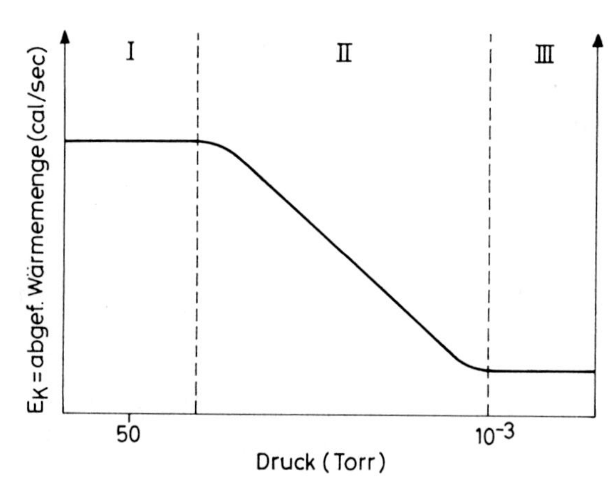

Abb. 10. Abhängigkeit der Wärmeleitung eines Gases vom Druck. Gebiet I: Wärmeleitung druckunabhängig. Gebiet II: Wärmeleitung druckabhängig. Gebiet III: Wärmeabfuhr durch Strahlung und durch Leitung in den metallischen Zuführungen groß gegen Wärmetransport mittels Wärmeleitung durch das Gas.

ein, die um so höher liegt, je weniger Gasmoleküle vorhanden sind, um die Wärme abzutransportieren. Der temperaturabhängige Widerstand oder die Thermospannung sind dann ein Maß für den Druck. Die Anzeige ist abhängig von der Gasart (Abb. 11).

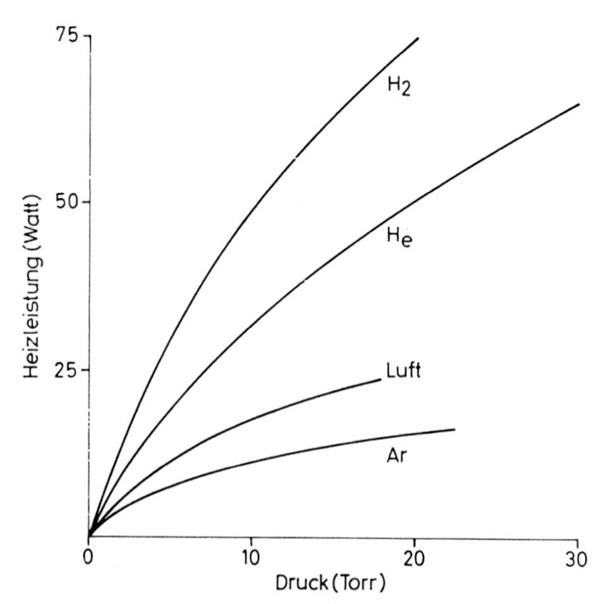

Abb. 11. Abhängigkeit der Druckanzeige von der Gasart beim Wärmeleitungs-Vakuummeter.

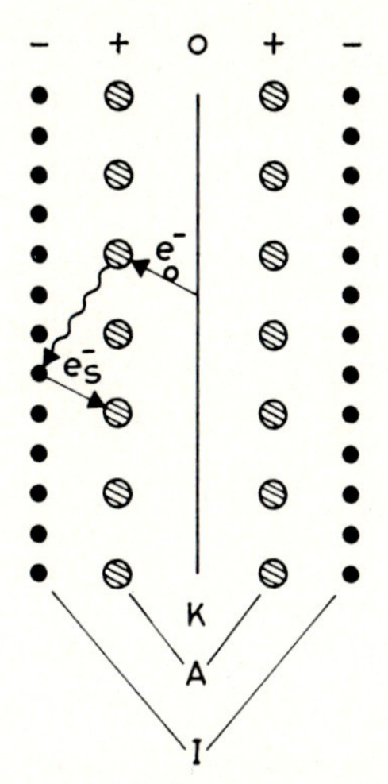

Abb. 12. Prinzip einer Ionisationsmanometerröhre. K = Kathode, A = Elektronenauffänger, I = Ionenauffänger. Die untere Meßgrenze der Röhre ist durch den Röntgeneffekt gegeben. Die Energie der auf A auftreffenden Elektronen setzt sich dort in Röntgenbremsstrahlung (~~~▶) um, die auf I Photoelektronen auslöst. Dieser Photoelektronenstrom ist dem Ionenstrom als Störung überlagert.

D. Für Messungen von $10^{-1} - 10^{-14}$ Torr lassen sich verschiedene Typen sogenannter Ionisationsmanometer mit heißer und kalter Kathode verwenden. Abb. 12 zeigt das Schema einer solchen Röhre vom Triodentyp. Zwischen Kathode und einem Elektronenauffänger liegt eine Spannung von etwa 150 Volt. Die von der Kathode ausgehenden Elektronen ionisieren auf ihrem Weg zum Auffänger durch Stoßprozesse neutrale Restgasmoleküle. Die bei

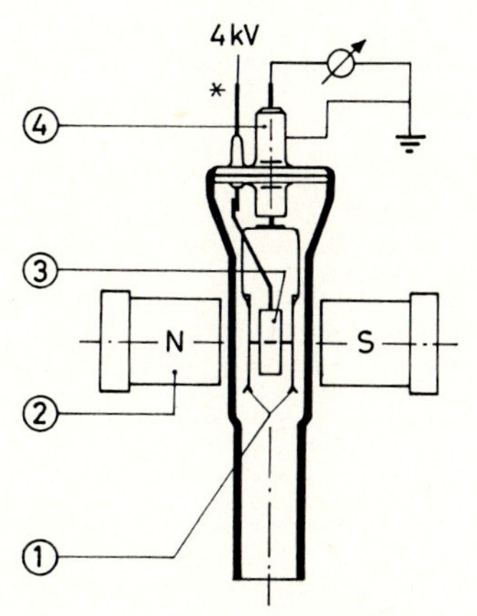

Abb. 13. Aufbau einer Magnetron-Vakuummeter-Röhre. 1 = Kathode (Kreisscheiben), 2 = Permanentmagnet (1000 Gauss), 3 = Anode, 4 = Abschirmrohr.

solchen Stößen entstehenden Ionen werden auf einem Ionenauffänger gesammelt. Bei festem Elektronenstrom ist der Ionenstrom dann ein Maß für den Druck. Messungen mit Ionisationsmanometern erfordern sehr viel Sorgfalt, weil es eine Menge von Effekten gibt, die eine genaue Druckanzeige verfälschen.

Ein Ionisationsmanometer mit kalter Kathode, die sogenannte Penning-Röhre, zeigt im Prinzip Abb. 13. Ein inhomogenes elektrisches Feld mit einer Spannung zwischen 2 und 7 KV ist kombiniert mit einem Magnetfeld. Die Kombination der beiden Felder bewirkt für die Träger der unter Vakuum brennenden Gasentladung eine Verlängerung ihrer Flugbahn und damit eine Erhöhung der Stoß- und Ionisierungswahrscheinlichkeit, so daß auch noch bei niedrigen Drucken eine Messung möglich ist. In dieser Röhre ist der Gesamtentladungsstrom ein Maß für den Druck (aber nur bei bestimmten geometrischen Konstruktionen eine eindeutige Funktion des Druckes). Die Genauigkeit der Druckanzeige ist weiterhin stark abhängig von der Sauberkeit der Elektroden. Das Gerät hat aber den Vorteil, sehr einfach, sicher und robust zu sein, vor allem aber keine heiße Kathode zu haben, die nur eine begrenzte Zeit funktioniert.

Beide Ionisationsmanometertypen sind gasartabhängig, weil die Ionisationsarbeit je nach Gasmolekül unterschiedlich ist.

IV. Betrieb von Vakuumanlagen

Hat man eine Anlage fertig zusammengestellt mit allen Pumpen, Leitungen, Ventilen und sonstigen Geräten, so kann man kurz nach Einschalten der Anlage nicht sofort gutes Vakuum erwarten. Man sollte vielmehr den Druck abhängig von der Zeit verfolgen. Das Auspumpen der im Volumen vorhandenen Gasmenge p. V geht schnell – bei richtiger Pumpendimensionierung – mit der Saugleistung S [l/sec]. Es gilt: Die Abnahme des Druckes p im konstanten Volumen V ist proportional dem jeweiligen Druck p und der Saugleistung S. Der Anfangsdruck sei p_o.

$$-V \frac{dp}{dt} = S \cdot p \tag{7}$$

$$-V \frac{dp}{p} = \frac{S}{V} dt \tag{8}$$

$$p = p_o \cdot e^{-} \frac{S}{V} t \,. \tag{9}$$

Das Verhältnis $\frac{S}{V}$ nennt man die Zeitkonstante des Systems. Jedoch darf

Tab. 2. Druckeinheiten.

	Torr	dyn/cm²	Millibar	Bar	kg/m² (mm WS)	kg/cm² (at)	Atm. (760 Torr)	lb per sq. inch	micron (μ)	inch of mercury
1 Torr	1	$1,33 \cdot 10^{3}$	1,33	$1,33 \cdot 10^{-3}$	13,5	$1,35 \cdot 10^{-3}$	$1,31 \cdot 10^{-3}$	$1,93 \cdot 10^{-2}$	10^{3}	$3,93 \cdot 10^{-2}$
1 dyn/cm² 1 Mikrobar (μb)	$0,75 \cdot 10^{-3}$	1	10^{-3}	10^{-6}	$1,01 \cdot 10^{-2}$	$1,01 \cdot 10^{-6}$	$0,98 \cdot 10^{-6}$	$1,45 \cdot 10^{-5}$	0,75	$2,95 \cdot 10^{-5}$
1 Millibar (mb) 10^{3} dyn/cm²	0,75	10^{3}	1	10^{-3}	10,1	$1,01 \cdot 10^{-3}$	$0,98 \cdot 10^{-3}$	$1,45 \cdot 10^{-2}$	$0,75 \cdot 10^{3}$	$2,95 \cdot 10^{-2}$
1 Bar (b) 10^{6} dyn/cm²	750	10^{6}	10^{3}	1	$1,01 \cdot 10^{4}$	1,01	0,98	$1,45 \cdot 10^{1}$	$0,75 \cdot 10^{6}$	$2,95 \cdot 10^{1}$
1 kg/m² 1 mm Wassersäule	$0,73 \cdot 10^{-1}$	$0,98 \cdot 10^{2}$	$0,98 \cdot 10^{-1}$	$0,98 \cdot 10^{-4}$	1	10^{-4}	$0,96 \cdot 10^{-4}$	$1,42 \cdot 10^{-3}$	$0,73 \cdot 10^{2}$	$2,89 \cdot 10^{-3}$
1 kg/cm² 1 at	735	$0,98 \cdot 10^{6}$	$0,98 \cdot 10^{3}$	0,98	10^{4}	1	0,96	$1,42 \cdot 10^{1}$	$0,73 \cdot 10^{6}$	$2,89 \cdot 10^{1}$
1 Atm. 760 Torr	760	$1,01 \cdot 10^{6}$	$1,01 \cdot 10^{3}$	1,01	$1,03 \cdot 10^{4}$	1,03	1	$1,46 \cdot 10^{1}$	$0,76 \cdot 10^{6}$	$2,99 \cdot 10^{1}$
1 lb per sq. inch (Engl. Pfund/Quadrat-Zoll)	$5,17 \cdot 10^{1}$	$0,68 \cdot 10^{5}$	$0,68 \cdot 10^{-2}$	$0,68 \cdot 10^{-1}$	$0,70 \cdot 10^{3}$	$0,70 \cdot 10^{-1}$	$0,68 \cdot 10^{-1}$	1	$5,17 \cdot 10^{4}$	2,03
1 micron (μ) $1 \cdot 10^{-3}$ Torr	10^{-3}	1,33	$1,33 \cdot 10^{-3}$	$1,33 \cdot 10^{-6}$	$1,35 \cdot 10^{-2}$	$1,35 \cdot 10^{-6}$	$1,31 \cdot 10^{-6}$	$1,93 \cdot 10^{-5}$	1	$3,93 \cdot 10^{-5}$
1 inch of mercury (Engl. Zoll Quecksilbersäule)	25,4	$0,33 \cdot 10^{5}$	$0,33 \cdot 10^{2}$	$0,33 \cdot 10^{-1}$	$1,34 \cdot 10^{3}$	$1,34 \cdot 10^{-1}$	$0,33 \cdot 10^{-1}$	0,49	$2,54 \cdot 10^{4}$	1

Sauggeschwindigkeits-Einheiten

Maßeinheit	cm³/sec	ltr/sec	ltr/min	m³/h	cu ft/min
cm³/sec	1	0,001	0,060	0,0036	0,0021
ltr/sec	1000	1	60	3,6	2,12
ltr/min	16,67	0,0167	1	0,060	0,0353
m³/h	277,8	0,2778	16,67	1	0,589
cu ft/min	471,95	0,4719	28,32	1,699	1

Saugleistungs-Einheiten

	Torr ltr/sec	kg/h (Luft)	Atm. · cm³/h	micron · cu ft/min
Torr l/sec	1	$6,12 \cdot 10^{-3}$	4738	2120
kg/h (Luft, 20° C)	163	1	$7,73 \cdot 10^{5}$	$3,46 \cdot 10^{5}$
Atm. · cm³/h	$2,11 \cdot 10^{-4}$	$1,29 \cdot 10^{-6}$	1	0,447
micron · cu ft/min	$4,719 \cdot 10^{-4}$	$2,88 \cdot 10^{-6}$	2,236	1

für S nicht die Saugleistung eingesetzt werden, die die Pumpe am Eingang hat, sondern die um den Drosselwiderstand W [sec/l] der Leitung verminderte Saugleistung S_{eff}, es gilt

$$\frac{1}{S_{eff}} = \frac{1}{S} + W. \qquad (10)$$

Den Reziprokwert des Leitungswiderstandes W nennt man den Leitwert L [l/sec]. Aus der Geometrie des Leitungssystems läßt sich L berechnen (Formelanhang).

Auch mit der verkleinerten Saugleistung ergeben sich bald Abweichungen von der Formel. Wir müssen noch neben dem Volumen weitere Gasquellen berücksichtigen: Der Vorrat auf den Oberflächen im Innern, Gaseinschlüsse in den Werkstoffen sowie Gas, das von außen durch Leckstellen ins Volumen nachgeliefert wird.

Tab. 3.

Formel	Bedeutung
Zahl der Wandstöße in $sec^{-1} \cdot cm^{-2}$	
1. $A = \frac{1}{4} n \bar{w}$	A = Anzahl der Moleküle je Zeit und Flächeneinheit n = Zahl der Moleküle je cm^3 $\bar{w}$ = mittlere Geschwindigkeit der Moleküle in $cm \cdot sec^{-1}$
2. $A = 3{,}535 \cdot 10^{22} \cdot \sqrt{\frac{p}{MT}}$	p = Druck in Torr M = Molekulargewicht in $g \cdot mol^{-1}$ T = absolute Temperatur in grad
Druck p *der Moleküle auf die Wand in* $dyn \cdot cm^{-2}$	
3. $p = \frac{1}{3} n \cdot m \cdot \overline{w^2}$	ρ = Dichte in $g \cdot cm^3$
4. $p = \frac{1}{3} \rho \cdot \overline{w^2}$	
Geschwindigkeitsmittelwerte	
5. $\bar{w} = \sqrt{\frac{8\,kT}{\pi\,m}} = \sqrt{\frac{8\,RT}{\pi\,m}} = 1{,}455 \cdot 10^4 \sqrt{\frac{T}{M}}$	$\bar{w}$ = Mittlere Geschwindigkeit in $cm \cdot sec^{-1}$
6. $\overline{w^2} = \frac{3\,kT}{m} = \frac{3\,RT}{M} = 2{,}5 \cdot 10^8 \frac{T}{M}$	$\overline{w^2}$ = Mittleres Geschwindigkeitsquadrat in $cm^2 \cdot sec^{-2}$
Zustandsgleichung für ideale Gase	
7. $p \cdot Vm = RT$	Vm = Molvolumen in $cm^3 \cdot mol^{-1}$

Solange der Druck proportional mit der reziproken Zeit $1/t$ oder mit $1/\sqrt{t}$ fällt, handelt es sich um den Abbau der Gasvorräte von den Oberflächen des Rezipienten oder aus dem Volumen der im Innern verarbeiteten Werkstoffe.

Wenn der Druck konstant bleibt, obwohl er bei der installierten Pumpenleistung weiter fallen sollte, ist meist – nicht immer – mit einem Leck zu rechnen.

Für das Aufsuchen von Leckstellen gibt es kommerzielle Hilfsgeräte. Ich möchte hier auf Halogenlecksucher, Hochfrequenzvakuumprüfer, Ultraschall-Lecksucher und natürlich auch auf die sogenannten He-Lecksucher hinweisen. Das sind Massenspektrometer, auf Masse 4 eingestellt. Wenn Helium an das Leck kommt, gibt es ein Signal entsprechend der Leckrate. (Aus einem solchen Lecksuchgerät ist das Respirations-Massenspektrometer entwickelt worden.) Man hat mit einem funktionierenden Massenspektrometer gleichzeitig immer die Möglichkeit der Lecksuche.

V. Standardisierte Vakuumbauteile

Früher war es üblich, daß jede Vakuumfirma eigene Geräte und Verbindungselemente herstellte, und man konnte Geräte verschiedener Hersteller nur miteinander verbinden, wenn man sich dazu noch entsprechende Übergangsstücke besorgte.

Das hat sich inzwischen wesentlich gebessert, Glasschliffverbindungen sind schon lange genormt.

Für Vakuumverbindungen gibt es eine Normkommission, allerdings auch schon lange Bausteingruppen für die Zusammenstellung von Leitungen von 10–50 mm ⌀. Es handelt sich um das Kleinflanschsystem mit Dichtungen, das vor Jahren bei Leybold konzipiert worden ist und sich nun auch bei einer Anzahl anderer Firmen allgemein durchgesetzt hat.

Passend zu diesem System gibt es nun verschiedenste Vakuumelemente, wie Pumpen, Ventile, Meßgeräte, genormte starre und flexible Leitungselemente und Übergangsteile für Schläuche und Glas.

VI. Formeln zur Berechnung von Leitwerten

Die Gasmenge Q, die mit der Saugleistung S_{eff} abgepumpt werden kann, ist

$$Q = S_{eff} \cdot (p - Pe)\,. \tag{11}$$

Dabei ist p der jeweilige Druck und Pe der mögliche Enddruck im System. Für S_{eff} gilt

$$\frac{1}{S_{eff}} = \frac{1}{S} + \frac{1}{L} \tag{12}$$

S ist die an der Vakuumpumpe verfügbare Saugleistung, L der Leitwert der Verbindung Rezipient – Pumpe.

Bei zusammengesetzten Leitungen addieren sich in *Reihenschaltung* die Widerstände W

$$W = W_1 + W_2 + W_3 + \ldots \tag{13}$$

bzw. die reziproken Leitwerte

$$\frac{1}{L} = \frac{1}{L_1} + \frac{1}{L_2} + \frac{1}{L_3} + \ldots \tag{14}$$

Bei Parallelschaltung der Leitungen ergibt sich

$$L = L_1 + L_2 + L_3 \,. \tag{15}$$

a) Leitwerte für lange Rohre $l \gg r$ und $\Lambda \ll r$ (Luft 20° C)

$$L = 3000 \cdot \frac{r^4}{l} \cdot \bar{p} \tag{16}$$

$$\bar{p} = \frac{p_1 + p_2}{2} \,. \tag{17}$$

b) Leitwerte für Öffnungen $l \ll \sqrt{q}$ und $\Lambda \ll r$

$$L_ö = 20 \cdot \frac{q}{1 - \frac{p_2}{p_1}} \tag{18}$$

q = Querschnitt in cm^2.

Im Hochvakuumbereich ($p < 10^{-3}$ Torr) gilt für lange Rohre ($l > d$) mit beliebiger Querschnittsform und für beliebige Gase

$$L = \frac{8\,F^2}{10^3 \cdot 3 \cdot l \cdot U} \cdot \sqrt{\frac{2 \cdot R \cdot T}{\pi \cdot M}}\ \text{ltr/s} \tag{19}$$

U = Querschnittsumfang (cm)

Bei kreisförmigem Querschnitt gilt für Luft von 20° C

$$L = \frac{12{,}5 \cdot d^2}{l}\ \text{ltr/s} \tag{20}$$

Für das Übergangsgebiet ($1 > \frac{\Lambda}{d} > 0{,}01$) ändert sich der Leitwert annähernd linear zu $\log \frac{\Lambda}{d}$ von 11,6 ltr/s · cm^2 bis zu 20 ltr/s · cm^2.

Tab. 4. Dampfdrücke einiger gebräuchlicher Gase[1]).

Symbol	Substanz	Temperatur (°K) für Dampfdruck in Torr															
		10^{-12}	10^{-11}	10^{-10}	10^{-9}	10^{-8}	10^{-7}	10^{-6}	10^{-5}	10^{-4}	10^{-3}	10^{-2}	10^{-1}	10^{0}	10^{1}	10^{2}	10^{3}
Ar	Argon	21,3	22,5	23,7	25,2	26,8	28,6	30,6	33,1	35,9	39,2	43,2	48,2	54,5	62,5	73,4	89,9
CH_4	Methan	25,3	26,7	28,2	80,0	32,0	34,2	36,9	39,9	43,5	47,7	52,9	59,2	67,3	77,7	91,7	115,0
CO	Kohlen-monoxyd	21,5	22,66	23,8	25,2	26,7	28,4	30,3	32,5	35,0	38,0	41,5	45,8	51,1	57,9	67,3	84,1
CO_2	Kohlen-dioxyd	62,2	65,2	68,4	72,1	76,1	80,6	85,7	91,5	98,1	106,0	114,5	125,0	137,5	153,5	173,0	198,0
H_2	Wasserstoff	2,88	3,01	3,21	3,45	3,71	4,03	4,40	4,84	5,38	6,05	6,90	8,03	9,55	11,7	15,1	21,4
H_2O	Wasser	118,5	124,0	130,0	137,0	144,5	153,0	162,0	173,0	185,0	198,5	215,0	233,0	256,0	284,0	325,0	381,0
I_2	Jod	147,5	154,0	161,5	169,5	178,5	188,5	199,5	212,0	226,0	243,0	262,0	285,0	312,0	345,0	389,0	471,0
N_2	Stickstoff	19,0	20,0	21,1	22,3	23,7	25,2	27,0	29,0	31,4	34,1	37,5	41,7	47,0	54,0	63,4	80,0
NH_3	Ammoniak	74,1	77,6	81,5	85,8	90,6	95,9	102,0	108,5	116,5	125,5	136,0	148,0	163,0	181,0	206,0	245,0
Ne	Neon	5,79	6,11	6,47	6,88	7,34	7,87	8,48	9,19	10,05	11,05	12,30	13,85	15,8	18,45	22,1	27,5
O_2	Sauerstoff	22,8	24,0	25,2	26,6	28,2	29,9	31,9	34,1	36,7	39,8	43,3	48,1	54,1	62,7	74,5	92,8
Xe	Xenon	40,5	42,7	45,1	47,7	50,8	54,2	58,2	62,7	68,1	74,4	82,1	91,5	103,5	118,5	139,5	170,0

[1]) Nach R. E. Honig und H. O. Hock, R. C. A. Review *21:* 360 (1960).

Für kurze Rohre (l $\approx$ d) gilt:

$$L = \frac{16\,F^2}{10^2\,(3\,l\,U + 16\,F)} \cdot \sqrt{\frac{RT}{2\,\pi\,M}} \text{ in [ltr/s]} \quad (21)$$

beliebige Gase, beliebige Querschnittform

$$L = \frac{36{,}3 \cdot r^2}{0{,}375\,\frac{l}{r} + 1} \text{ in [ltr/s] (für Luft bei 20° C) kreisförmigem Querschnitt} \quad (22)$$

Bei Öffnungen (l $\ll$ d) gilt:

$$L_ö = \frac{F}{10^3} \sqrt{\frac{RT}{2\,\pi\,M}} \text{ in [ltr./s] beliebige Gase, beliebige Querschnittform} \quad (23)$$

$$L_ö = 36{,}3 \cdot r^2 \text{ in [ltr/s] für Luft bei 20° C, kreisförmiger Querschnitt} \quad (24)$$

$$= 11{,}6 \cdot \pi \cdot r^2$$

d. h. der spezifische Leitwert ist hier 11,6 [ltr/s · cm²].

Druckbereiche der Vakuumtechnik und ihre Charakterisierung.
(Zahlenangaben auf volle Zehnerpotenzen abgerundet)

	Grob-vakuum	Zwischen-vakuum	Fein-vakuum	Hoch-vakuum	Ultrahoch-vakuum
Druck (Torr)	760 – 100	100 – 1	$1 - 10^{-3}$	$10^{-3} - 10^{-7}$	$< 10^{-7}$
Teilchenzahl/cm³	$10^{19} - 10^{18}$	$10^{18} - 10^{16}$	$10^{16} - 10^{13}$	$10^{13} - 10^{9}$	$< 10^{9}$
Wandstöße pro cm² und sec	$10^{24} - 10^{23}$	$10^{23} - 10^{20}$	$10^{20} - 10^{17}$	$10^{17} - 10^{13}$	$< 10^{13}$
Molekülstöße pro cm³ und sec	$10^{29} - 10^{27}$	$10^{27} - 10^{23}$	$10^{23} - 10^{17}$	$10^{17} - 10^{9}$	$< 10^{9}$
Mittlere freie Weglänge (cm)	$10^{-5} - 10^{-4}$	$10^{-4} - 10^{-2}$	$10^{-2} - 10^{1}$	$10^{1} - 10^{5}$	$> 10^{5}$
Art der Gasströmung	Strömungs-kontinuum	Strömungs-kontinuum	Knudsen-Strömung	Molekular-strömung	Bewegung der Einzel-moleküle
Besondere Erscheinungen	Konvektion druck-abhängig	Konvektion druck-abhängig	Transport-erscheinungen abhängig vom Verhältnis Gefäß-dimension mittlere freie Weglänge	Transport-erscheinung proportional zum Druck	Wieder-bedeckungs-zeit der Oberfläche größer als einige Sekunden

Leitwerte für Rohre im gesamten Druckgebiet (Knudsen-Formel) für Luft von 20° C

$$L = 100\,r^3 \left(30 \frac{r}{l} \cdot p + \frac{1}{1 + \frac{8}{3} r} \right) \tag{25}$$

Literatur

(1) BECKER, W.: Die Turbomolekularpumpe. Vakuumtechnik *9:* 10 (1966).

Monographien

(2) BUCH, S.: Einführung in die allgemeine Vakuumtechnik. Wiss. Verlags-Ges., Stuttgart 1962.
(3) DIELS, K., R. JAECKEL: Leybold-Vakuumtaschenbuch für Laboratorium und Betrieb. Springer, Berlin, Göttingen, Heidelberg 1962.
(4) ESCHBACH, H. L.: Praktikum der Hochvakuumtechnik. Akad. Verlags-Ges., Leipzig 1962.
(5) HEINZE, W.: Einführung in die Vakuumtechnik. VEB Verlag, Berlin 1955.
(6) HOLLAND-MERTEN, E. L.: Handb. der Vakuumtechnik. Knapp, Halle 1953.
(7) PUPP, W.: Vakuumtechnik. Thiemig, München 1962.
(8) WUTZ, M.: Theorie und Praxis der Vakuumtechnik. Vieweg, Braunschweig 1965.
(9) YARWOOD, J.: Hochvakuumtechnik. Lang, Berlin 1955.

Aus der Firma VARIAN MAT, Bremen

Einlaßsysteme für massenspektrometrische Analysen in der Medizin

L. Delgmann

Die massenspektrometrischen Einlaßsysteme dienen zur Probeneinführung in das eigentliche Massenspektrometer, das heißt, sie sollen die im allgemeinen unter Atmosphärendruck stehende Probe in das Vakuum des Massenspektrometers einschleusen.

Der massenspektrometrische Trennvorgang setzt voraus, daß die zu analysierende Substanz in der Elektronenstoßionenquelle gasförmig auftritt und daß sich die Ionen in der Ionenquelle und im Magnetfeld frei bewegen können; sie dürfen keine Zusammenstöße mit Gasmolekülen erleiden. Aus diesem Grund muß in der Ionenquelle und im Magentfeld ein Hochvakuum von etwa 10^{-6} Torr aufrechterhalten werden.

Das Einlaßsystem muß die Probe – soweit sie nicht bereits gasförmig ist – verdampfen und ihren Druck von 760 Torr auf 10^{-6} Torr reduzieren.

Das Problem beim Probeneinlaß besteht darin, daß die Probe beim Einlaßvorgang ihre Zusammensetzung nicht verändern und sich nicht chemisch zersetzen darf.

Die Aufgabenstellungen bei den massenspektrometrischen Analysen sind sehr vielfältig. Letzten Endes ist diese Vielfalt zurückzuführen auf die sehr unterschiedlichen Formen, in denen die Proben vorliegen:

Bei der massenspektrometrischen Atemluftanalyse stehen die Atemgase in ausreichender Menge zur Verfügung. Das Einlaßsystem reduziert den Druck der Atemgase. Es darf dabei den raschen zeitlichen Ablauf der Konzentrationsänderungen nicht verfälschen. Eine Entmischung, zum Beispiel durch die Kondensation des Wasserdampfes, soll vermieden werden.

Bei der kontinuierlichen Blutgasanalyse liegt ein ähnlicher Fall vor. Hier muß das Einlaßsystem außer der Druckreduzierung auch die Extraktion der Gase aus dem Blut bewältigen.

Bei den Isotopenhäufigkeitsbestimmungen stehen oft nur sehr kleine eingesammelte Probenmengen zur Verfügung, und die Unterschiede in den Isotopenhäufigkeiten sind meist sehr gering. Bei der Probeneinschleusung durch das Einlaßsystem muß daher eine Veränderung der Isotopenhäufigkeiten vermieden werden. Meist wird durch die Möglichkeit eines raschen Probe-Standardvergleichs die erreichbare Meßgenauigkeit weiter erhöht.

Wieder andere Probleme entstehen, wenn flüssige oder feste Proben vor dem Einlaß in die Ionenquelle verdampft werden müssen. Hierbei kann eine Fraktionierung auftreten, die die Analysenergebnisse verfälscht, und die Gefahr einer chemischen Zersetzung ist groß. Das gilt zum Beispiel im Bereich der Biochemie, wenn empfindliche Substanzen wie etwa Hormone, die oft nur in Mengen von einem μg vorliegen, massenspektrometrisch identifiziert oder quantitativ ermittelt werden sollen.

Die Vielfalt der eben geschilderten Probleme beim Probeneinlaß läßt sich nicht mit einem universellen Einlaßsystem bewältigen. Es müssen daher verschiedene Einlaßsystemtypen verwendet werden, die dem jeweiligen Problem optimal angepaßt sind.

Im folgenden sollen einige Einlaßsystemtypen und Analysenverfahren, die zur Zeit für den medizinischen Bereich interessant sind, näher beschrieben werden. Das Hauptgewicht soll dabei auf die kontinuierlichen Atemgaseinlaßsysteme gelegt werden.

Bei den kontinuierlichen Atemgasmessungen benutzt man in vielen Fällen das zweistufige Einlaßsystem:

Aus dem Atemgasstrom der Versuchsperson entnimmt eine Kapillare die Gasmenge von etwa 10 ml/min. Das Gas strömt durch die Kapillare, vorbei an einer mit feinen Öffnungen versehenen Goldfolie, der sogenannten Golddüse, zu einer Vorvakuumpumpe. Länge und Innendurchmesser der Kapillare und der Leitung zur Vorpumpe sind so dimensioniert, daß das Gas überall zwischen Kapillareingang und Vorpumpe viskos, das heißt, unter dem Einfluß der inneren Gasreibung, strömt. Dadurch wird erreicht, daß an keiner Stelle dieses Strömungsweges eine Entmischung, also eine Änderung des ursprünglichen Gasgemisches, auftritt.

Durch den Strömungswiderstand der Kapillare wird der Druck des einströmenden Gases von 760 Torr am Kapillareingang auf etwa 1 Torr am Kapillarende vor der Golddüse reduziert. Die Kapillare ist daher die erste Drosselstufe des Einlaßsystems. Die zweite Drosselstufe ist die Golddüse, durch deren Bohrungen ein geringer Bruchteil des durch die Kapillare eintretenden Gases direkt in die Ionenquelle strömt. Dabei wird der Druck des Gases ein zweites Mal reduziert, und zwar von 1 Torr vor der Golddüse auf den im Massenspektrometer zulässigen Druck von 10^{-6} Torr. Die Strömung des Gases im Massenspektrometer erfolgt wegen des dort herrschenden sehr niedrigen Druckes molekular, das heißt, die Moleküle stoßen nicht mehr untereinander, sondern vollführen eine freie Molekularbewegung von Wand zu Wand. Um eine Entmischung zu vermeiden, muß der Gasstrom durch die Golddüse ebenfalls molekular erfolgen. Daher müssen die Öffnungen in der Golddüse klein sein gegen die mittlere freie Weglänge der Moleküle beim Druck von 1 Torr vor der Golddüse. Ihre Durchmesser betragen 0,01 mm. Das Gas gelangt also in seiner ursprünglichen Zusammensetzung in die Ionenquelle. Schließlich müssen Einlaßkapillare und Einlaßsystem geheizt werden, um ein Kondensieren des in der Atemluft enthaltenen Wasserdampfes zu vermeiden.

Der Anwender hat beim Respirations-Massenspektrometer M3 zwei wählbare Parameter, nämlich die Kapillarlänge und die Kapillartemperatur. Die Standardlängen für die Kapillare betragen 1 und 2 m, die Kapillartemperatur läßt sich zwischen Zimmertemperatur und 100° C in fünf Stufen variieren.

Im folgenden soll nun an Hand der mit einem Respirations-Massenspektrometer M3 der Varian MAT gewonnenen Daten gezeigt werden, wie weit ein nach diesen Gesichtspunkten aufgebautes Einlaßsystem die Forderung nach einer möglichst exakten Wiedergabe rascher Konzentrationsänderungen erfüllt.

Die wichtigsten vom Einlaßsystem beeinflußten Größen sind die Einstellzeit und die Gaslaufzeit. Die Einstellzeit ist die Zeit, in der das Signal einer plötzlichen Konzentrationsänderung von Null auf 95% seines Endwertes ansteigt. Sie wird gewissermaßen durch die Trägheit des Gerätes verursacht und ist ein Maß für die Güte der Wiedergabe einer raschen Konzentrationsänderung. Den größten Beitrag zu dieser Einstellzeit liefert das Pumpsystem des Massenspektrometers. Einen weit geringeren Beitrag liefern die elektronischen Schaltkreise. Der Einfluß des Einlaßsystems auf die Einstellzeit tritt für die permanenten Gase nicht in Erscheinung, denn sie beträgt für alle wählbaren Temperaturen sowohl bei der 1 m- als auch bei der 2 m-Kapillare 45 ms. Das ist eine kurze Zeit, die eine sehr genaue Wiedergabe der Konzentrationsänderungen in der Exspirationsluft gestattet.

Unter der Gaslaufzeit versteht man die Zeit, in der das Gas durch die Kapillare und das Einlaßsystem in die Ionenquelle strömt. Es ist eine reine Verzögerungszeit, die, wenn sie konstant genug und für alle Komponenten gleich ist, eliminiert werden kann.

Der Einfluß des Einlaßsystems auf die Gaslaufzeit ist in Abb. 1 dargestellt. Man sieht, daß für die permanenten Gase die Laufzeit um so größer ist, je länger die Kapillare ist und daß die Laufzeit mit zunehmender Temperatur linear ansteigt. Dieses Temperaturverhalten wird durch die Viskosität der Gase verursacht, die bei steigender Temperatur anwächst. Hält man die Temperatur konstant, so ist auch die Gaslaufzeit konstant – die Abweichungen von einem Tag zum anderen sind kleiner als 1%, so daß man die Gaslaufzeit eliminieren kann.

Das Verhalten der Laufzeit und auch der Einstellzeit des Wasserdampfes weicht wegen dessen leichter Kondensierbarkeit von dem der permanenten Gase ab. Laufzeit und Einstellzeit verringern sich mit zunehmender Temperatur. Es tritt also eine Differenz zwischen der Laufzeit der permanenten Gase und der

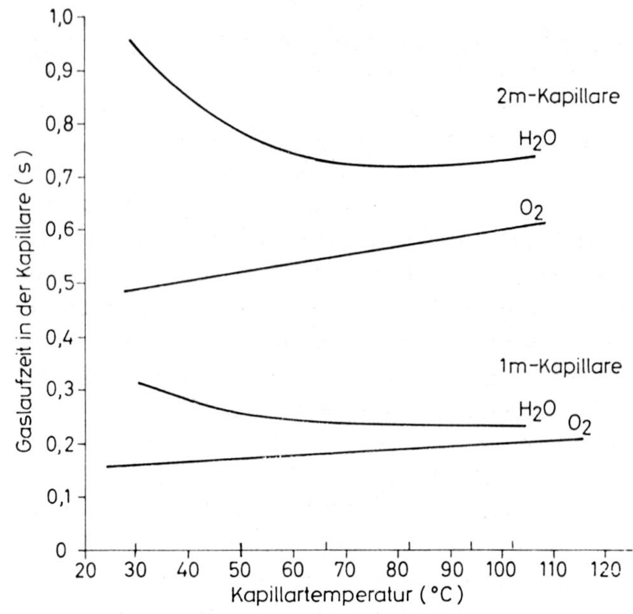

Abb. 1. Gaslaufzeit in der Kapillare in Abhängigkeit von der Kapillartemperatur.

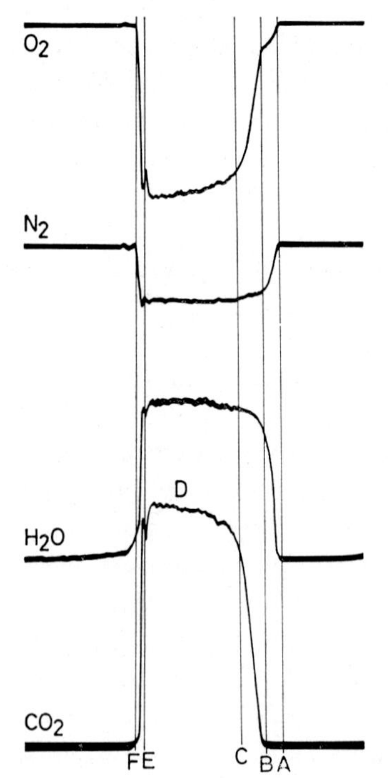

Abb. 2. O_2-, N_2-, H_2O- und CO_2-Partialdrucke in der Atemluft. 70 cm lange Kapillare, 80° C.

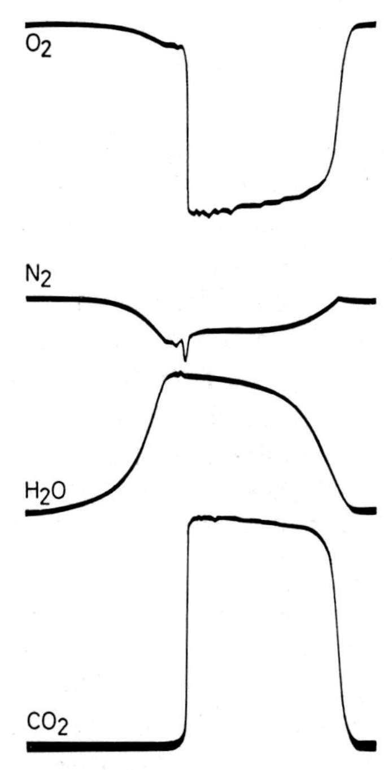

Abb. 3. O_2-, N_2-, H_2O- und CO_2-Partialdrucke in der Atemluft. 2 m lange Kapillare, 50° C.

des Wasserdampfes auf, die um so kleiner wird, je kürzer und je wärmer die Kapillare ist. Die optimale Temperatur für kleine Laufzeitdifferenzen liegt bei etwa 80° C.

Die Abb. 2 zeigt den Konzentrationsverlauf der Atemgase, aufgenommen mit einer 70 cm langen Kapillare bei 80° C. Laufzeitdifferenzen treten hier kaum auf, die Wiedergabe der Konzentrationsverläufe ist annähernd ideal. Die Abb. 3 zeigt den Konzentrationsverlauf für eine 2 m-Kapillare bei 50° C. Laufzeit und Einstellzeit für den Wasserdampf sind hier deutlich gegenüber der der permanenten Gaskomponenten vergrößert. Außerdem sieht man, daß der nachlaufende Wasserdampf einen Einfluß auf die Konzentrationsanzeige der übrigen Gase hat.

Das Resultat dieser Betrachtungen ist folgendes: Bei Verwendung kurzer Kapillaren erfüllt das zweistufige Einlaßsystem nahezu alle Forderungen des Benutzers. Schnelle Konzentrationsänderungen können genau erfaßt werden, die Verzögerungszeit ist so konstant, daß sie eliminiert werden kann, die verbrauchte Gasmenge ist gering, eine Entmischung tritt nicht auf, und die physiologisch interessante Wasserdampfkonzentration kann in der gleichen Weise gemessen werden wie die der übrigen Komponenten.

Bei der Verwendung langer Kapillaren treten Differenzen zwischen der Laufzeit und der Einstellzeit des Wasserdampfes und der der permanenten Gase auf. Der Konzentrationsverlauf des Wasserdampfes wird verzerrt wiedergegeben. Daher sind lange Kapillaren für Wasserdampfanalysen ungeeignet. Außerdem tritt ein Einfluß des nachlaufenden Wasserdampfes auf die Anzeige der übrigen Komponenten auf. Kann dieser Einfluß nicht in Kauf genommen werden, so muß er graphisch eliminiert werden. Das ist schwierig und mühsam.

Hier bewährt sich das dreistufige Einlaßsystem nach MUYSERS u. Mitarb. (1). Dieses Einlaßsystem entsteht dadurch, daß man das zweistufige Einlaßsystem durch Vorschalten einer dritten Stufe erweitert. Die Gasentnahme aus dem Patientenmundstück erfolgt durch eine unbeheizte Teflonkapillare, die die erste Stufe dieses Einlaßsystems bildet. Der Gasstrom durch die Teflonkapillare wird mit Hilfe einer kleinen Membranpumpe, deren Saugleistung einstellbar ist, aufrechterhalten. Zwischen Teflonkapillare und Membranpumpe wird die 1-m-Kapillare des zweistufigen Einlaßsystems seitlich in den Gasstrom eingeführt; sie entnimmt einen Bruchteil des durch die Teflonkapillare strömenden Gases und leitet ihn in der bereits beschriebenen Weise in das Massenspektrometer.

Der entscheidende Vorteil dieses dreistufigen Einlaßsystems liegt, wie Muysers gezeigt hat, in seinem Wasserdampfverhalten: Beim Durchströmen der Teflonkapillare kühlt sich die Atemluft von Körpertemperatur auf die Kapillartemperatur ab. Der Wasserdampfpartialdruck fällt dabei vom Sättigungswert bei Körpertemperatur auf den Sättigungswert bei Kapillartemperatur. Der überschüssige Wasserdampf kondensiert und bildet eine Wasserhaut auf der Kapillarinnenoberfläche. Die Dicke dieser Haut wächst, solange Wasserdampf zugeführt wird. Wird die Wasserdampfzufuhr unterbrochen, so dampft Wasser von dieser Haut ab und sättigt das nachströmende Gas mit Wasserdampf. Der Wasserdampfpartialdruck am Kapillarende ändert sich also zunächst nicht. Er fällt erst dann ab, wenn die Wasserhaut verdampft ist.

In der Praxis sieht das folgendermaßen aus: Nach 3 – 4 Atemzügen stellt sich ein konstanter Wasserdampfpartialdruck ein, und die Atemluftkurven verhalten sich so, als habe die Wasserdampfkonzentration bei In- und Exspiration den gleichen konstanten Wert.

Nach 20 Atemzügen ist die Wasserdampfhaut in der Kapillare bereits soweit ausgeprägt, daß der Abfall des Wasserdampfpartialdruckes erst 2 Minuten nach Beendigung der Wasserdampfzufuhr durch die Atmung einsetzt. Diese Zeit ist ausreichend, um in ihr eine Eichung unter den gleichen Wasserdampfbedingungen vorzunehmen, unter denen auch die Atemluftanalyse erfolgte.

Die Abb. 4 zeigt für verschiedene Kapillarlängen die von der Teflonkapillare abgesaugte Gasmenge in Abhängigkeit vom Unterdruck zwischen Membranpumpe und Kapillare. Diese Gasmenge ist um so größer, je kürzer die Kapillare

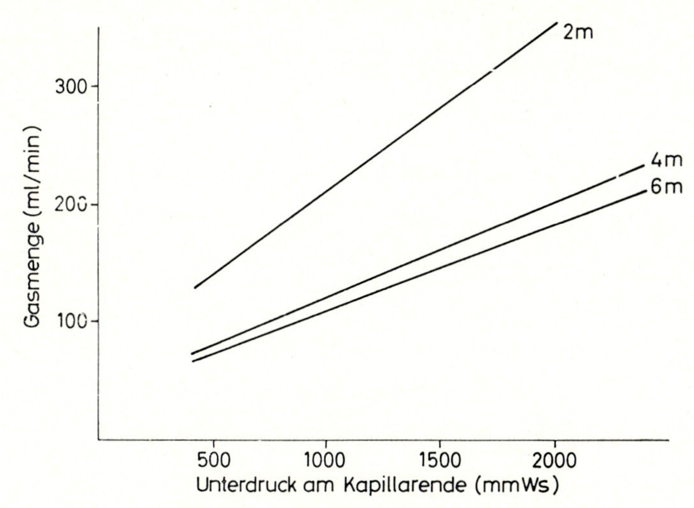

Abb. 4. Durchströmende Gasmenge in Abhängigkeit vom Unterdruck am Kapillarende für verschiedene Kapillarlängen.

und je höher der an der Membranpumpe eingestellte Unterdruck ist. Sie ist zehn- bis dreißigmal so groß wie die vom zweistufigen System aufgenommene Gasmenge.

Die Abb. 5 zeigt die Gaslaufzeit in Abhängigkeit vom eingestellten Unterdruck. Sie nimmt für kleine Unterdrucke und lange Kapillaren beträchtliche Werte an.

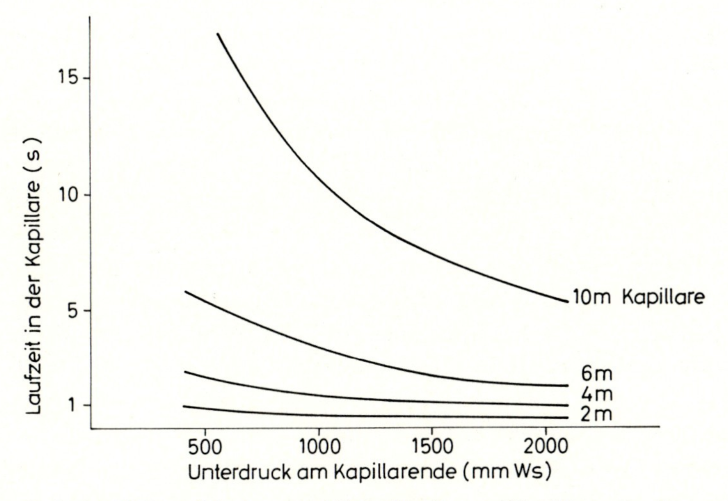

Abb. 5. Laufzeit in Abhängigkeit vom Unterdruck am Kapillarende für verschiedene Kapillarlängen.

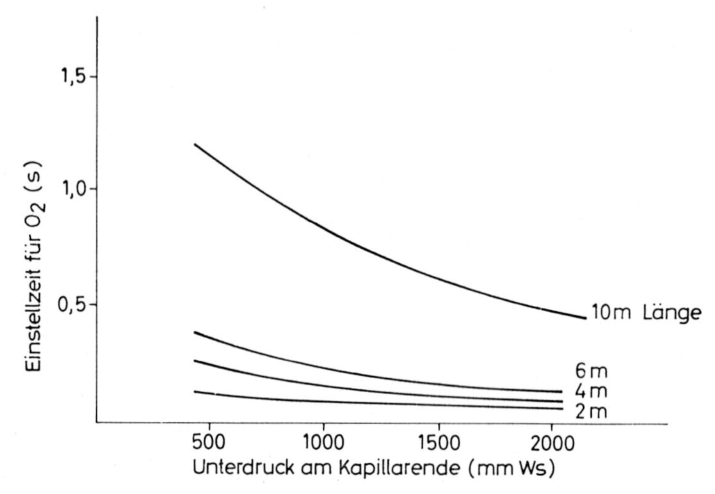

Abb. 6. Einstellzeit für O_2 in Abhängigkeit vom Unterdruck am Kapillarende für verschiedene Kapillarlängen.

Während beim zweistufigen Einlaßsystem die Einstellzeit für die permanenten Gase unabhängig von den Betriebsbedingungen 45 ms beträgt, tritt beim dreistufigen Einlaßsystem eine Änderung auf. Die Abb. 6 zeigt, daß die Einstellzeit bei zunehmender Kapillarlänge und bei Verminderung des Unterdruckes zwischen Pumpe und Kapillare rasch zunimmt.

Aus den Abb. 4 und 6 geht hervor, daß zwei wichtige Größen gegenläufig sind: Wählt man kurze Einstellzeiten, indem man kurze Kapillaren und hohe Unterdrucke verwendet, so erhält man einen hohen Gasverbrauch. Hält man den Gasverbrauch klein durch Verwendung langer Kapillaren und geringer Unterdrucke, so steigt die Einstellzeit an.

Ein guter Kompromiß liegt bei einer Kapillarlänge von 3 – 4 m und einem Unterdruck von 1500 mm Wassersäule. Dann beträgt der Gasverbrauch etwa 200 ml/Min., die Gaslaufzeit – d. h. die Signalverzögerung – etwa 1 s und die Einstellzeit etwa 100 ms. Diese Daten sind für die routinemäßige Formanalyse ausreichend. Der Vorteil des Systems liegt bei der großen Kapillarlänge, der Ausschaltung der Wasserdampfeinflüsse und dem großen Innendurchmesser der Teflonkapillare – er beträgt 1 mm –, der ein Verstopfen des Systems ausschließt. Eine Analyse der Wasserdampfkonzentration läßt sich mit diesem System natürlich nicht durchführen. Der Vergleich des zwei- und des dreistufigen Einlaßsystems zeigt, daß sich beide gut ergänzen.

Als nächstes soll nun die Möglichkeit der kontinuierlichen Blutgasanalyse betrachtet werden. Über das Verfahren wurde meines Wissens erstmals im Jahre 1966 von Woldring u. Mitarb. (2) berichtet. Das Einlaßsystem besteht aus einer Metallkanüle, die mit einigen Öffnungen versehen ist. Diese Öffnungen werden mit einer dünnen Silikonkautschukmembran überzogen. Die Kanüle wird über eine Leitung ohne weitere Druckdrosselung direkt mit dem Massenspektrometer verbunden und dann in die Blutbahn eingeführt. Die Membran hält das Blut zurück, läßt aber die Blutgase in die Kanüle eindringen. Von dort strömen sie zum Massenspektrometer und können dann analysiert werden. Der Durchtritt der Gase durch die Membran ist ein komplexer Vorgang. Er wird nicht nur von der Diffusionskonstante der Gase, sondern auch von deren Löslichkeit in der Membransubstanz bestimmt. Daher ist die Durchlässigkeit der Membran und die Durchtrittszeit für verschiedene Gase recht unterschiedlich. Untersuchungen hierüber werden seit längerer Zeit bei Varian und bei General Electric in den USA durchgeführt. Für die Atemgase und die gebräuchlichen Fremdgase beträgt die relative Durchlässigkeit bezogen auf die des Sauerstoffs für CO_2: 5,5, H_2O: 60, N_2: 0,5, He: 0,6, Ar: 1, N_2O: 7 und für Frigen 12: 2. Bei eigenen Untersuchungen mit einem M3-Gerät wurde eine Membrandicke von 0,1 mm gewählt. Gemessen wurde der Partialdruck verschiedener Gase in Wasser, das mit Hilfe einer Mischvorrichtung mit diesen Gasen gesättigt wurde. Die Empfindlichkeit für CO_2 ist etwa die gleiche wie bei der Atemgasanalyse: Für 760 Torr CO_2 erhält man ein Signal von etwa 8 V. Die Laufzeit des CO_2 in der Membran beträgt etwa 1,5 s, die Einstellzeit auf 95% des Endausschlages etwa 10 s. Die Empfindlichkeiten für die anderen Gase verhalten sich bei Berücksichtigung der unterschiedlichen Ionisierbarkeit etwa wie die oben angegebenen Durchlässigkeiten.

Weitere Daten werden wir nach Abschluß der noch laufenden Untersuchungen veröffentlichen und dann auch ein System für die kontinuierliche Blutgasanalyse mit dem M3-Gerät vorstellen.

Eine weitere im medizinisch-physiologischen Bereich interessante Einsatzmöglichkeit des Massenspektrometers besteht bei Isotopenhäufigkeitsmessungen. Dieses Thema soll hier jedoch nicht behandelt werden, weil ihm im Rahmen dieses Kolloquiums ein eigener Vortrag gewidmet ist.

Zum Abschluß soll über ein massenspektrometrisches Analysenverfahren berichtet werden, das in den letzten Jahren in der allgemeinen analytischen Chemie und insbesondere in der Biochemie ein weites Anwendungsfeld gefunden hat. Es handelt sich um die Kopplung des Massenspektrometers mit einem Gaschromatographen. Der Gaschromatograph kann hierbei als das Einlaßsystem des Massenspektrometers betrachtet werden.

Der Vorteil dieser Gerätekombination besteht in folgendem:

Der Gaschromatograph trennt die Komponenten eines Substanzgemisches quantitativ, die Identifizierung der getrennten Komponenten, die mit Hilfe der Retentionszeit, d.h. der Laufzeit in der gaschromatographischen Trennsäule, vorgenommen wird, ist jedoch in vielen Fällen nicht mit ausreichender Sicherheit möglich. Das Massenspektrum einer getrennten Komponente ist dagegen stets substanzspezifisch, so daß sich eine Identifizierung in den meisten Fällen durchführen läßt.

Die Abb. 7 zeigt das Gaschromatogramm eines Gemisches freier Steroide. Der erste Peak links ist der des als Lösungsmittel verwendeten Essigsäureäthylesters. Die beiden nächsten Peaks sind die der Steroide Östron und Testosteron. Der vierte, etwas größere Peak, gehört zum Paraffin $C_{28}H_{58}$, das dem Gemisch zu Eichzwecken beigefügt ist. Der letzte Peak des Chromatogramms ist der des Cholesterins.

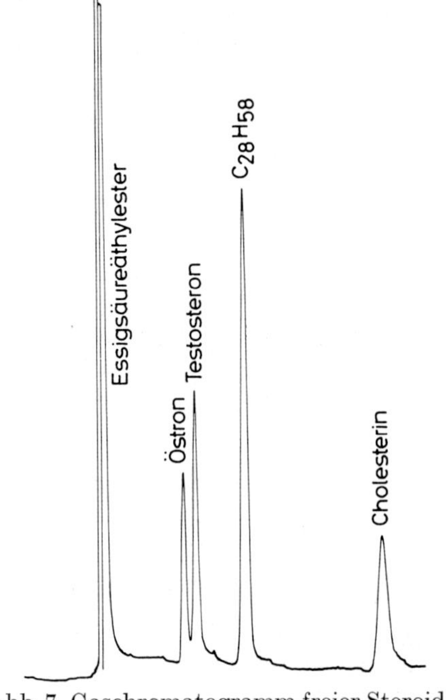

Abb. 7. Gaschromatogramm freier Steroide.

Zur Aufnahme dieses Chromatogramms wurde 1 µl des Gemisches in den Gaschromatographen eingespritzt. In diesem einen µl war 1 µg Cholesterin enthalten.

Einen Eindruck vom zeitlichen Ablauf dieser Trennung erhält man aus der Dauer des Cholesterinaustritts aus der Trennsäule; er erstreckt sich über etwa 20 s. Der Ausgang der gaschromatographischen Trennsäule ist entweder direkt oder über eine Drosselstelle fest mit dem Massenspektrometer gekoppelt. Die Komponenten des Gemisches gelangen daher in der gleichen zeitlichen Folge, in der sie hier im Chromatogramm auftreten, auch in das Massenspektrometer.

Soll nun z. B. das Massenspektrum des Cholesterins aufgenommen werden, so muß das Massenspektrometer das Spektrum in einer Zeit aufnehmen, in der sich die Cholesterinkonzentration im Trägergas nicht allzu sehr ändert. Das sind hier etwa 5 s. Eine solche Messung läßt sich natürlich nicht mit einem Respirations-Massenspektrometer durchführen, da dessen Auflösungsvermögen, Massendurchlaufgeschwindigkeit und Empfindlichkeit nicht ausreichen.

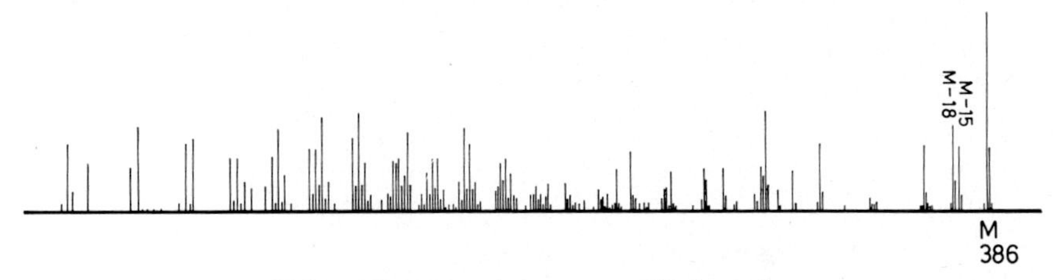

Abb. 8. Massenspektrum von Cholesterin.

Das in der Abb. 8 gezeigte Spektrum wurde daher mit einem Massenspektrometer CH7 der Varian MAT, das speziell für diese Analysenmethode gebaut ist, aufgenommen. Der hohe Peak am rechten Ende des Spektrums ist der Molekülpeak des Cholesterins mit der Massenzahl 386. An Hand dieses Spektrums ist eine Identifizierung des gaschromatographischen Cholesterinpeaks für den Chemiker ohne Schwierigkeiten möglich.

Literatur

(1) Muysers, K., L. Delgmann, U. Smidt: Wasserdampfunabhängige Probeneinlaßsysteme für Respirationsmassenspektrometer. Pflüg. Arch. *299:* 185 (1968).

(2) Woldring, S., G. Owens, D. C. Woolford: Blood gases: Continuous in vivo recording of partial pressures by mass spectrography. Science, *153:* 885 (1966).

Aus der II. Medizinischen Klinik und Poliklinik (Direktor: Prof. Dr. P. Schölmerich) und dem Physiologischen Institut der Johannes Gutenberg-Universität Mainz (Direktor: Prof. Dr. Dr. G. Thews)

Zur Methodik der Messung mit der hochgeheizten Kapillare

F. H. Hertle und W. Schmidt

Bei klinischen Fragestellungen, die neben der Messung der Permanentgase auch die Bestimmung des H_2O-Partialdruckes erfordern, ist die Benutzung der hochgeheizten Kapillare des Massenspektrometers in Verbindung mit dem zweistufigen Einlaßsystem notwendig. Dies bedingt gegenüber der Messung mit der ungeheizten Kapillare ein anderes Eichverfahren, außerdem ist eine Reihe zusätzlicher Faktoren zu beachten, auf die hier hingewiesen werden soll. Atemluftanalysen mit einem wasserdampfempfindlichen System müssen der Tatsache Rechnung tragen, daß in den beiden Atemphasen unterschiedliche Wasserdampf-Konzentrationen anfallen: die Inspirationsluft unterliegt Zimmerluft- (ATPS), die Exspirationsluft Körperbedingungen (BTPS). Exspiratorisch liegen diese größenordnungsmäßig im Bereich der Kohlensäure-Konzentration, inspiratorisch in Abhängigkeit von der relativen Feuchte und Temperatur zwischen 1% und 1,7% d.h. bei 760 mm Hg Barometerdruck im allgemeinen zwischen 7 und 15 mm Hg. Dies besagt, daß inspiratorisch bei konstanten Permanentgas-Konzentrationen wechselnde Wasserdampf-Konzentrationen mit zur Messung kommen, während exspiratorisch der Wasserdampf unter vergleichbaren Meßpunkt-Bedingungen einen konstanten Sättigungswert zeigt.

Dieser Vorgang erfordert, je nach der Technik der Eichung, bestimmte Korrekturen, die sich wiederum zwischen der Kohlensäure und den übrigen Fraktionen unterscheiden, da erstere in der Inspirationsluft praktisch vernachlässigt werden kann. Weiter ist für genaue Messungen zu beachten, daß die Bedingungen am Meßpunkt (hier: die in unmittelbarer Mundnähe fixierte Kapillaröffnung) in der Exspirationsphase in keinem Fall Alveolarluft-Bedingungen entsprechen. Wie mehrfach nachgewiesen und auch durch uns mit einem schnell anzeigenden Thermofühler bestätigt werden konnte, liegen die Temperaturen der Exspirationsluft in unmittelbarer Mundnähe bei etwa 31 bis 34° C, dabei kann exspiratorisch Wasserdampfsättigung angenommen werden, so daß bei gleichbleibendem Meßpunkt mit einem relativ konstanten Wasserdampf-Partialdruck von 37–40 Torr gerechnet werden kann (1,5). Für die Eichung hat sich folgendes Vorgehen als zweckmäßig erwiesen:

Ausgehend von der experimentell gut gestützten Voraussetzung konstanter Meßpunktbedingungen bringen wir in einem eigens dafür konstruierten Eichgerät (Beschreibung mit Abbildung des Eichgerätes siehe bei K. Muysers u. U. Smidt: »Respirations-Massenspektrometrie« Schattauer Verlag, Stuttgart-New York 1969, S. 76–77) die Eichgase auf diese Bedingungen und bieten sie der in das Eichgerät eingebrachten Kapillare an. Da die Temperatur der Exspirationsluft im Arbeitsversuch im Mittel etwas höher liegt und wir im allgemeinen Ruhe- und Belastungswerte bestimmen, arbeiten wir mit Meßpunktbedingungen von ca. 33° C und 38 Torr Wasserdampf-Sättigungsdruck. Als rechnerische Korrektur bleibt somit lediglich die Umrechnung der Werte von Meßpunkt- auf Alveolarluftbedingungen (BTPS). Auf diese Weise umgeht man die Korrekturen für wechselnde Zimmerluftbedingungen und den zusätzlichen Fehler durch den unterschiedlichen und unbekannten Wasserdampfgehalt der Eichgase in den Druckgasflaschen bei der sog. »Trockeneichung«. Die Aufzeichnung der Eichkurven, die Auswertung der Exspirationskurven und die notwendigen Korrekturen finden sich in der Bedienungsanleitung des Gerätes. Der bei diesem Vorgehen entstehende Fehler für Differenzmessungen wie bei O_2- und N_2-Messungen, kann in einem Bereich von 100 Torr Differenzdruck mit $\pm 2{,}5$ Torr angegeben werden. Zur Überprüfung der Exspirationslufttemperatur in Abhängigkeit von der Raumtemperatur verwendeten wir einen schnellanzeigenden Thermofühler, einen Widerstandsmeßheißleiter mit einer Einstellzeit für 95% des Endausschlages von 150 msec bei 100 mm Registrierbreite. Abb. 1 zeigt die

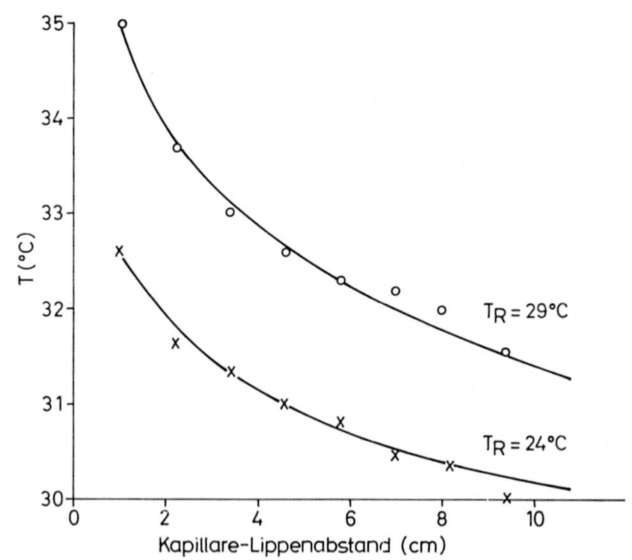

Abb. 1. Temperaturabhängigkeit der Exspirationsluft vom Kapillaren-Lippenabstand und der Raumtemperatur (T_R).

Abhängigkeit der Temperatur der Exspirationsluft vom Lippen-Kapillarabstand und der Raumtemperatur. Bei Belastung liegen die Werte infolge der größeren Atemstromgeschwindigkeit gering, aber nicht signifikant höher. Die in der Abbildung dargestellten Meßwerte gelten für einen 25 mm weiten, offenen Mundstückstutzen. Bei Ventil- oder Maskenatmung ist die Meßpunkttemperatur jeweils neu zu prüfen.

Bei allen Zeitsynchronisierungen bestimmter Meßsignale (z. B. des Pneumotachogramms) mit den exspiratorischen Konzentrationskurven ist bekanntlich die Totzeit der Gase in der Kapillare zu berücksichtigen. Die von uns verwendete Vorrichtung zur Messung von Lauf- und Einstellzeiten (4) gibt schematisch Abb. 2 wieder. In einer Führungsschiene (Plexiglas) gleitet ein Schieber (SCH), der in 2 Stellungen fixierbar ist. Die Kapillare (K) ist so befestigt (KH), daß ihre Spitze in eine Durchbohrung des Schiebers hineinragt. Entsprechend der

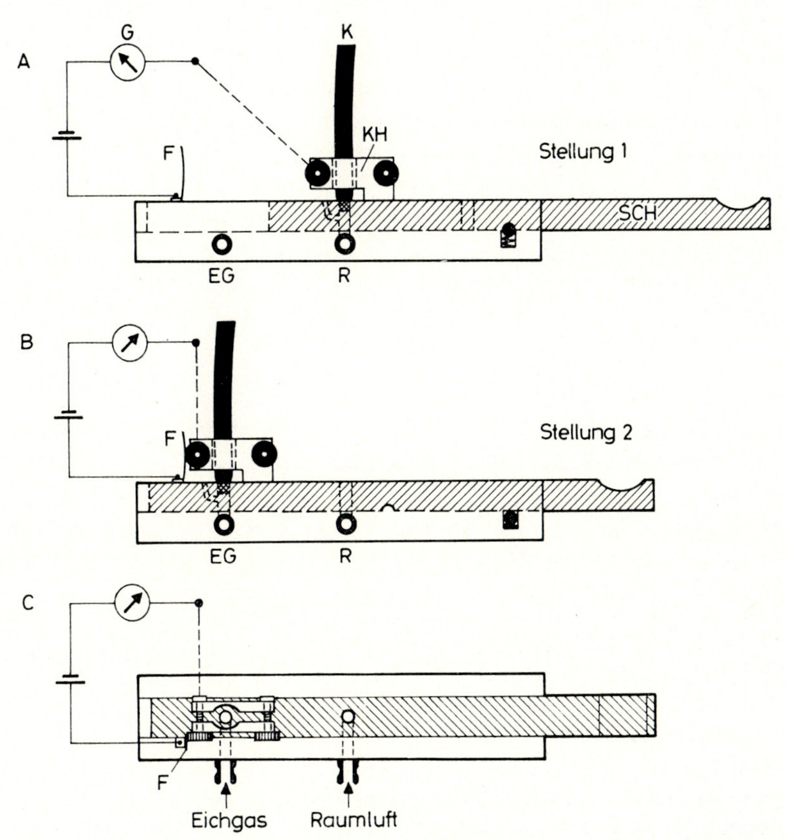

Abb. 2. Vorrichtung zur Messung von Lauf- und Einstellzeiten (s. Text). A und B: Seitliche Ansicht bei Raumluftmessung (A) und Eichgasmessung (B). C: Grundriß.

Schieberstellung wird der Kapillare zuerst Raumluft (R) dann ein Eichgas (EG) angeboten. Durch einen gleichzeitig geschlossenen Kontakt (F) wird ein Meßsignal auf den schnellaufenden Registrierstreifen übertragen. Für genaue Messungen ist dazu ein Galvanometerschreiber (G) erforderlich. Die Strecke zwischen elektrischem Meßsignal und Änderung der Gaskonzentration wird als Totzeit, der Anstieg der Konzentrationskurve bis zu einem festgelegten Endwert (z. B. 95%) als Einstellzeit bezeichnet. Einzelheiten siehe bei Muysers u. Smidt (3). In der Tab. 1 sind die Totzeitwerte mit den 95%-Einstellzeiten für 2 von uns verwendete 1-m-Kapillaren für Wasserdampf, Atemgase und Argon zusammengestellt. Die Kapillaren waren vor den Messungen nach den Angaben der Herstellerfirma gereinigt. Es zeigt sich, daß einmal die Lauf- oder Totzeiten für den Wasserdampf etwas höher liegen als für die übrigen Gase und – dies erscheint uns besonders wichtig – daß verschiedene Laufzeiten für beide Kapillaren bestehen. Dieses Phänomen der unterschiedlichen Laufzeiten zeigt sich bei wiederholten Überprüfungen. Es ist anzunehmen, daß ursächlich dafür die innere Oberflächenbeschaffenheit der Kapillaren, der Durchmesser und Verschmutzungseffekte verantwortlich zu machen sind. Die Beobachtungen zeigen, daß bei exakten Zeitsynchronisierungen dieser leicht meßbare Zeitwert gelegentlich überprüft werden muß. Abschließend wird noch darauf hingewiesen, daß sich offenbar auch bei der Messung mit der hochgeheizten Kapillare ein geringer, aber nachweisbarer Wassermantel ausbildet[1]). Die Wanderung der Wasserdampfmoleküle erfolgt dabei nicht nur durch visköse Strömung, sondern auch, wohl aufgrund der Dipoleigenschaft des Wassers, nach den Gesetzmäßigkeiten der »Oberflächenwanderung«. Inwieweit das Wasserpolymer H_8O_4 eine Rolle spielt, ist nicht untersucht. Dies besagt, daß außer Temperatur und Gasart (Masse und Viskosität des Gases) auch die sog. Barrierenhöhe in die Strömungsgeschwindigkeit mit eingeht. Die Höhe der H_2O-Mantels hängt ebenfalls von der Oberflächenbeschaffenheit der Kapillare ab und weiterhin von Temperaturschwankungen.

Bei Arbeitsversuchen, die mit einer höheren Wasserbelastung der Kapillare einhergehen, ist ein »steady state« dieses Wasserdampfmantels von besonderer Wichtigkeit (2). Bei zeitlich sehr diskontinuierlichen Messungen wie Ruhemessung und Endbelastungsmessung, kann es zu Verschiebungen der Eichkurven kommen, die im Bereich von 100 Torr bis +3 Torr betragen. Durch Belassen der Kapillare im Atemstrom oder Einbringen in die Meßkammer des Eichgerätes ist dieser Effekt vermeidbar.

---

[1]) Zur quantitativen Entfernung von »Wasserhäuten« in Ultrahochvakuum-Apparaturen sind Ausheiztemperaturen bis ca. 400° C unerläßlich. (Persönliche Information durch H. Juchim, MPI für Chemie, Kernphysikalische Abteilung, Mainz. Dir. Prof. Dr. H. Wäffler.)

Tab. 1. Bestimmung der Laufzeit (t_L) und 95%-Einstellzeit (in ms) von O_2, CO_2, H_2O und Ar für zwei Kapillaren bei den beiden höchsten Heizstufen (8 u. 10). Es werden angefeuchtete und temperierte Gase, deren Konzentration etwa der Exspirationsluft entspricht, verwendet. Die Prüfung erfolgt mit der in Abb. 2 gezeigten Vorrichtung bei schnellaufendem Registriergerät. n = Anzahl der Prüfungen.

Gas		n		H_2O		O_2		CO_2		Ar	
				t_L	$t_{95\%}$	t_L	$t_{95\%}$	t_L	$t_{95\%}$	t_L	$t_{95\%}$
Kap. 1	Hz 8	5	$\bar{x}$	241	(1,8")	223	82,0	223	70,0	223	74,2
			$s\bar{x}$	12		10	2,7	13	3,5	13	4,2
	Hz 10	6	$\bar{x}$	239	(1,5")	231	77,5	231	71,0	231	76,6
			$s\bar{x}$	5		4	2,7	4	2,0	4	2,6
Kap. 2	Hz 8	4	$\bar{x}$	191	(1,5")	176	79,7	177	81,0	176	77,5
			$s\bar{x}$	8		9	5,2	7	7,2	8	4,2
	Hz 10	5	$\bar{x}$	183	(1,8")	173	79,4	172	77,3	–	–
			$s\bar{x}$	8		8	6,0	7	5,5	–	–

Literatur

(1) Cole, P.: Recording of respiratory air temperature. J. Laryng *68:* 295–307 u. 613–622 (1954).

(2) Hertle, F. H., E. Meerkamm, E. Strunk: Das Verhalten des alveolo-arteriellen Sauerstoff-Druckgradienten bei submaximaler Belastung. Verh. dtsch. Ges. inn. Med. *73:* 859–863 (1967).

(3) Muysers, K., U. Smidt: Respirations-Massenspektrometrie. Schattauer, Stuttgart-New York 1969.

(4) Strunk, E.: Methodische Untersuchungen zur massenspektrometrischen Analyse der Atemluft mit einem hochgeheizten Meßfühler. Inauguraldissertation, Mainz. (In Vorbereitung.)

(5) Thauer, R., W. Kaufmann, G. Zöllner: Der insensible Gewichtsverlust als Funktion der Umweltbedingungen. Der Einfluß des Totraumes auf die Wasserausscheidung durch die Atemwege. Pflügers Arch. ges. Physiol. *276:* 89–98 (1962).

Aus dem Bundesgesundheitsamt, Institut für Wasser-, Boden- und Lufthygiene, West-Berlin
(Direktor: Prof. Dr. F. Höffken)

Verfahrenstechnik bei diskontinuierlicher und kontinuierlicher Analyse von Gasen

G. von Nieding

Der diskontinuierliche Einlaß von Gasen in das Massenspektrometer wird gewählt, um gesammelte Gasproben einer massenspektrometrischen Analyse zuzuführen. Die diskontinuierliche Analyse ist erwünscht, wenn Integralwerte, z. B. Gaskonzentrationen in der Zeit, bestimmt werden sollen, weil hier u. a. die Beziehungen zwischen wechselnder Atemgröße und Konzentration ausgeschaltet werden. Dies trifft zu bei der Berechnung der O_2-Aufnahme und O_2-Abgabe im halboffenen System. Weitere Beispiele für eine diskontinuierliche Analyse sind die Bestimmung des Residualvolumens, wo die Gaskonzentrationen zu Beginn und am Ende der Einmischung im Spirometer gemessen werden, oder die Analyse von Atemgasproben nach Entnahme am Krankenbett. Auch können so die Bestandteile von Proben der Umweltluft, z. B. in der Lufthygiene bei der Untersuchung von Industrie- und Kfz-Abgasen, bestimmt werden.

Aber nicht nur Gase, sondern auch Feststoffe und Flüssigkeiten können über einen speziellen Feststoffeinlaß bzw. eine Verdampfungsanlage dem Massenspektrometer zugeführt werden. Diese Analysen spielen allerdings in der Atemphysiologie oder Lungenfunktionsdiagnostik kaum eine Rolle, zumal sie auch an sehr viel aufwendigere Apparaturen gebunden sind.

Für die diskontinuierliche Analyse von gesammelter Exspirationsluft oder allgemein von Gasproben aus Vorratsbehältern können spezielle Einlaßsysteme wie das Batch-Einlaßsystem, aber auch Fußballblasen oder Gummiballons benutzt werden. Beim Batch-Einlaßsystem (Abb. 1) werden Proben aus einem Sammelgefäß in einen Behälter geschleust, der zuvor durch das Pumpensystem des Massenspektrometers oder ein anderes Pumpensystem evakuiert wurde. Über die Golddüse wird nach Öffnung eines Ventils die Gasprobe in die Analysenkammer geleitet. Bei der Atemgasanalyse hat das Batch-Einlaßsystem aber den Nachteil, daß es für bestimmte Moleküle ein »Gedächtnis« hat, d. h., bestimmte Moleküle einer Gasprobe, wie O_2, Halogene oder Wasser, haften an den Wänden des Probenbehälters, aus denen sie nur wieder sehr langsam herausgelöst werden können.

Bei der Atemgasanalyse empfiehlt sich daher mehr die Verwendung einer Gummiblase in Verbindung mit einem kontinuierlichen Einlaßsystem, weil das

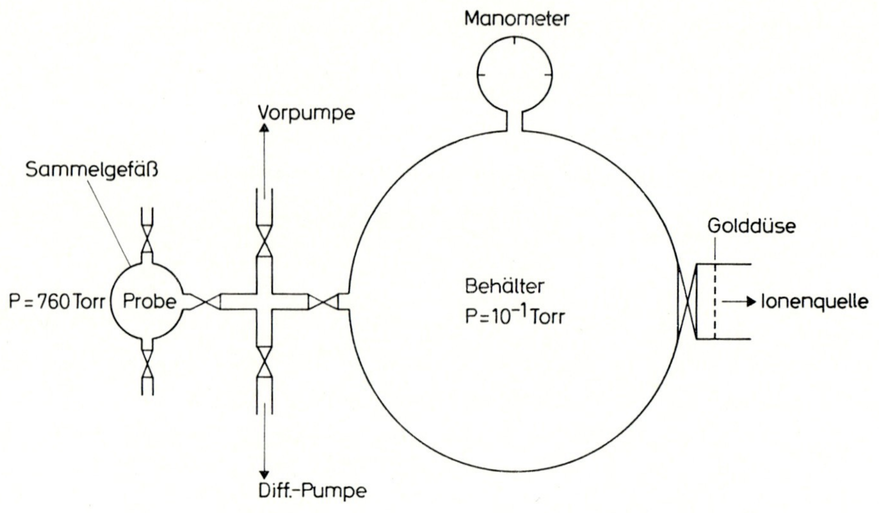

Abb. 1. Batch-Einlaßsystem für diskontinuierliche Analysen.

Massenspektrometer bei laufender Analyse von O_2, CO_2, H_2O und N_2 in gewissem Maße mit diesen Gasen abgesättigt ist. Die Beeinflussung einer nachfolgenden Analyse ist dann in weitaus geringerem Grade zu erwarten.

In jedem Fall muß vor Einschleusung von Gasen aus einem Batch-Einlaßsystem ein Untergrund-Massenspektrum aufgenommen werden, um Restgase im Analysator oder Einlaßsystem zu bestimmen. Daneben gibt es in jeder Vakuumlage kleinste Undichtigkeiten, durch die Gase von außen in die Hochvakuumanlage einströmen. Andere Bestandteile des Untergrundes stammen aus dem Material der Vakuumanlage und ihrer Dichtungen, oder aber es handelt sich um Crackprodukte aus den Dämpfen des Treibmittels, die aus der Diffusionspumpe in den Analysator gelangen.

Dieser Anteil des Untergrundes ließe sich vermeiden, wenn anstelle der Öldiffusionspumpen z. B. Ionengetterpumpen zur Erzeugung des Hochvakuums verwendet würden.

Manche Vakuumanlagen werden zur Erzielung eines möglichst untergrundarmen Vakuums längere Zeit bis zu 500° C erhitzt, um die an Metallen und Dichtungsmaterialien adsorbierten Gase zu eliminieren.

Diesen immer vorhandenen Untergrund muß man vor jeder massenspektrometrischen Analyse kennen, und man muß bei diskontinuierlichen Untersuchungen prüfen, ob Massen des Untergrundes mit denen der Probe interferieren. Dazu wird vor der eigentlichen Analyse ein Teil der Gasprobe in das Massenspektrometer eingeschleust und anschließend wieder evakuiert. Gelingt es dabei nicht, bestimmte Ausschläge der Gasprobe oder aber dem Untergrund zuzuordnen, kann die Probe dem Massenspektrometer mit unterschiedlichen Drucken zugeführt werden. Dabei können nur solche Ausschläge, die eine

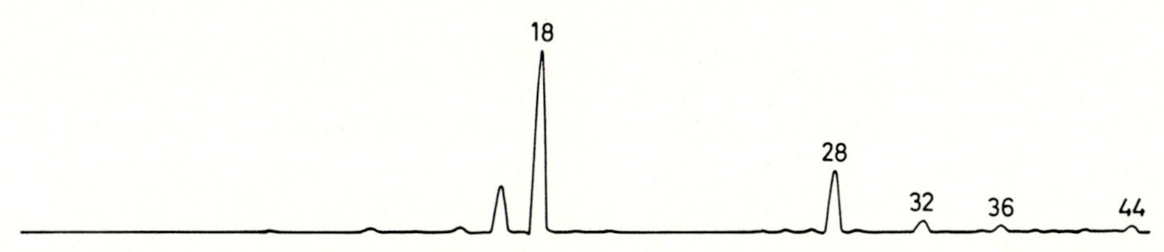

Abb. 2. Untergrundmassenspektrum des Respirations-Massenspektrometers M3 2 Monate nach einem Ölwechsel und täglichem Einsatz.

druckproportionale Änderung zeigen, der analysierten Gasprobe zugeordnet werden. Strömt die Gasprobe bei kontinuierlichem Probeneinlaß aus einer Fußballblase in die Kapillare, so kann der Druck im Analysator durch Kompression der Blase erhöht werden.

Abb. 2[1]) zeigt das Untergrund-Massenspektrum des Respirationsmassenspektrometers M 3 längere Zeit nach einem Ölwechsel und längerem Gebrauch. Diese Ausschläge sind im wesentlichen auf Crackprodukte des Diffusionsöls, auf Wasser und Undichtigkeiten des Vakuums zurückzuführen.

Im folgenden soll das Prinzip der Auswertung bei der Analyse von Massenspektren unbekannter Gase erläutert werden. Die Spektren der zu erwartenden reinen Gase und ihrer Amplituden bei bestimmten Partialdrucken müssen dazu bekannt sein. Sie sind beim Hersteller erhältlich. Ein sehr umfassendes Verzeichnis dieser Spektren liegt beim National Bureau of Standards in Washington vor. Bei Verwendung dieses Verzeichnisses ist allerdings zu berücksichtigen, daß die relativen Ausschlaghöhen für die spezifischen Massen eines Gases für verschiedene Gerätetypen geringe Variationen wegen unterschiedlicher Charakteristik der einzelnen Geräte zeigen.

Zunächst erfolgt die Aufnahme des Untergrund-Massenspektrums. Danach erfolgt die massenspektrometrische Analyse des unbekannten Gasgemisches. Anschließend werden die Amplituden bei gleichen Massen des Untergrundes und der Gasprobe voneinander subtrahiert. Bei der jetzt beginnenden eigentlichen Auswertung wird man zunächst die Ausschläge feststellen, die nur einem bestimmten Gas entsprechen können. So läßt sich z. B. der Ausschlag bei m/e 40 nur durch Argon erklären. Die Höhe dieses Ausschlages dient als Multiplikator zur Berechnung der übrigen, auf Argon zurückzuführenden Ausschläge bei den m/e 13,5; 20; 36 und 38, bei denen aus dem reinen Argon-Spektrum Ausschläge von 0,42; 28,75; 0,37 und 0,09% des Hauptausschlages bei m/e 40 bekannt sind. Die Berechnung der anderen Massen erfolgt in der gleichen Weise.

[1]) Die Abb. 2 und 3 wurden uns freundlicherweise von den Herren MUYSERS u. SMIDT zur Verfügung gestellt.

Entspricht das Verhältnis der Ausschlaghöhen des aufgenommenen Spektrums bei bestimmten Massen nicht dem Verhältnis der Ausschlaghöhen des Massenspektrums eines reinen Gases, so ist anzunehmen, daß 2 oder mehr Massen interferieren. So sind Ausschläge bei m/e 28 durch N_2 und CO_2 zu erklären. Entspricht das Größenverhältnis der anderen Ausschläge weder dem Massenspektrum von reinem Stickstoff noch dem von CO_2, so läßt sich der Anteil von Stickstoff und Kohlendioxid wie folgt berechnen.

Wenn die Stickstoffamplitude des Schreibers x ist und die Amplitude für CO_2 y, so gilt

1. Amplitude bei m/e 28 = 100 x + 9,24 y
   (9,24 = % des Hauptausschlages von m/e 44 bei m/e 28).
2. Amplitude bei m/e 44 = 100 y.
   Daraus lassen sich die einzelnen Komponenten berechnen.
   Aus der Hauptamplitude jedes auf diese Weise identifizierten Gases berechnet man den jeweiligen Partialdruck P wie folgt
3. $$P = \frac{\text{Hauptamplitude des Gases}}{\text{Hauptamplitude des reinen Gases}} \cdot P_{\text{tot E}},$$

wobei vorausgesetzt wird, daß der Totaldruck $P_{\text{tot E}}$ im Einlaßsystem bei der Eichung mit dem reinen Gas gemessen wurde.

Bargeton u. Mitarb. (1) haben einen Vorschlag zur Berechnung des mittleren alveolären O_2- und CO_2-Partialdruckes gemacht, bei dem diskontinuierlich und kontinuierlich gemessen wird. Im allgemeinen spielt für die Atemphysiologie die kontinuierliche Analyse eine größere Rolle als die diskontinuierliche Analyse. Die Vorzüge der kontinuierlichen Analyse liegen in der fortlaufenden Registrierung zeitabhängiger Größen, wie sie z. B. bei Ein- und Auswaschkurven zur Bestimmung von Ventilation, Perfusion und Diffusion vorkommen. Auch bei Rückatmungsversuchen, wie bei der Bestimmung der gemischtvenösen O_2- und CO_2-Konzentration und des Herzminutenvolumens nach Campbell und Howell (2) ist eine schnelle und kontinuierliche Analyse des O_2- und CO_2-Druckes in der Atemluft Voraussetzung.

Die Probegasentnahme kann bei diesen Untersuchungen im Nebenschluß am Mund oder in der Nase erfolgen, da die meisten Massenspektrometer je nach Einlaßsystem nur zwischen 1–5 ml/min bzw. 1 ml/sec für die Analyse benötigen. Bei einer Bronchoskopie kann natürlich auch in jeder Lunge getrennt eine Gasanalyse vorgenommen werden.

Für die Abnahme im Nebenschluß am Mund empfiehlt es sich, den Anfangsteil der Einlaßkapillare flexibel zu halten, um Einflüsse auf die Atmung durch körperliche Belästigung des Patienten bei unbequemer Haltung oder psychische Einflüsse auf die Atmung durch die Konfrontation mit der Meßapparatur gering zu halten.

Für saubere Messungen ist eine Druckkonstanz an der Kapillarspitze unbedingt erforderlich. So sollte die Kapillarspitze nicht in schwergängige Ventile eingeführt werden, deren Öffnung von einer größeren Druckänderung abhängig ist. Aus diesem Grund ist die Verwendung von 3stufigen Einlaßsystemen vorteilhafter, da sie Druckänderungen an der Kapillarspitze eher ausgleichen können als 2stufige Einlaßsysteme.

Die Kenntnis der Totzeit und der Einstellzeit eines Gerätes ist für die kontinuierliche Analyse bei synchroner Registrierung der Gaskonzentration mit anderen Parametern wie Atemstromstärke oder Atemvolumen von Bedeutung. Die Totzeit bewirkt eine Phasenverschiebung, die Einstellzeit hat zusätzlich auch einen Einfluß auf das Analysenergebnis bei zeitlicher Änderung der Gaskonzentration. Die zeitliche Phasenverschiebung bei der synchronen Registrierung von Partialdruckkurven und Atemvolumen kann durch Aufzeichnung auf ein Bandspeichergerät eliminiert werden. Der Phasenausgleich erfolgt dabei nach Frequenz- oder Amplitudenmodulation und nach Aufnahme des Volumensignals auf einem endlosen Magnetband durch Schleifenbildung über Umlenkrollen (Abb. 3). Die Schleifenlänge wird so berechnet, daß bei bestimmter Bandgeschwindigkeit die Zeit zwischen Aufnahme und Wiedergabe des früher eintreffenden Signals der Totzeit des späteren entspricht.

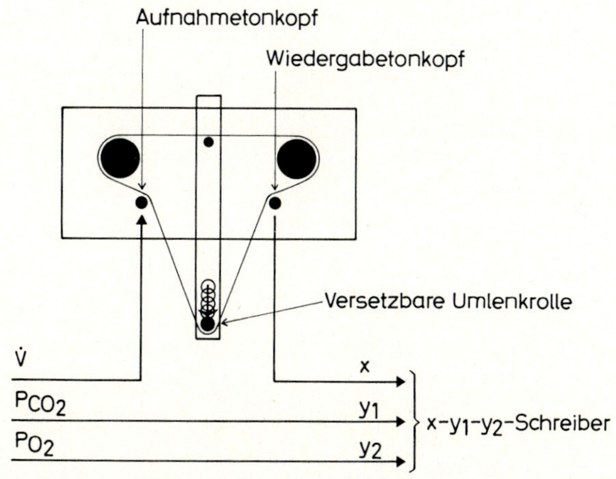

Abb. 3. Elimination der zeitlichen Phasenverschiebung zwischen der Registrierung des Atemvolumens und dem Partialdruckverlauf eines Gases durch Aufzeichnung auf einem Bandspeichergerät und anschließende Synchronisation.

Die Totzeit wiederum läßt sich einfach aus der Simultanregistrierung von Partialdruckkurven und Atemstromstärke bestimmen. Da der Übergang von Ex- zu Inspiration bei der Atemstromstärke durch den Nulldurchgang und bei den Partialdruckkurven durch einen scharfen Knick gekennzeichnet ist, läßt sich aus der zeitlichen Differenz beider Signale die Totzeit berechnen (Abb. 4).

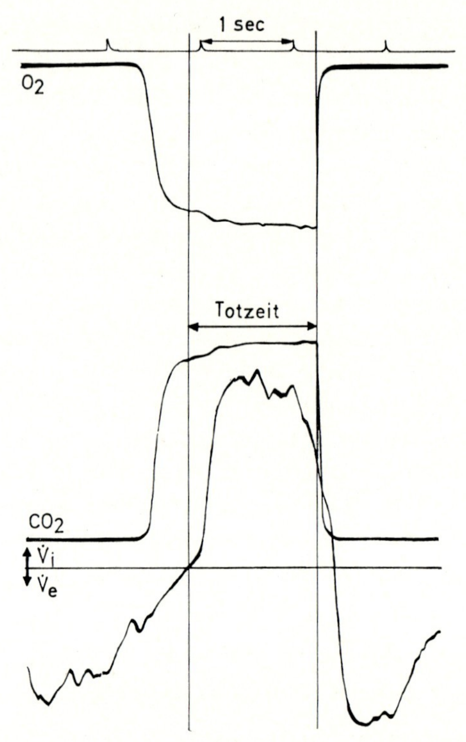

Abb. 4. Bestimmung der Totzeit durch simultane Registrierung der exspiratorischen O_2- und CO_2-Kurven und des Pneumotachogrammes.

Registriert man nun das Atemvolumen in einem xy-Diagramm gegen die Partialdrucke, so läßt sich zusätzlich aus dem Flächenintegral die Sauerstoffaufnahme oder die Kohlensäureabgabe pro Atemzug bestimmen, wobei der Einfluß des RQ allerdings unberücksichtigt bleibt.

Die Interferenz verschiedener Massen bei massenspektrometrischen Analysen im Rahmen der Funktionsdiagnostik spielt eine große Rolle. Bei der Analyse atmosphärischer Luft findet man z. B. bei m/e 32 nur einen Ausschlag für Sauerstoff (Tab. 1), die gleichzeitige Registrierung von Argon bei m/e 40, Kohlendioxyd bei m/e 44 oder Helium bei m/e 4 ist unproblematisch, da diese Gase keine gemeinsamen Ausschläge aufweisen. Die quantitative Auswertung erweist sich bei wasserdampfunabhängigem Probeeinlaß durch Eichung mit Standardproben als recht einfach. Schwieriger dagegen gestaltet sich die Messung des Stickstoffpartialdrucks bei Anwesenheit von Kohlendioxyd, da der Ausschlag bei m/e 28 nicht allein durch Stickstoff, sondern auch durch das Bruchstück CO bedingt ist. In diesem Falle ist es am einfachsten, Stickstoff auf m/e 14 zu messen, wobei zwar die Empfindlichkeit der Messung auf etwa 15% des Ausschlages bei m/e 28 zurückgeht, dafür aber praktisch keine Interferenz mit Bruchstücken von CO_2 oder anderen Atemgasen zu erwarten ist. N_2O mit m/e 44 läßt sich bei Anwesenheit von CO_2 bei m/e 30 seines Bruchstückes NO messen, da CO_2 keine Bruchstücke bei m/e 30 hat. Allerdings darf die Gasprobe in diesem Fall keine unbekannte Menge von NO enthalten. CO_2 wiederum ist auf m/e 22 getrennt von N_2O zu messen, da sich bei diesem Masseladungsverhältnis doppeltionisierte CO_2-Moleküle in einer Menge von 1,82% des Hauptausschlages bei m/e 44 finden. Eine Doppelionisation von N_2O findet dagegen in nachweisbaren Mengen nicht statt. Im folgenden wird ein Beispiel für die kontinuierliche, kombinierte Messung exspiratorischer Partialdrucke gezeigt. Tab. 1 zeigt die Möglichkeit der Simultanmessung der Partialdrucke von Halothan, Lachgas, Kohlendioxyd und Sauerstoff, einer Kombination, wie sie beispielsweise bei der Narkoseüberwachung vorkommen kann. Dabei müssen wegen der aus der Tabelle ersichtlichen Interferenzen einiger Moleküle oder deren Bruchstücke CO_2 auf m/e 12, Lachgas auf m/e 30, Sauerstoff auf m/e 32 und Halothan auf m/e 48 gemessen werden.

Tab. 1. Relative Ausschlaghöhen verschiedener Gase bei 70 Volt Ionisierungsspannung. Hauptausschlag 100%.

m/e	N_2	C_2HF_3BrCl	N_2O	CO_2	O_2
12				7,4	
14	10,32		12,9		
16			5,0	9,5	21,13
22				1,82	
28	100,0		10,8	9,24	
30			31,9		
31		30,0			
32					100,0
44			100,0	100,0	
48		30,0			
98		100,0			

Das Auflösungsvermögen des Massenspektrometers **M 3** würde auch für eine Messung des Halothans auf m/e 31, bei der ein Ausschlag von 30% des Hauptausschlages von Halothan gefunden wird, ausreichen. Die Ionenauffänger des Gerätes können jedoch nicht näher aneinandergerückt werden, so daß man für Halothan auf eine andere Masse ausweichen muß, da Sauerstoff in diesem Fall nur auf m/e 32 gemessen werden kann.

Besonders problematisch ist die Messung von CO bei gleichzeitiger Anwesenheit von Stickstoff und Kohlendioxyd, eine Kombination, wie sie bei der Bestimmung der Diffusionskapazität angewendet wird. Das Auflösungsvermögen $m/\Delta m = 50$ reicht nicht aus, um N_2 (m/e 28,0151) von CO (m/e 28,0038) zu trennen. Das für eine vollständige Trennung dieser Gase notwendige Auflösungsvermögen von 2480 wird heute nur von wesentlich größeren Apparaturen erreicht. CO zeigt aber auch einen Ausschlag bei m/e 12, der etwa 5% des Hauptausschlages bei m/e 28 beträgt. Aber CO_2 hat durch sein Bruchstück C bei m/e 12 ebenfalls einen Ausschlag, der 7,4% seines Hauptausschlages bei m/e 44 entspricht.

Durch etwas kompliziertere Rechenoperationen kann man dennoch zu einer quantitativen Analyse von CO bei gleichzeitiger Anwesenheit von N_2 und CO_2 kommen, worauf jedoch hier nicht eingegangen werden soll.

Schuy (5) hat mit Hilfe eines Analogrechners die gegenseitige Beeinflussung dieser Amplituden eliminiert und erhielt korrigierte Signale, die dem Konzentrationsverlauf der einzelnen Gase entsprechen.

Nach Cornides (3) kann bei ausreichend hohen Konzentrationen auch eine massenspektrometrische Trennung von CO und N_2 durch unterschiedliche Ionisierungsenergie erreicht werden. Um all diese Schwierigkeiten zu umgehen, empfiehlt es sich, bei solchen Untersuchungen das Kohlenmonoxyd mit einem Infrarot-Analysator zu bestimmen.

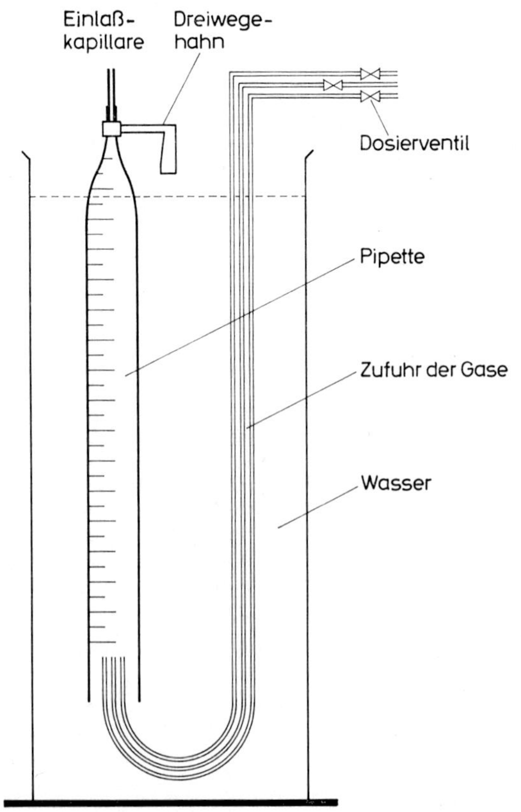

Abb. 5. Einrichtung zur Herstellung von Gasgemischen (Erläuterung s. Text).

Sowohl bei monoisotopischen Analysen wie auch bei simultanen Messungen mehrerer Gase sind nicht nur Interferenzen durch gleiche Massen der Komponenten zu beachten. Je nach Zusammensetzung des eingeschleusten Gasgemisches kann es durch Änderungen der Leitfähigkeit der Kapillare oder der Absaugleistung der Hochvakuumpumpe zu einer Druckänderung im Analysator kommen. Dementsprechend ändert sich auch der Partialdruck des analysierten Gases im Analysator und die Meßwertanzeige. Abb. 5 zeigt eine Einrichtung zur Herstellung von Gasgemischen zur Prüfung derartiger Effekte. In das weitlumige Ende einer im Wasserbad befindlichen Pipette sind die Zuführungsschläuche der zu mischenden Gase eingeführt. Durch Senken der Pipette und Öffnen des oberen Dreiwegehahnes wird die Pipette zunächst mit Wasser gefüllt. (Falls Gase mit hoher Wasserlöslichkeit wie CO_2 untersucht werden sollen, können natürlich auch andere Flüssigkeiten benutzt werden). Nach Verschließen des Hahnes wird die Pipette soweit gehoben, daß der Teil aus dem Wasserbad ragt, der von der ersten Gaskomponente eingenommen werden soll. Diese wird sodann über einen Hahn und den entsprechenden Schlauch zugeführt. In der gleichen Weise wird mit den übrigen Gasen verfahren. Nach Durchmischung der Gase, die mit einem Magnetrührer beschleunigt werden kann, wird der Dreiwegehahn geöffnet, so daß das Gemisch in das Einlaßsystem des MS abströmt. Währenddessen muß der Flüssigkeitsspiegel in der Pipette in

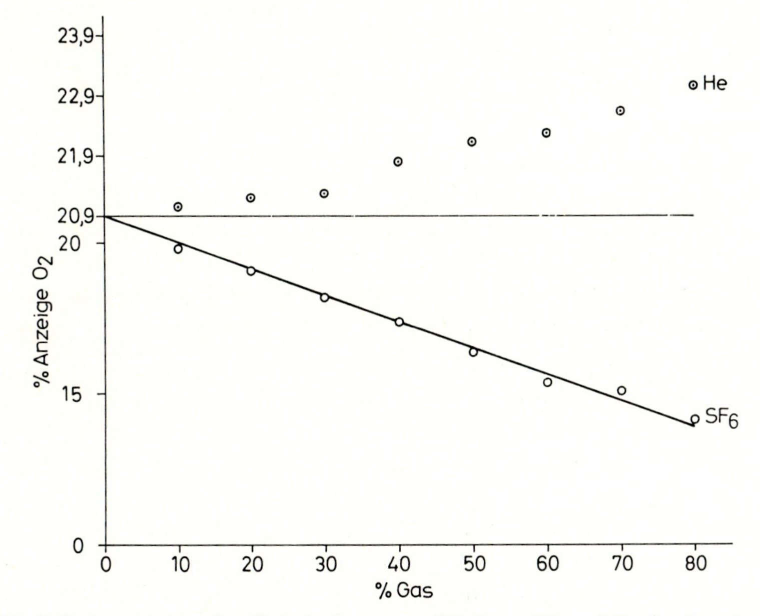

Abb. 6. Einfluß einer steigenden Beimischung von SF_6 bzw. He auf die O_2-Anzeige bei konstantem O_2-Anteil von 20,9%.

gleicher Höhe mit dem der Umgebung gehalten werden, indem die Pipette laufend wieder abgesenkt wird. Dadurch ist ein gleichbleibender Druck an der Kapillarspitze garantiert.

Abb. 6 zeigt als Beispiel das Ergebnis einer steigenden Beimischung von SF_6. Der Anteil von O_2 ist durch entsprechende Mischung von Raumluft und reinem O_2 konstant auf 20,9% gehalten worden. Es zeigt sich, daß die Anzeige für O_2 linear mit steigender SF_6-Konzentration abnimmt, und zwar für je 10% SF_6 um 0,89% oder ca. 6 Torr O_2. Man könnte sich dies dadurch erklären, daß das hochvisköse SF_6 die Strömung im Einlaßsystem verlangsamt, so daß nur geringere Gasmengen pro Zeit in den Analysator gelangen und folglich dort der Totaldruck abnimmt. Die Druckanzeige der Penningröhre bestätigt dies allerdings nicht, denn sie zeigt einen Druckanstieg. Dies mag aber an der Gasabhängigkeit der Penninganzeige liegen. Es käme auch noch ein zweiter Effekt in Betracht: das SF_6 könnte infolge seiner hohen Wärmeleitfähigkeit zu einem Temperaturabfall des Heizfadens und damit zu einer Verringerung der Elektronenemission führen. Auch dies würde eine Abnahme der Signalamplitude zur Folge haben. Analysen, die bei Anwesenheit wechselnder Konzentrationen von SF_6 [Cumming u. Mitarb. (4)] durchgeführt werden, sind deshalb mit Vorsicht zu interpretieren.

Den umgekehrten Einfluß auf die O_2-Anzeige kann man bei der Zumischung von Helium feststellen, allerdings nicht so ausgeprägt wie bei SF_6. Abb. 6 zeigt (oben), daß die Änderung der Signalamplitude nicht linear verläuft. Vielleicht überlagern sich hier auch verschiedene Effekte. Jedenfalls muß die Beeinflussung bei Analysen von Gemischen, die Gase mit sehr verschiedenen Viskositäten und Wärmeleitfähigkeiten enthalten, bedacht werden. Dies wird besonders schwierig, wenn kontinuierliche Analysen mit wechselnden Konzentrationen dieser Gase durchgeführt werden. Sollen in einem solchen Fall trotzdem große Genauigkeiten erreicht werden, so wird man ohne eine direkte analoge Signalverarbeitung mit Subtraktion und evtl. auch Multiplikation nicht auskommen.

Zusammenfassend ist zu sagen, daß es bei diskontinuierlicher wie kontinuierlicher massenspektrometrischer Analyse nicht genügt, die Gasproben dem Massenspektrometer einfach zuzuführen. Für genaue Messungen müssen dabei bestimmte, im Vorangegangenen diskutierte Voraussetzungen erfüllt sein.

Literatur

(1) Bargeton, D., E. Florentin, A. Teillac: Etude du quotient respiratoire instantané au cours de l'exspiration. J. Physiol. (Paris) *58:* 455 (1966).

(2) Campbell, E. J. M., B. L. Howell: The determination of mixed venous and arterial CO_2 tension by rebreathing technique. Symp. on pH and blood gas measurement 1959.

(3) Cornides, I.: New method of mass spectrometric analysis of gas mixtures containing molecules of identical mass number. Z. Analyt. Chem. *170:* 431 (1959).

(4) Cumming, G., K. Horsfield, J. G. Jones, D. C. F. Muir: The influence of gaseous diffusion on the alveolar plateau at different lung volumes. Resp. Physiol. *2:* 386 (1967).
(5) Schuy, K. D.: The application of mass spectrometry to steel production process control. Spektrometertagung Amsterdam, März 1967.

Aus dem Physiologischen Institut der Universität Bonn
(Direktor: Prof. Dr. J. Pichotka)

Massenspektrometrische Bestimmung von Gaspartialdrucken und Gaskonzentrationen in Flüssigkeiten

P. Lotz

Das Massenspektrometer ist aufgrund einer bestimmten Kombination von Meßeigenschaften allen anderen Gasanalysatoren überlegen. Es ist sehr empfindlich sowie sehr schnell, sehr genau und spezifisch in der Anzeige, außerdem können mehrere Gase gleichzeitig analysiert werden. Deshalb erscheint es sinnvoll, das Gerät auch für Untersuchungen von Gasen in Flüssigkeiten, insbesondere im Blut, einzusetzen.

Es ergeben sich dabei folgende Möglichkeiten:

1. Alle in Frage kommenden Gase einschließlich ihrer natürlich vorkommenden seltenen Isotope können gemessen werden.
2. Mehrere Gase können simultan gemessen werden.
3. Einzelmessungen können sehr rasch durchgeführt werden.
4. Fortlaufende Messungen sind möglich.

Zur Überführung der Gase aus der Flüssigkeit in das Vakuum des Massenspektrometers sind spezielle Einlaßsysteme erforderlich. Diese müssen so beschaffen sein, daß die hohe Empfindlichkeit und die kurze Einstellzeit der gesamten Meßeinrichtung möglichst erhalten bleiben.

Besondere Einlaßprobleme ergeben sich je nachdem, ob der Gehalt oder der Partialdruck bestimmt werden soll.

1. Messung des Partialdruckes

Ein 1961 von Strang (6) angegebenes Verfahren hat den Charakter einer Übergangslösung. Es basiert auf dem Verfahren von Riley-Proemmel (5). Eine winzige Gasblase, die mit der Blutprobe äquilibriert worden ist und in der sich somit die Fraktionen der Gase verhalten wie die Partialdrucke in der Blutprobe, wird zur Analyse ins Massenspektrometer eingelassen. Damit ergeben sich Vereinfachungen gegenüber dem ursprünglichen Verfahren.

Von aktueller Bedeutung dagegen sind die Verfahren, die nach dem in Abb. 1 dargestellten Prinzip arbeiten. Die Gase gelangen durch eine Membran direkt

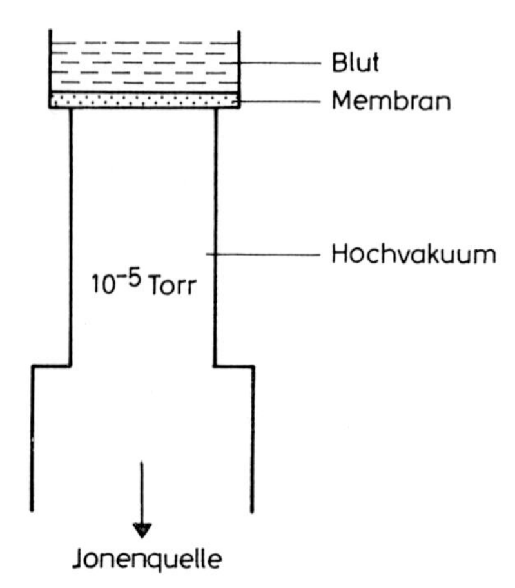

Abb. 1. Schema eines Einlaßsystems zur Partialdruckmessung (nach STRANG).

ins Hochvakuum. Die Membran ist für Gase durchlässig, für Flüssigkeiten undurchlässig.

Die Gasmoleküle wandern entlang dem bestehenden Druckgefälle aus der Flüssigkeit zur Ionenquelle des Massenspektrometers. Sobald sich ein Fließgleichgewicht eingestellt hat, ist die Anzahl der Gasmoleküle, die pro Zeit durch jeden Querschnitt des Systems wandern $\left(\frac{\Delta N}{\Delta t}\right)$, proportional dem Partialdruckgefälle (ΔP) über dem System und umgekehrt proportional dem Widerstand (R) des Systems. Diesen Tatbestand gibt Gleichung (1) wieder:

$$\frac{\Delta N}{\Delta t} \sim \Delta P \cdot \frac{1}{R} \tag{1}$$

ΔP ist die Differenz aus P_1, dem Partialdruck des Gases in der Flüssigkeit und P_2, dem Partialdruck desselben Gases in der Ionenquelle.

Da $P_2 \ll P_1$, kann man näherungsweise ΔP gleich P_1 setzen. Aus (1) wird dann

$$\frac{\Delta N}{\Delta t} \sim P_1 \cdot \frac{1}{R} \tag{2}$$

Dem Gasstrom $\frac{\Delta N}{\Delta t}$ proportional ist der in der Ionenquelle entstehende Ionenstrom I_1. Diesem proportional ist die Spannung U_1 am Ausgang des Massenspektrometerverstärkers.

Damit ist

$$U_1 \sim I_1 \sim \frac{\Delta N}{\Delta t} \sim P_1 \tag{3}$$

oder

$$U_1 \sim P_1 \tag{4}$$

d. h. die Größe des Massenspektrometersignals ist proportional dem Partialdruck des Gases in der Flüssigkeitsprobe.

Der Widerstand (R) des Einlaßsystems bestimmt wesentlich die Empfindlichkeit $\left(\frac{U_1}{P_1}\right)$ des Meßsystems. Je größer R bei gegebenem P_1 ist, desto kleiner wird $\frac{\Delta N}{\Delta t}$ und damit U_1 (2).

R besteht aus dem Membranwiderstand und dem Widerstand der Zuleitung. Der Membranwiderstand (R_m) ist ein Diffusionswiderstand, der gegeben ist durch die Fläche der Membran (F) und ihre Dicke (d) sowie den Diffusionskoeffizienten des Gases in der Membran (K_1). Die Verknüpfung dieser Größen beschreibt (5):

$$R_m = \frac{d}{K_1 \cdot F} \tag{5}$$

Der Widerstand der Zuleitung ist ein Strömungswiderstand, der gegenüber R_m klein ist.

Damit wird die Empfindlichkeit in erster Linie vom Diffusionswiderstand der Membran bestimmt. Die Membran soll neben einem großen Diffusionskoeffizienten für die zu messenden Gase eine hohe mechanische Festigkeit aufweisen, damit bei der bestehenden Druckdifferenz das Verhältnis $\frac{d}{F}$ (5) möglichst klein gewählt werden kann.

Naturkautschuk und Silikonkautschuk haben sich als Membranmaterial am besten bewährt; ebenfalls Verwendung fanden Teflon und Polyäthylen.

Der Diffusionswiderstand der Membran wird größer bei Benetzung mit einer Flüssigkeit, außerdem ist er temperaturabhängig. Ist die Diffusionsgeschwindigkeit in der Membran größer als in der Flüssigkeit, so sinkt P_1 in der der Membran aufliegenden Grenzschicht. Dies kann durch eine Rührvorrichtung verhindert werden.

Das Volumen der Zuleitung stellt eine Kapazität dar, die bei gegebenem Widerstand die Zeitkonstante des Systems bestimmt. Die Zeitkonstante τ ist definiert als das Produkt aus dem Widerstand R und der Kapazität C eines Systems (6).

$$\tau = R \cdot C \qquad (6)$$

Bei gegebener Länge des Zuleitungsweges führt eine Querschnittsverringerung zwar zu einer Verkleinerung der Kapazität, zugleich jedoch zu einer Erhöhung des Widerstandes. Daraus folgt, daß es zu jeder Länge des Zuleitungsweges eine Zeitkonstante gibt, die nicht unterschritten werden kann.

Das Einlaßsystem muß geeicht werden. Hierzu werden Flüssigkeitsproben verwendet, die mit Gasgemischen bekannter Zusammensetzung äquilibriert worden sind. Für die Aufstellung einer Eichkurve benötigt man mehrere Gemische.

Das geschilderte Prinzip ist von mehreren Autoren in verschiedener Weise realisiert worden.

Hoch und Kok (1) gaben 1962 ein Einlaßsystem an, das dem in Abb. 1 gezeigten entspricht. Als Membranmaterial findet Teflon Verwendung. Die Membran mißt 6 mm im Durchmesser und ist etwa 1,5 mm dick. Zur mechanischen Stabilisierung ist sie mit einer Keramikfritte von etwa 1 mm Dicke unterlegt. Die Kammer über der Membran hat ein Volumen von 1,5–2 ml. Sie ist mit einer Rührvorrichtung in Form eines durchlöcherten Ruderblattes versehen, das von außen her in Vibrationen versetzt wird.

Die Empfindlichkeit wird nur für O_2 angegeben. Aus den Angaben der Autoren läßt sich berechnen, daß Unterschiede von 1–2 Torr noch leicht meßbar sind.

Woldring, Owens und Woolford (7) berichteten 1966 über eine Variante dieses Einlaßprinzipes, mit der sie in vivo – Messungen im strömenden Blut vornehmen konnten.

Ein Polyäthylenkatheter mit einem Außendurchmesser von 1,1 mm und einem Innendurchmesser von 0,4 mm wird an einem Ende mit einer Membran aus Naturkautschuk überzogen und mit dem anderen ans Hochvakuum angeschlossen.

Das System zeigt eine gute Stabilität in längerdauernden Versuchen (ca. 1 Std.) und eine ausreichende Empfindlichkeit für die fortlaufende Messung von P_{O_2} und P_{CO_2}.

Die Einstellzeit ist mit 30 s sehr groß. Das ist auf die relativ kleine Membranfläche (großes R) und das relativ weite Lumen der Zuleitung (großes C) zurückzuführen.

Wegen der Gasdurchlässigkeit der Katheterwände tritt zusätzlich ein verhältnismäßig starker Untergrund auf.

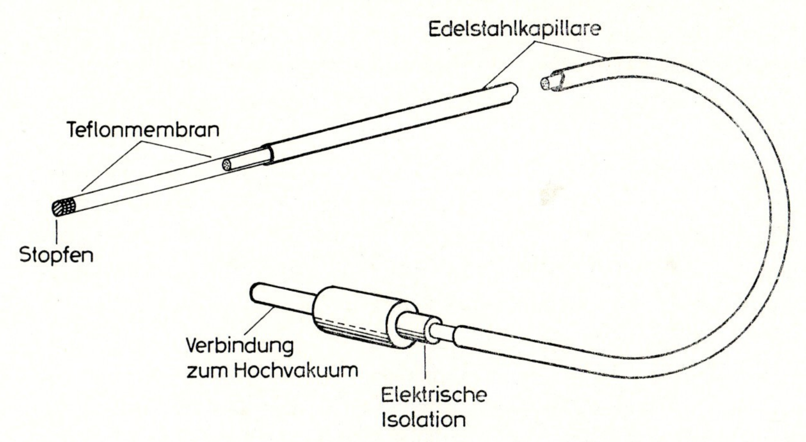

Abb. 2. Verbessertes Einlaßsystem von WOLDRING zur Partialdruckmessung im strömenden Blut.

So erschien 1968 eine verbesserte Konstruktion. Es wird nun eine flexible Stahlkapillare mit einem Außendurchmesser von 0,5 mm verwendet, die mit einem Teflonschlauch überzogen wird. Der Teflonschlauch überragt die Kapillare am einen Ende um etwa 3 cm und wird mit einem Stopfen verschlossen (Abb. 2). Das überstehende Schlauchende ergibt eine große Membranfläche. Die Kapillare kann durch eine Kanüle in die Blutbahn eingeführt werden; eine Katheterisierung des Herzens dürfte allerdings nicht damit möglich sein.

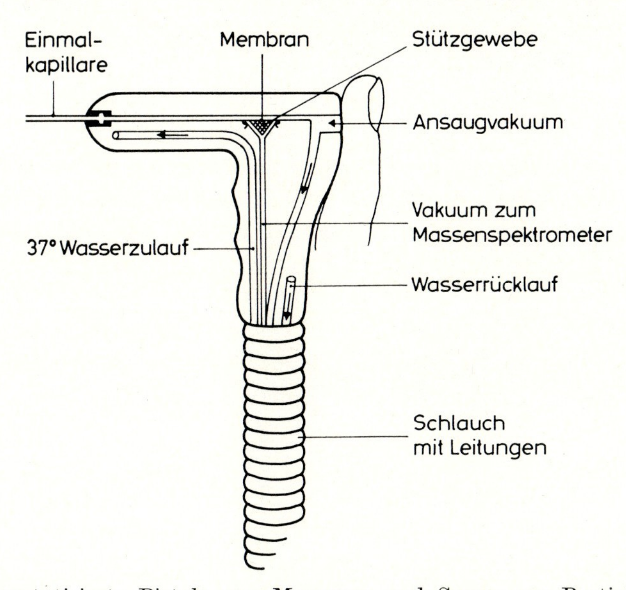

Abb. 3. Thermostatisierte Pistole von MUYSERS und SMIDT zur Partialdruckmessung.

Eine konstruktiv andere Lösung stammt von Muysers und Smidt (4). Die Membran sitzt am Ende einer 1–1,5 m langen Stahlkapillare von 0,1 mm Innendurchmesser. Durch eine trichterförmige Erweiterung am Ende der Kapillare kann die effektive Membranfläche vergrößert werden. Als Membranmaterial findet Naturkautschuk Verwendung.

Die Membran sitzt im Inneren einer thermostatisierten Pistole, um konstante Diffusionsbedingungen zu erzielen (Abb. 3). Mit Hilfe einer Wasserstrahlpumpe kann Blut in die Pistole eingesogen (für Einzelmessungen) oder kontinuierlich hindurchgesogen (für kontinuierliche Messungen) werden, beispielsweise aus einem Herzkatheter.

Die Empfindlichkeit reicht vorläufig nur für die Bestimmung des Partialdruckes der Atemgase im Blut aus. Die Einstellzeit ist mit 2 s außerordentlich gut; dies ist auf die relativ enge Zuleitung zurückzuführen.

2. Messung des Gehaltes

Zur Messung des Gehaltes ist es erforderlich, die in der Flüssigkeit enthaltenen Gase vollständig zu extrahieren. Dann müssen ihre Fraktionen bei konstantgehaltener Temperatur in einem Raum definierter Größe und definierten Drukkes bestimmt werden. Dazu genügt es, von der insgesamt extrahierten Gasmenge eine kleine Probe im Massenspektrometer zu analysieren. Die Fraktion multipliziert mit dem auf STPD-Bedingungen reduzierten Volumen des Extraktionsraumes ergibt die extrahierte Gasmenge, diese wiederum dividiert durch das Flüssigkeitsvolumen den Gehalt.

Es existieren 2 Verfahren.

1961 wurde von Muysers ein modifiziertes Batch-Einlaßsystem angegeben (Abb. 4). Dieses ist über die Golddüse mit dem Hochvakuum des Massenspektrometers verbunden und nach außen mit einem Gummistopfen verschlossen. Es wird durch Öffnen des Zweiwegehahnes während 5 min evakuiert. Der Enddruck liegt zwischen 0,1 und 1 Torr. Dann wird der Hahn geschlossen und

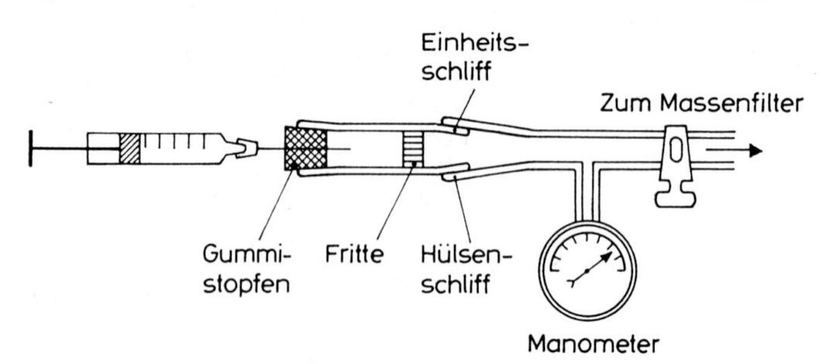

Abb. 4. Modifiziertes Batch-Einlaßsystem von Muysers zur Bestimmung des Gehaltes und von Isotopenhäufigkeitsverhältnissen.

das Blut durch den Stopfen ins Gefäß injiziert. Die Glasfritte soll eine Verschmutzung des Extraktionsraumes durch das Blut verhindern.

Dem Partialdruckgefälle folgend treten die Gase in den Extraktionsraum bis auf einen vernachlässigbar kleinen Rest aus. Der Extraktionsvorgang dauert etwa 5 min. Man kann ihn als beendet betrachten, wenn der Druck im Extraktionsraum nicht mehr ansteigt. Durch Öffnen des Zweiwegehahnes wird die Verbindung zum Massenspektrometer hergestellt. Nun kann ein Spektrum des extrahierten Gasgemisches geschrieben werden.

Voraussetzung für die Auswertbarkeit eines Spektrums ist die Kenntnis des Untergrundspektrums und des Spektrums jeder einzelnen Komponente des Gemisches; denn praktisch jedes Gas zerfällt durch den Ionisierungsprozeß in der Ionenquelle in mehrere Komponenten verschiedener Masse. Am Zustandekommen eines Peaks im Spektrum sind darum meist mehrere massengleiche Bruchstücke verschiedener Gase beteiligt. Mit steigender Zahl der Komponenten vergrößert sich der Rechenaufwand für die Auswertung eines Spektrums, so daß hierzu der Einsatz eines Computers eine große Zeitersparnis bedeutet.

Sind die Fraktionen bekannt, wird der Gehalt in der bereits angegebenen Weise berechnet. Das Volumen des Extraktionsraumes muß einmal exakt bestimmt worden sein. Der Druck wird nach jedem Extraktionsprozeß am eingebauten Manometer abgelesen.

Die Gesamtdauer für eine Analyse beträgt rund 30 min.

Relativ einfach können mit dem Verfahren auch Isotopenhäufigkeitsverhältnisse bestimmt werden.

Da nur ein Auffänger benötigt wird, ist das Verfahren auch für Massenfilter oder Flugzeitmassenspektrometer geeignet.

Das Verfahren von LOTZ und DAHNERS (3) ist auf das Respirationsmassenspektrometer mit seinem kontinuierlichen Probeneinlaß abgestimmt. Es können soviele Gase gleichzeitig analysiert werden wie Auffänger vorhanden sind.

Es handelt sich um ein dynamisches Verfahren. Die zu analysierenden Gase diffundieren vollständig aus der Flüssigkeit in einen Trägergasstrom, der über die Probe hinwegfließt (Abb. 5).

Als Trägergas wird ein Inertgas verwendet, das nicht bestimmt werden soll (also z.B. Reinststickstoff für die Analyse von Atem- und Narkosegasen). Stromstärke, Temperatur und Wasserdampfpartialdruck des Trägergases werden konstant gehalten. Die gesamte Analyseneinrichtung befindet sich im thermostatisierten Wasserbad.

Die genau abgemessene Flüssigkeitsmenge wird durch einen Gummistopfen in das Analysengefäß, das aus der Tonometerkugel von LAUÉ (2) entwickelt wurde, injiziert und dann geschüttelt. Aus dem Gasgemisch, das das Analysengefäß verläßt, wird ein Teilstrom zur Analyse über die zweite Stufe des Einlaß-

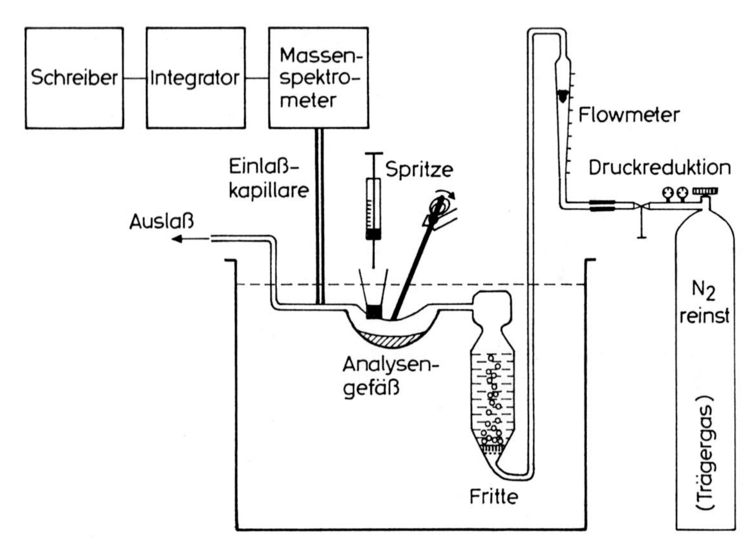

Abb. 5. Schema der Analysenapparatur von LOTZ und DAHNERS zur Bestimmung des Gehaltes.

systemes am Massenspektrometer abgesaugt. Die durch fortlaufende Analyse des Gemisches entstehenden Konzentrationskurven über der Zeit (Abb. 6) werden elektronisch über der Zeit integriert. Der Endwert der integrierten Kurve

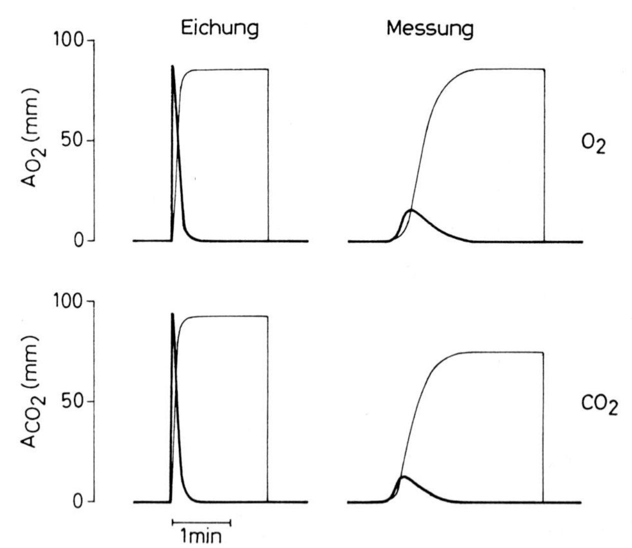

Abb. 6. Kurven für Gaseichung und Messung des O_2- und CO_2-Gehaltes einer Blutprobe, wie sie beim Verfahren von LOTZ und DAHNERS entstehen. Dick ausgezogene Kurven: Konzentration über der Zeit. Dünn ausgezogene Kurven: Integral der Konzentration über der Zeit. Ordinate: Ausschlagshöhe des Schreibers.

ist proportional der aus der Flüssigkeit aufgetretenen Gasmenge, da der Trägergasstrom konstant ist. Durch Injektion bekannter Gasmengen in das Analysengefäß bei der gleichen Trägergasstromstärke wie für die Messung des Gehaltes der Flüssigkeit, erhält man eine Beziehung zwischen Ausschlaghöhe der integrierten Kurve und der Gasmenge und kann somit eine Eichkurve aufstellen. Diese ist linear und geht durch den Nullpunkt.

Der Diffusionsstrom, der aus der Flüssigkeit austritt, muß klein sein gegenüber dem Trägerstrom ($<1\%$), damit nicht die Konzentrationen der Gase durch wechselnd große hinzutretende Volumina verfälscht werden.

Das Verfahren ist empfindlich genug, um auch Inertgase (Ar, N_2) oder natürlich vorkommende seltene Isotope nachzuweisen bzw. Isotopenhäufigkeitsverhältnisse zu untersuchen. Allerdings ist hierzu eine Erhöhung der Ableitwiderstände an den Vorverstärkern des Massenspektrometers erforderlich. Die Blutprobengröße liegt bei 0,5 ml. Für den Nachweis von O_2 und CO_2 genügen auch kleinere Mengen.

Die Analysendauer beträgt rund 3 min. Die Reproduzierbarkeit der Einzelanalyse liegt zwischen 2–3%.

Die technische Entwicklung der geschilderten Verfahren ist noch nicht abgeschlossen, deswegen sind sie vorläufig auch nicht als Routinemethoden geeignet. Sie haben jedoch einen wichtigen Platz dort, wo bestimmte Meßaufgaben mit den herkömmlichen Verfahren nicht lösbar sind.

Literatur

(1) Hoch, G., B. Kok: A mass spectrometer inlet system for sampling gases dissolved in liquid phases. Arch. Biochem. *101:* 160 (1963).

(2) Laué, D.: Ein neues Tonometer zur raschen Äquilibrierung von Blut mit verschiedenen Gasdrucken. Pflügers Arch. ges. Physiol. *254:* 142 (1951).

(3) Lotz, P., H. Dahners, J. P. Pichotka: Massenspektrometrische Bestimmung des O_2- und CO_2-Gehaltes von Blut. Pflügers Arch. ges. Physiol *315:* 86 (1970).

(4) Muysers, K., U. Smidt: Respirations-Massenspektrometrie. Schattauer, Stuttgart – New York (1969).

(5) Riley, R. L., D. D. Proemmel, R. E. Franke: A direct method for determination of oxygen and carbon dioxide tensions in blood. J. biol. Chem. *161:* 621 (1945).

(6) Strang, L. B.: Blood gas tension measurement using a mass spectrometer. J. appl. Physiol. *16:* 562 (1961).

(7) Woldring, S., G. Owens, D. C. Woolford: Blood Gases: Continuous in vivo Recording of Partial Pressures by mass Spectrography. Science, *153:* 885 (1966).

Aus dem Bundesgesundheitsamt, Institut für Wasser-, Boden- und Lufthygiene, West-Berlin (Direktor: Prof. Dr. F. Höffken)

Zur Messung von Gasmengen in Flüssigkeiten mit einem Trägergas

G. von Nieding

Nach dem Fickschen Diffusionsgesetz ist der durch die Diffusion bedingte Materiestrom $\frac{dm}{dt}$ dem Konzentrationsgefälle und der Diffusionsfläche F proportional

$$\frac{dm}{dt} = -D \cdot F \cdot \frac{dc}{dx}. \tag{1}$$

(D = Diffusionskoeffizient, das negative Vorzeichen berücksichtigt die Abnahme des Konzentrationsgefälles $\frac{dc}{dx}$ mit zunehmendem Materiestrom $\frac{dm}{dt}$).

Die Diffusionsdauer t ist proportional dem Quadrat des Diffusionsweges l

$$t = \frac{l^2}{\text{const.} \cdot D}. \tag{2}$$

Die Diffusionsdauer von Gasen aus einer Flüssigkeit in ein Trägergas ist danach wesentlich abhängig von der Größe der Berührungsflächen dieser Medien. Soll das eluierte Gas in dem Trägergas gemessen werden, so kann die Messung erst abgeschlossen werden, wenn die Diffusion beendet ist. Im folgenden wird ein Verfahren angegeben, bei dem die Berührungsfläche möglichst groß gehalten ist, um die Meßdauer auf ein Minimum zu verkürzen.

Für die Elution von Gasen aus der Flüssigkeit wird wie bei dem von Lotz, Dahners und Muysers (1) angegebenen Verfahren ein Trägergasstrom benutzt. Im Gegensatz zu dem vorgenannten Verfahren wird bei diesem Verfahren der Trägergasstrom direkt durch die zu untersuchende Flüssigkeit geleitet, um eine größere Berührungsfläche mit dem Trägergas zu erreichen. Nach Abb. 1 durchströmt das Trägergas (z. B. N_2 oder Ar) eine Fritte und anschließend die über ihr befindliche Flüssigkeit. Dabei diffundieren die in der Flüssigkeit enthaltenen Gase in den Trägergasstrom. Die eluierten Gase werden mit diesem direkt dem Massenspektrometer zugeführt.

Bei der Messung von Blut durchströmt das Trägergas vor Einlaß in die Extraktionsfritte eine vorgeschaltete Fritte, die statt mit Wasser mit van-Slyke-Lösung (2) gefüllt ist. Dabei wird das Trägergas vorgewärmt und angefeuchtet, um den Wasserdampfdruck im System konstant zu halten. Gleichzeitig wird die van Slyke-Lösung entgast. Diese Fritte ist über einen Dreiwege-

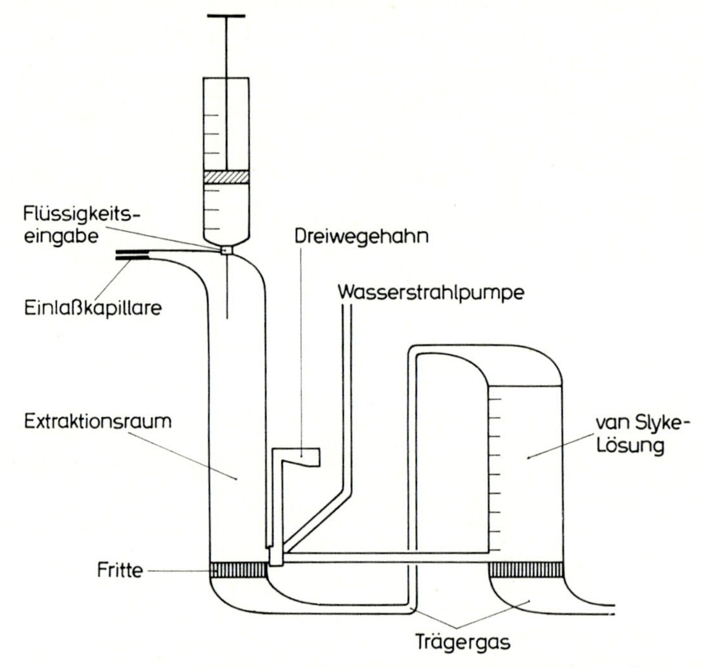

Abb. 1. Einrichtung zur Bestimmung von Gasmengen in Flüssigkeiten (s. Text).

hahn mit der Extraktionsfritte so verbunden, daß aus ihr vor Eingabe der Blutprobe van-Slyke-Lösung in die Extraktionsfritte gegeben werden kann. Die präzise abgemessenen Blut- oder Flüssigkeitsmengen (Hamiltonspritze) und die Eichgase werden von oben durch einen Gummistopfen in die Extraktionsfritte eingegeben. Über den Dreiwegehahn kann die Blut- bzw. Flüssigkeitsprobe nach erfolgter Analyse wieder entfernt werden. Beide Fritten befinden sich in einem Wasserbad von 37° C.

Abb. 2 zeigt rechts das Ergebnis einer O_2- und CO_2-Analyse von Blut, das mit 12% O_2 und 6% CO_2 in N_2 aequilibriert wurde, links das Ergebnis nach Eingabe des Gasgemisches in das System. In der unteren Bildhälfte ist der Konzentrationsverlauf in der Zeit, darüber die Integration der Konzentrationswerte über der Zeit dargestellt, so daß sich nach

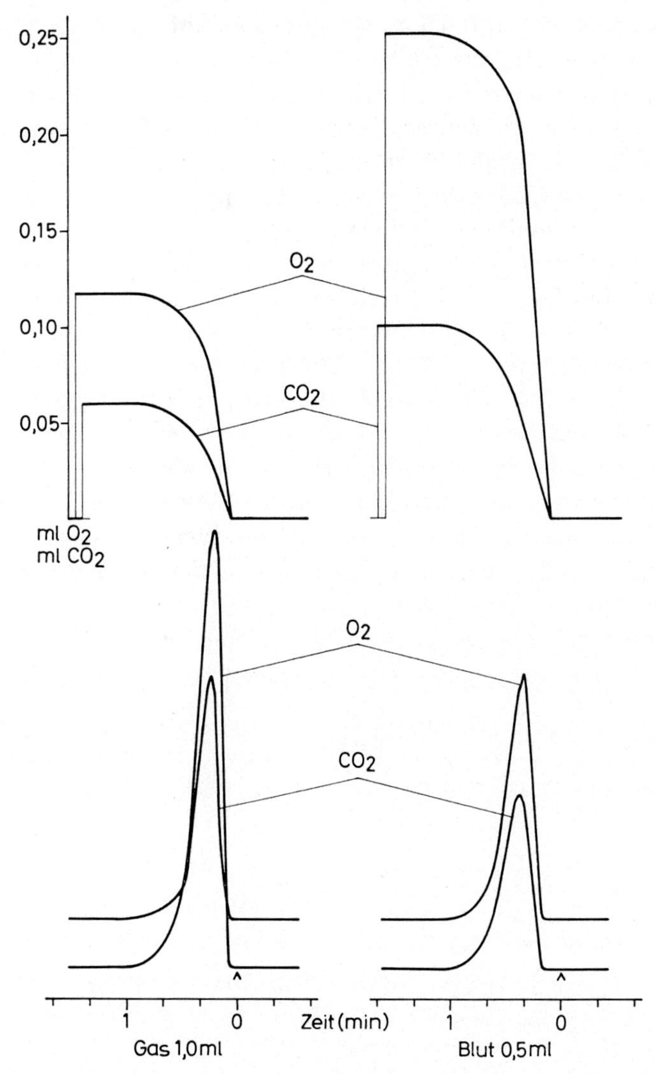

Abb. 2. Konzentrationskurven (unten) und integrierte Konzentrationskurven (oben) von O_2 und CO_2 in Blut (rechts) und in einem Gasgemisch (links) in Abhängigkeit von der Zeit.

$$V_G = \dot{V}_{TG} \int_0^t F_G (t) \, dt \qquad (3)$$

V_G = Menge des eluierten Gases
$\dot{V}$ = Trägergasstrom
F_G = Fraktion des eluierten Gases hinter der Extraktionsfritte

die Mengen O_2 bzw. CO_2 pro 0,5 ml Blut bzw. pro ml Gasgemisch ergeben. Die Elution von O_2 und CO_2 aus Blut und System ist, wie die Integrations- und Konzentrationskurven der Abb. 2 zeigen, nach etwa 50 sec beendet. Bei dem Gasgemisch, das auch als Eichgas dienen kann, dauert dieser Vorgang bis zum Erreichen von 99% des Endwertes etwa 40 sec.

Der Vergleich der Konzentrations- und Integrationskurven der aus 0,5 ml Blut und 1,0 ml Gasgemisch eluierten Gase zeigt sehr ähnliche Kurvenverläufe. D. h., bei Blut steigen die Konzentrationskurven nach einer Totzeit von etwa 10 sec steil an und fallen nach Erreichen des Gipfelpunktes exponentiell fast ebenso schnell wie bei Gasen ab. Dieser Kurvenverlauf ist für die Genauigkeit der Analyse von Bedeutung, da bei Verwendung elektronischer Integratoren deren Zeitkonstante bei ungleicher Analysedauer für Flüssigkeit und Gas das Ergebnis beeinflussen kann.

Ist der Trägergasstrom (60 ml/min) mit einem Fehler von weniger als 1% konstant, so hängt die Reproduzierbarkeit der Meßwerte im wesentlichen von der exakten Dosierung der Flüssigkeitsprobe und von der Genauigkeit des Integrators ab. Bei einer Versuchsreihe von Analysen derselben Probe hat sich ein mittlerer Fehler von $\pm$ 2% ergeben.

Das beschriebene Verfahren hat den Vorteil eines geringen apparativen Aufwandes und erlaubt eine Analyse mit 2% Genauigkeit in 50 sec.

Literatur

(1) Lotz, P., H. Dahners, K. Muysers: Pflügers Arch. ges. Physiol. *312:* R4 (1969).
(2) van Slyke, D. D., J. M. Neill: J. biol. Chem. *61:* 523 (1924).

Aus dem Physiologischen Institut der Universität Bonn
(Direktor: Prof. Dr. J. Pichotka)

Analysen seltener Isotope

H. W. Dahners

Eine der Hauptaufgaben der Massenspektrometrie war die Bestimmung der Isotopenhäufigkeiten der in der Natur vorkommenden Elemente. Dank der Arbeiten Niers darf diese Aufgabe als abgeschlossen gelten.

In der Physiologie sind es 2 Problemkreise, die mit einer massenspektrometrischen Isotopenanalyse angegangen werden können:

1. die Analyse von Stoffwechselvorgängen,
2. die Analyse von Stofftransportvorgängen.

Daß Isotopieeffekte schon natürlicherweise in beachtlichem Maße bei Stoffwechselvorgängen auftreten, wurde unübersehbar, als sich bei der Bestimmung der Häufigkeiten in der Natur vorkommender Isotope herausstellte, daß die Häufigkeit von O^{18} in Luft größer war als in Meerwasser, während für fast alle übrigen Elemente die Regel bestand, daß die Häufigkeit unabhängig von der Herkunft einer Probe sein sollte; ausgenommen davon waren nur die Endprodukte der natürlichen radioaktiven Zerfallsreihen. Dieser nach Dole genannte Effekt wurde mit dem biologischen Kreislauf des Sauerstoffs begründet. Die von Dole (1) durchgeführte massenspektrometrische Analyse des photosynthetisch erzeugten Sauerstoffs ergab, daß darin die Häufigkeit von O^{18} kleiner als in Luft war, daß also das leichtere Sauerstoffisotop in größerem Ausmaß produziert wurde. Während in Luft von einer Million Sauerstoffatomen 2039 die Massenzahl 18 haben, die Häufigkeit von O^{18} also 0,2039% beträgt, lauten die Zahlen für Meerwasser 1995 bzw. 0,1995% und für photosynthetisch erzeugten Sauerstoff 2003 bzw. 0,2003%.

An dieser Stelle möchte ich den »massenspektrometriefreundlicheren« Begriff der Feinvariation einführen. Der Begriff Häufigkeit ist definiert als das Verhältnis der Zahl der Elemente (einer Menge) mit einer gewissen Eigenschaft zur Gesamtzahl der Elemente. Die Feinvariation ist definiert als die Abweichung des Isotopenhäufigkeitsverhältnisses einer Probe von dem eines Standards in Promille. Bei der massenspektrometrischen Analyse erhält man aber niemals direkt eine Größe, die der Gesamtzahl etwa der Sauerstoffmoleküle proportional wäre, sondern bestenfalls Anzeigen, die den Konzentrationen der einzelnen Sauerstoffisotope in der eingelassenen Probe proportional sind. Die äufigkeit kann zwar durch sorgfältige Addition der zusammengehörigen Isotopenpeaks eines (chem.) Elements gefunden werden; zur Bildung der Feinvariation, die mittels der Verhältnisse der Isotopenhäufigkeiten definiert ist, entfällt dieser fehleranfällige Rechenvorgang. Da die Isotopenhäufigkeit zudem den Konzentrationen F der Isotopen in der Probe proportional sind, erhält man für die Feinvariation ϑ eines seltenen (s) bezüglich eines häufigen (h) Isotopes

$$\vartheta_{sh} = 10^3 \frac{(F_s/F_h)\ \text{Probe-}\ (F_s/F_h)\ \text{Standard}}{(F_s/F_h)\ \text{Standard}}$$

Für den photosynthetisch erzeugten Sauerstoff findet man damit, bezogen auf Luft als Standard, eine Feinvariation von $\vartheta_{18,\ 16} = \vartheta_{34,\ 32} = -18$. Da weiterhin das Isotopenhäufigkeitsverhältnis in Luft konstant ist, bedeutet diese Erkenntnis, daß das Gleichgewicht von O^{18} und O^{16} in Luft durch einen weiteren Vorgang eingestellt werden muß. Naheliegend ist die Vermutung, daß respiratorische Vorgänge die Balance bewirken. In einer 1956 von Lane und Dole (2) veröffentlichten Arbeit zeigen sie, daß für verschiedene O_2-Verbraucher (Mensch, Frosch, Kartoffel, Bakterien und Laub) Isotopenselektion bei Respiration eintritt. Gemessen wurden Werte für ϑ zwischen 6 und 29. Mit vernünftigen Annahmen über die Anteile der verschiedenen O_2-Verbraucher an der Gesamtrespiration resultierte eine mittlere Feinvariation von $\vartheta = 18$, die zur Balance der Photosynthese gefordert werden muß.

Zur kontinuierlichen Bestimmung der Feinvariation in Gasen wurde von Muysers u. Mitarb. ein Verfahren entwickelt, dessen Vorzüge darin bestehen, daß auch bei zeitlich veränderlicher Konzentration der Substanz (etwa O_2 während der Exspiration) eine der Feinvariation proportionale Anzeige erreicht werden kann und somit die Änderung von ϑ während des alveolo-kapillären Gasaustauschs verfolgt werden kann. Erforderlich sind ein Massenspektrometer mit kontinuierlichem Einlaß und ein Mehrkanal-Kompensationsschreiber. Nach Kompensation des Untergrundes liefert das Massenspektrometer Spannungen U, die den Konzentrationen der betreffenden Isotope proportional sind:

$$U \propto F.$$

Durch Wahl der Verstärkungsgrade können bei Standardgaseinlaß die Spannungen für das seltenere Isotop und das häufigere Isotop angeglichen werden:

$$U_{hSt} = U_{sSt}.$$

Damit ergibt sich die Feinvariation als

$$\vartheta(t) = 10^3 \frac{U_s - U_h}{U_h}.$$

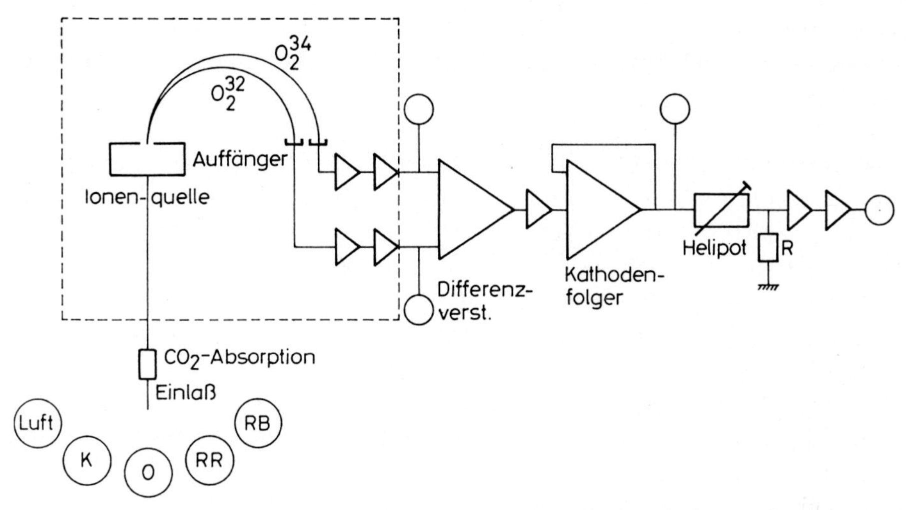

Abb. 1. Vorrichtung zur kontinuierlichen Messung der Feinvariation zweier Isotope.

Zur Gewinnung einer Anzeige, die in jedem Zeitpunkt der Feinvariation proportional ist, muß also die Differenz zweier zeitlich veränderlicher Spannungen durch eine derselben dividiert werden. Die Differenzbildung geschieht an einem Operationsverstärker (Abb. 1). Die verstärkte Differenzspannung liegt über einem Schraubenpotentiometer, dessen Widerstand R_H (HELIPOT) vom Kompensationsschreiber proportional U_h durchgefahren wird, und einem gegen R_H kleinen Widerstand R.

Die Stromstärke in diesem Zweig ist dann

$$i = \frac{U_s - U_h}{R_H + R}.$$

Wegen $R \ll R_H$ und $R_H \propto U_h$ folgt

$$i \propto \frac{U_s - U_h}{U_h}.$$

Somit ist i und folglich die Spannung über R der momentanen Feinvariation proportional. Über mit diesem Verfahren bestimmte Feinvariationsverläufe der Sauerstoffisotope in menschlicher Exspirationsluft wird in einem besonderen Vortrag berichtet werden.

Eine Methode zur Untersuchung des alveolo-kapillären O_2-Austauschs mittels des O_2-Isotops O_2^{36} wurde von LASSEN u. Mitarb. (3) angegeben. In eine Vene wurde mit O_2^{36} aufgesättigtes Blut injiziert und bei verschiedenen alveolären O_2-Partialdrucken nach der ersten Lungenpassage der O_2^{36}-Gehalt im arteriellen Blut bestimmt. Da der Sauerstoff über die Blutwege zum Ort des Gasaustausches gelangt, können Ventilationsinhomogenitäten weitgehend unberücksichtigt bleiben.

Von HYDE u. Mitarb. (4) wurde ein Verfahren zur Bestimmung der O_2-Diffusionskapazität der Lunge beschrieben. Die alveolo-kapilläre Partialdruckdifferenz von O_2^{32} wird durch Inspiration eines Gasgemisches mit 92% N_2 und 8% CO_2 beseitigt. Darauf folgt die Inspiration eines Gemisches, dessen O_2^{34}-Konzentration von 0,2% bei unveränderten O_2^{32}- und CO_2-Konzentrationen durch Aufnahme ins Blut herabgesetzt wird. Die Messung der alveolären O_2^{34}-Konzentration nach verschiedener Dauer der Apnoe erlaubt die Berechnung der O_2-Diffusionskapazität der Lunge.

Die Möglichkeiten der Untersuchung physiologischer Vorgänge mittels nichtstrahlender Isotope sind heute bei weitem noch nicht ausgeschöpft, und es darf erwartet werden, daß mit der z. Z. wachsenden Zahl der in Physiologie und Medizin eingesetzten Massenspektrometer unser Wissen um die im Organismus ablaufenden Transport- und Stoffwechselvorgänge wesentlich bereichert werden wird.

Literatur

(1) DOLE, M., G. JENKS: Science *100:* 409 (1944).
(2) LANE, G. A., M. DOLE: Science *123:* 574 (1956).
(3) LASSEN, N. A. u. Mitarb.: J. appl. Physiol. *20:* 809 (1965).
(4) HYDE, R. W. u. Mitarb.: J. clin. Invest. *45:* 1178 (1966).

Aus dem Institut für Pneumologie und Phthisiologie der Universität Genua
(Direktor: Prof. Dr. S. Valenti)

Single-Breath-Methoden

R. SERRA

In diesem Überblick möchte ich Single-Breath-Tests zur Beurteilung ungleichmäßiger Verteilung des inspirierten Gases, des Ventilations-Perfusions-Verhältnisses und der Perfusion besprechen. Alle Analysen von N_2, Ar, He, O_2 und CO_2 werden in Exspirationsluft, die am Mund abgesaugt wird, durchgeführt. Als Analysatoren kommen das Nitrogenometer, das Katapherometer und das Massenspektrometer in Betracht.

Der klassische Single-Breath-Test von COMROE und FOWLER (1) beruht auf der Analyse des Stickstoffs mit Hilfe des Nitrogenometers. Der Patient atmet einen Atemzug mit 100% O_2 und exspiriert nach einer definierten Zeit langsam und gleichmäßig in ein Spirometer oder durch einen Pneumotachographen (Abb. 1).

Die exspiratorische N_2-Kurve, die man dann bei schnellem Papiervorschub erhält, läßt sich in 3 Phasen einteilen: Zu Beginn der Exspiration wird reiner Sauerstoff aus dem Totraum ausgeatmet; in der 2. Phase wird eine Mischung aus Inspirationsluft und Alveolarluft mit schnell ansteigender N_2-Konzentration exspiriert; in der 3. Phase erscheint reine Alveolarluft aus verschiedenen Lungenabschnitten. Die Ungleichmäßigkeit der alveolaren Ventilation wird durch den N_2-Konzentrationsanstieg zwischen 750 und 1250 ml Exspirationsvolumen ausgedrückt. Dieses Exspirationsvolumen stammt sicher aus dem Alveolarbereich.

Nach COMROE und FOWLER (1) kann ein leichter N_2-Konzentrationsanstieg bei gesunden Jugendlichen (bis 1,5%) und Älteren (bis 4,5%) vorkommen, während bei Patienten mit schwerem Emphysem Anstiege bis 16% vorkommen.

Den Konzentrationsanstieg bei Gesunden führen die Autoren und auch andere Untersucher auf ungleichmäßige Verteilung des inspirierten Gases und auf ungleiche Flow-Raten verschiedener Lungenabschnitte bei der Exspiration zurück. Messungen späterer Untersucher deuten darauf hin, daß die Ergebnisse auch von dem methodischen Vorgehen abhängen; je nachdem, ob zwischen der maximalen Inspiration und der Exspiration eine Pause liegt oder nicht (2), ob das inspirierte Volumen kontrolliert wird oder nicht (3), ob der Ausgangspunkt

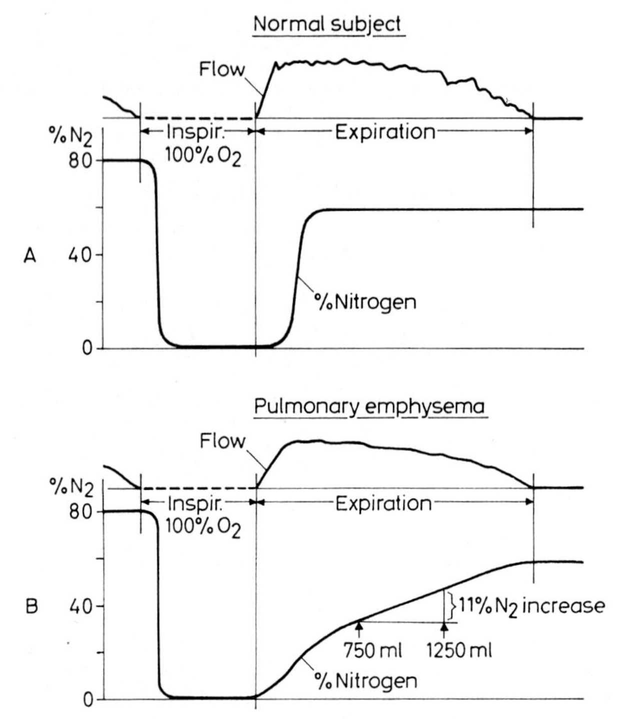

Abb. 1. Exspiratorische N_2-Kurven eines Gesunden (oben) und eines Patienten (unten). Während Raumluftatmung registriert das Nitrogenometer ca. 80% N_2 inspiratorisch und exspiratorisch. Der Proband atmet dann 100% O_2 tief ein und langsam und gleichmäßig aus. Während dieser Inspiration wird 0% N_2 registriert. Zu Beginn der Exspiration werden etwa 50 ml 100% O_2 (0% N_2) exspiriert, die beim Gesunden von 200–300 ml Gas mit schnell ansteigender N_2-Konzentration gefolgt werden, bis dann reine Alveolarluft exspiriert wird. Diese ist bei gleichmäßiger Verteilung der Ventilation an einem horizontalen Alveolarplateau zu erkennen. Bei dem Patienten mit ungleichmäßiger Verteilung der Ventilation steigt die N_2-Konzentration während der gesamten Exspiration kontinuierlich an. [Nach Comroe und Fowler (1).]

das RV oder das FRV ist (4) oder schließlich ob der Mittelwert verschiedener Meßwerte bei dem gleichen Probanden genommen wird oder ein Einzelwert (5).

Die Interpretation der N_2-Konzentrationskurve setzt die Beantwortung von zwei Fragen voraus:

1. Bedeutet das Fehlen einer Steigung im Alveolarplateau eine gleichmäßige Verteilung des inspirierten Gases?
2. Hängt die Steigung des Alveolarplateaus – ob klein oder groß – nur von einer ungleichmäßigen Verteilung der Ventilation ab?

Zu der 2. Frage ist von vielen Untersuchern gezeigt worden, daß die Steigung des Alveolarplateaus auch von anderen Faktoren abhängt. Ein Faktor, den kürzlich COTES (5) betonte, ist ein wechselnder RQ während des Manövers, vor allem während der Apnoe, infolge der ungleichen Dissoziationskurven für O_2 und CO_2 und verschiedener Gradienten. Der alveolare CO_2-Druck steigt an, während der kapilläre CO_2-Druck abfällt und die freigesetzte CO_2-Menge laufend abnimmt. Dagegen fällt die alveolare O_2-Konzentration zwar ab, doch bleibt die O_2-Aufnahme des Blutes unverändert. Diese Unterschiede im Gasaustausch führen zu einem Anstieg der N_2-Konzentration in den Alveolen, so daß auch der exspiratorische Kurvenverlauf von N_2 beeinflußt wird.

Um diese indirekten Effekte infolge der Lungendurchblutung zu eliminieren, haben SIKAND, CERRETELLI und FARHI (6) vorgeschlagen, anstelle von 100% O_2 eine Mischung von 20% O_2 in Argon zu inspirieren (Abb. 2).

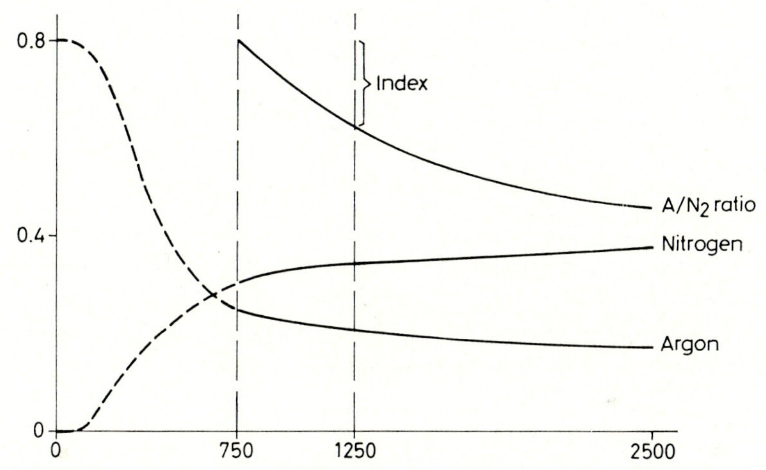

Abb. 2. Exspiratorische Argon- und Stickstoffkonzentrationskurve sowie der daraus berechnete Quotient Argon: Stickstoff. Auf der Ordinate sind die Fraktionen bzw. der Quotient aufgetragen, auf der Abszisse das exspirierte Volumen. [Nach SIKAND, CERRETELLI und FARHI (6).]

Bei diesem Vorgehen wird Argon seine höchste Konzentration zu Beginn der Exspiration zeigen, Stickstoff dagegen, weil er abgegeben wird, am Ende der Exspiration. Da der Gasaustausch von O_2 und CO_2 die Gaskonzentrationen von Argon und Stickstoff proportional beeinflußt, haben die genannten Autoren vorgeschlagen, die Verteilung des Gases in der Lunge durch den Quotienten aus den Konzentrationsänderungen von Argon und Stickstoff auszudrücken. Dieser Index ist unabhängig von RQ-Änderungen innerhalb des Atemzuges, so daß der RQ-bedingte Fehler nicht eingeht.

Ein 2. Faktor, der die N_2-Konzentrationsänderung beeinflussen kann, ist die Diffusion des Stickstoffs in der Gasphase. GEORG u. Mitarb. (7), SIKAND, CERRE-

TELLI und FARHI (6), CUMMING u. Mitarb. (8), FARBER (9) und FARHI (10) weisen darauf hin, daß bei verschiedenen Diffusionseigenschaften der Komponenten des Testgasgemisches die exspiratorischen Konzentrationsänderungen hierdurch erklärt werden könnten. Dies gelte sicher bei Kranken und wahrscheinlich auch bei Gesunden (stratified inhomogenity). Wie FARHI (10) gezeigt hat, vermindert sich die N_2-Konzentrationsänderung nach Inspiration von 100% O_2 zwar mit der Dauer der Apnoe, doch selbst nach 60 sec Apnoe ist noch eine Steigung vorhanden. Dies deutet darauf hin, daß eine ungleichzeitige Exspiration aus verschiedenen Lungenabschnitten vorliegt, weil nach dieser Zeit ein Diffusionsausgleich erreicht sein dürfte. Andererseits zeigen Studien von HUGHES (11) und von WEST (13) mit radioaktivem Xenon, daß das Alveolarplateau immer von ungleichzeitiger Entleerung beeinflußt bleibt und nicht von Gasdiffusion in Gasen. Eine schnelle Änderung der Steigung des Alveolarplateaus dürfte auch auf intralobärer Diffusion beruhen.

In der Praxis ist der Test einfach und zuverlässig. Er kann mit Hilfe eines Massenspektrometers auch mit Argon durchgeführt werden, wie von FOWLER (12) und WEST (18) gezeigt wurde, oder mit Helium, das auch mit einem Katapherometer nachgewiesen werden kann [THOMSON u. Mitarb. (14)].

Die Haupteinwände gegen die Methode sind folgende:

1. [VISSER (15)]. Bei Verwendung eines Gemisches von He, O_2 und Luft ist der Single-Breath-Test kein sehr empfindlicher Nachweis für kleine Differenzen im Verdünnungsverhältnis, weil die größte Differenz der alveolaren Konzentrationen noch nicht im 1. Atemzug sichtbar wird.
2. [GREVE (16)]. Eine tiefe Inspiration kann die Verteilung des inspirierten Gases ändern, wenn man den Vergleich zu der Situation im steady state zieht.
3. [WEST (17)]. Die Annahme, daß beim Single-Breath-Test zu Beginn die N_2-Konzentration in allen Lungenabschnitten die gleiche sei, ist nicht richtig, da die N_2-Konzentration vom Ventilations-Perfusions-Verhältnis abhängt, das in verschiedenen Kompartments verschieden sein kann.

Wegen dieser Einwände schlugen VISSER (15) und GREVE (16) Helium oder Argon in Sauerstoff als Testgemisch vor und führten die Analyse mehrerer Atemzüge ein. WEST (18) bevorzugt für den Single-Breath-Test 20% O_2 in Argon und analysiert simultan die exspiratorischen Konzentrationen von Ar, O_2 und CO_2 massenspektrometrisch. Das Exspirationsvolumen wird mit einem Spirometer gemessen. Mit dieser Methode bestimmt er die Verteilung des inspirierten Gases und des Ventilations-Perfusions-Verhältnisses.

Die exspiratorischen O_2- und CO_2-Konzentrationen werden unter Berücksichtigung des Wasserdampfes zu verschiedenen Zeitpunkten bestimmt. Daraus wird der RQ für verschiedene Momente errechnet und hieraus ein Index für die

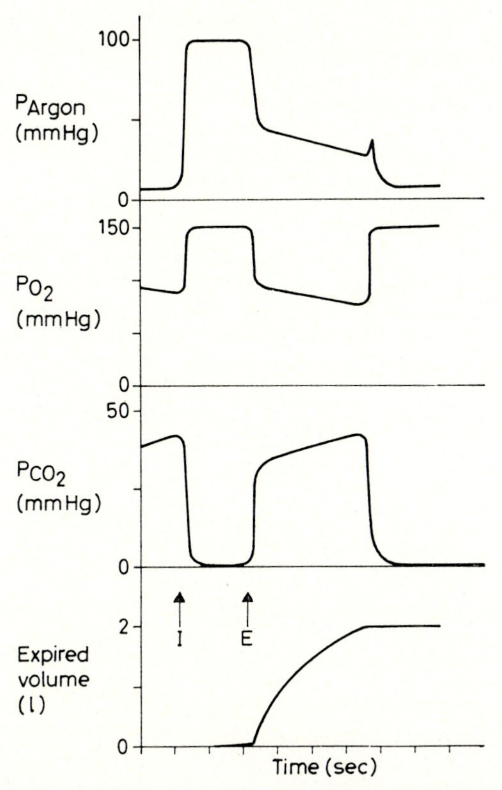

Abb. 3. Exspiratorische Partialdruckkurven von Argon, O_2 und CO_2 nach Inspiration eines Gemisches von 15% Argon, 20,9% O_2 und 64,1% N_2 zur Berechnung der Ventilation, des Ventilations-Perfusions-Verhältnisses und der Inhomogenität der Perfusion [nach West (13)].

Ungleichmäßigkeit des Ventilations-Perfusions-Verhältnisses gewonnen. Das genannte Testgasgemisch erlaubt die Berechnung des RQ ohne Verfälschung der alveolaren O_2- und CO_2-Drucke. Die Analyse wird für diejenigen 500 ml Exspirationsvolumen durchgeführt, die den ersten 750 ml folgen, so daß der Totraum sicher ausgewaschen ist.

Die Methode beruht auf der Grundannahme von Riley und Cournand (19) sowie Rahn (20), daß Unterschiede in den örtlichen Ventilations-Perfusions-Verhältnissen mit Unterschieden des lokalen RQ einhergehen. Abb. 4 und 5 zeigen einige normale und pathologische Werte für die Änderung des RQ und des Ventilations-Perfusions-Verhältnisses. Trotz erheblicher Streuung zeigt sich eine deutliche Zunahme der Änderung mit zunehmender Schwere der Krankheit, so daß die Methode geeignet erscheint, die Existenz von Verteilungsstörungen zuverlässig anzuzeigen.

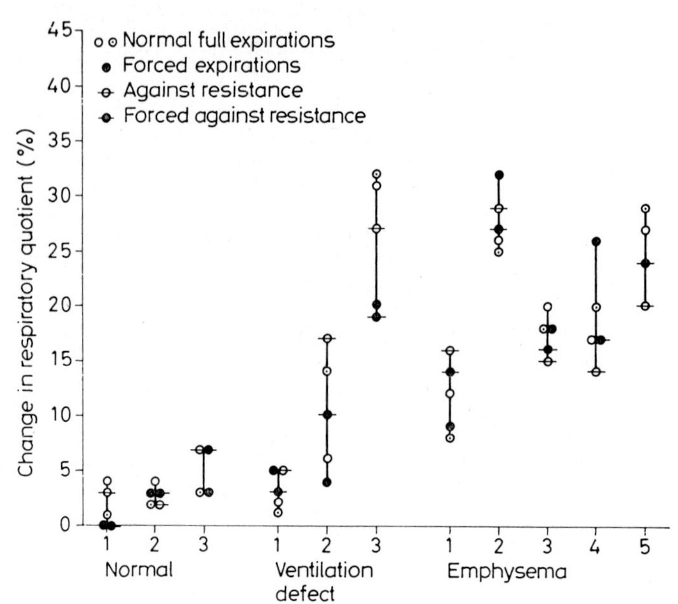

Abb. 4. Prozentuale Änderung des respiratorischen Quotienten innerhalb eines Liters Exspirationsvolumen [nach WEST u. Mitarb. (17)]. Verschiedene Atmungsformen sind durch unterschiedliche Symbole gekennzeichnet. Jede Linie verbindet Werte eines Probanden.

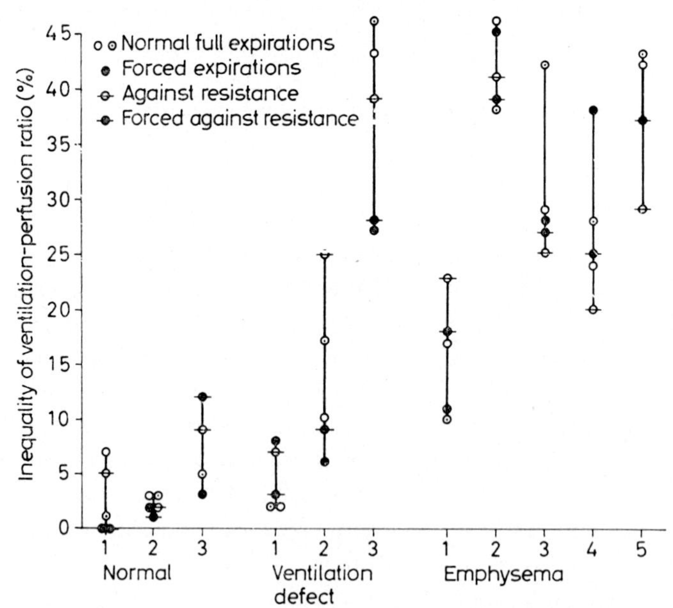

Abb. 5. Prozentuale Änderung des Ventilations-Perfusions-Verhältnisses innerhalb 1 Liter Exspirationsvolumen bei verschiedenen Atmungsformen. Jede Linie verbindet Werte eines Probanden [nach WEST u. Mitarb. (13)].

Nach Ansicht der genannten Autoren hängt die Steigung des Alveolarplateaus exspiratorischer O_2- und CO_2-Kurven von der Verschiedenheit der Zeitkonstanten verschiedener Alveolarbezirke in der kranken Lunge ab: Alveolen mit hohem Belüftungs-Durchblutungs-Verhältnis werden sich früh innerhalb einer Exspiration entleeren, Alveolen mit kleinem Ventilations-Perfusions-Verhältnis später.

2 Beispiele, die auf der Arbeit von WEST (21) basieren, zeigen die Beziehungen zwischen dem Ergebnis des Single-Breath-Testes und den Gasaustausch-Verhältnissen in einer kranken Lunge.

In Abb. 6 sind die Oberfelder nicht durchblutet und die Unterfelder gering belüftet. Nur die Mittelfelder nehmen im wesentlichen am Gasaustausch teil. WEST hat berechnet, daß in diesem Falle die $AaDO_2$ 80 Torr und die $aADCO_2$ 20 Torr beträgt, der funktionelle Totraum 29% des gesamten Alveolarvolumens und die venöse Beimischung 55%.

In der linken Bildhälfte habe ich entsprechende Ar-, CO_2- und O_2-Kurven eingezeichnet, die die zugehörigen Differenzen von den RQ und das Ventilations-Perfusions-Verhältnis errechnen lassen. Dieses Muster kommt bei vielen generalisierten Lungenkrankheiten vor, wenn auch nicht in derselben topographischen Anordnung wie hier.

Hier ist aber kritisch darauf hinzuweisen, daß bei der beschriebenen Methode alle Differenzen der Gasdrucke zwischen verschiedenen Zeitpunkten der Analyse auf eine ungleichmäßige Lungenfunktion bezogen werden, ohne daß der fortschreitende Gasaustausch berücksichtigt wird. In Wirklichkeit fällt aber

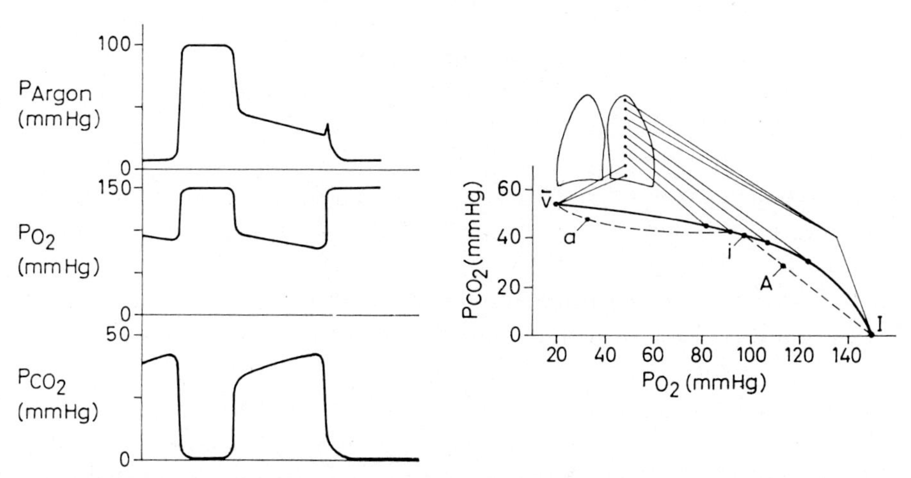

Abb. 6. Gasaustausch einer Lunge, deren Oberfeld nicht durchblutet und deren Unterfeld schlecht belüftet ist. Nur das Mittelfeld hat wesentlichen Anteil am Gasaustausch [nach WEST (17)]. Links die exspiratorischen Argon-, O_2- und CO_2-Kurven.

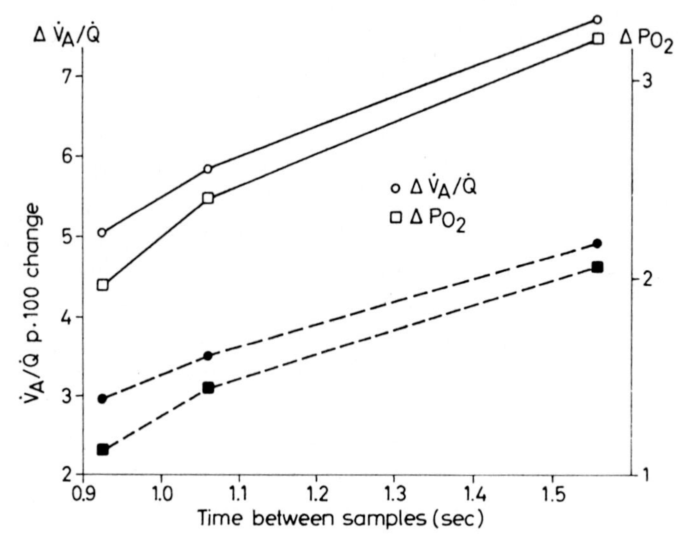

Abb. 7. Theoretische (gestrichelte Linien) und gemessene (durchgezogene Linien) Änderungen des Ventilations-Perfusions-Verhältnisses und des alveolaren pO_2 zwischen 750 und 1250 ml Exspirationsvolumen, dargestellt in Abhängigkeit von der Zeit zwischen beiden Volumina [nach Meade u. Mitarb. (22)].

der alveolare O_2-Druck während der Exspiration nicht nur infolge sequentieller Entleerung von Alveolen, sondern auch durch fortschreitende O_2-Aufnahme. Nach Meade, Pearl und Saunders (22) sowie Cotes (5) beruhen $^2/_3$ der scheinbaren Ungleichmäßigkeit des Ventilations-Perfusions-Verhältnisses in Wirklichkeit auf dem kontinuierlichen Gasaustausch. In Abb. 7 (nach Meade) ist die Beziehung zwischen der prozentualen Änderung des Ventilations-Perfusions-Verhältnisses (bzw. dem alveolaren O_2-Druck) und dem Zeitraum zwischen der Exspiration von 750 ml und 1250 ml wiedergegeben.

Cotes (5) zieht hieraus 2 Schlüsse:

1. Als empirischer Index für die Qualität der Verteilung genügt die Kenntnis der Änderung des O_2-Druckes anstelle der Berechnung der Änderung des Ventilations-Perfusions-Verhältnisses.
2. Eine Korrektur für die gasaustauschbedingte O_2-Druckänderung sollte möglich sein, indem man im Mittel 2 Torr für einen Zeitraum von 1,5 sec zwischen den beiden Volumina in Rechnung stellt.

Ich möchte betonen, daß wir bei der alleinigen Auswertung von O_2-Druckänderungen sehr vorsichtig sein müssen. Die Neigung der O_2-Kurve wird von vielen Faktoren beeinflußt: unterschiedliche Zeitkonstanten verschiedener Lungenabschnitte, Gasaustausch und Verteilung der Diffusion. In meiner Dissertation (23) über exspiratorische O_2-Kurven und ihren Vergleich mit CO_2-

und He-Kurven habe ich gezeigt, daß alle 3 Kurven weitgehend unabhängig voneinander sind und daß nur die He-Kurve von den anderen etwas beeinflußt wird.

Andererseits weisen WEST u. Mitarb. (17) darauf hin, daß die Berechnung des RQ durch Diffusionsstörungen beeinflußt wird und daß alle Indices für Verteilungsstörungen Minimalwerte ergeben. In diesem Zusammenhang möchte ich kurz einige Untersuchungsresultate aus einer gemeinsamen Arbeit mit VISSER (24) erwähnen, die wir bei Single-Breaths-Tests mit forcierter Exspiration gewonnen haben. Wir analysierten O_2 und CO_2 mit modifizierten Kataferometern gleicher Zeitkonstante. Fast gleichzeitig wurden entsprechende Untersuchungen auch von MUYSERS (25) mit Hilfe eines Massenspektrometers durchgeführt. Abb. 8 zeigt von 2 Kranken O_2-CO_2-Diagramme bei normaler Atmung (oben) und bei forcierter Atmung (unten). Man sieht, daß die Kurven am Ende der tiefen Ausatmung nach links wandern. Sehr ausgeprägt kommt dies nur bei Kranken vor. Es hängt ab von den momentanen Änderungen des alveolaren RQ gegen Ende einer tiefen Ausatmung. Wir glauben, daß die Form des alveolaren Teils dieser Kurve, die von dem momentanen RQ abhängt, Verteilungsstörungen des Ventilations-Perfusions-Verhältnisses anzeigen kann und daß eine verschiedene Zusammensetzung der Alveolarluft in der Zeit auch eine Ver-

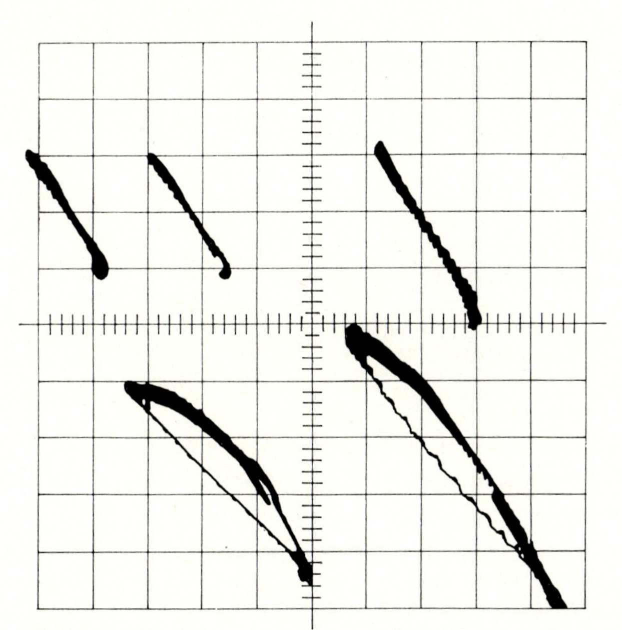

Abb. 8. Exspiratorische O_2-CO_2-Diagramme von zwei Patienten bei normaler (oben) und forcierter (unten) Exspiration. pCO_2 ist auf der Ordinate, pO_2 auf der Abszisse aufgetragen [nach SERRA und VISSER (24)].

schiedenheit im Ort bedeutet. Exspirationsluft mit einem niedrigen RQ dürfte von Gebieten mit niedrigem RQ kommen, d. h. von hypoventilierten Bezirken.

Umgekehrt können wir bei normaler O_2-CO_2-Kurve eine Störung des alveolaren Gasaustausches nicht ausschließen. WEST (17), HUGH-JONES (26) und wir (23) haben gezeigt, daß das exspiratorische O_2-CO_2-Diagramm trotz Diffusionsstörungen und auch trotz Vergrößerung des Totraumes (24) bei gleichmäßiger Ventilation ganz normal sein kann. Trotz dieser Einschränkungen ist die Methode infolge ihrer Einfachheit für die Klinik und auch für Gruppenforschungen nützlich.

Mit ähnlicher Technik hat CERRETELLI (27) unblutig mit massenspektrometrischer Analyse das Herzminutenvolumen bestimmt. Seine Methode beruht auf der Arbeit von KIM, RAHN und FARHI (28), die zunächst alle Meßwerte aus einzeln gesammelten Exspirationsluftproben gewannen. Die Verwendung des Massenspektrometers erlaubt die Berechnung des Herzminutenvolumens aus der kontinuierlichen Analyse eines einzelnen Atemzuges und der Volumenmessung mit einem Spirometer. Abb. 9 zeigt das Schema der Analyse und Rechnung. Man kann mit dieser Methode keine Herzkrankheiten oder dynamischen Schwankungen des Herzminutenvolumens feststellen, aber sie eignet sich gut für schnelle Messungen in Ruhe, während und nach Belastung.

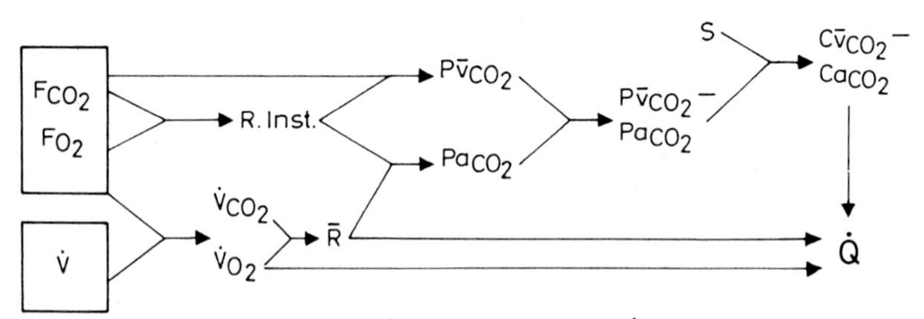

Abb. 9. Berechnungsschema für das Herzminutenvolumen $\dot{Q}$. F_{CO_2} und F_{O_2} werden massenspektrometrisch registriert, $\dot{V}$ über ein Wedge-Spirometer. Aus F_{O_2} und F_{CO_2} wird kontinuierlich der respiratorische Momentanquotient R_{inst} bestimmt, mit Hilfe von $\dot{V}$ außerdem $\dot{V}_{O_2}$ und $\dot{V}_{CO_2}$. Daraus wird der mittlere respiratorische Quotient R und sodann $\dot{Q}$ berechnet [nach CERRETELLI u. Mitarb. (6)].

MUYSERS u. Mitarb. (29) haben kürzlich eine ähnliche, noch einfachere Methode zur Berechnung des Herzminutenvolumens vorgeschlagen, die im Gegensatz zu CERRETELLI von der Berechnung des gemischt-venösen O_2-Druckes ausgeht.

Zusammenfassend kann man sagen, daß die Analyse exspiratorischer Gase bei Single-Breath-Tests einfach und schnell durchzuführen ist und sehr nützliche klinische Informationen vermittelt. Diese und ähnliche Methoden werden trotz ihrer Grenzen in der Zukunft noch weitere nützliche Anwendung finden.

Literatur

(1) Comroe, J. H., W. S. Fowler: Amer. J. Med. *10:* 408 (1951).
(2) Kjellmer, I., L. Sandquist, E. Berglund: J. appl. Physiol. *14:* 105 (1959).
(3) Sandquist, L., I. Kjellmer: Scand. J. clin. Lab. Invest. *12:* 131 (1960).
(4) Comroe, J. H., R. E. Forster, A. B. Dubois, W. A. Briscoe, E. Carlsen: The Lung. Yearbook, Chicago 1954.
(5) Cotes, J. E.: Bull. Physio-Path. Resp. *3:* 401 (1967).
(6) Sikand, R., P. Cerretelli, L. E. Farhi: J. appl. Physiol. *21:* 1331 (1966).
(7) Georg, J., N. A. Lassen, K. Mellemgaard, A. Vinther: Clin. Sci. *29:* 525 (1965).
(8) Cumming, G., K. Horsfield, J. G. Jones, D. C. F. Muir: Resp. Physiol. *2:* 386 (1967).
(9) Farber, J. P.: Ph. D. Dissertation, Buffalo, N. Y. 1968.
(10) Farhi, L. E.: Ciba Symp. on circulatory and respiratory mass transport. Churchill, London (1969).
(11) Hughes, J. M. B.: Bull. Physio-Path. Resp. *3:* 417 (1967).
(12) Fowler, W. S.: J. appl. Physiol. *2:* 283 (1949).
(13) West, J. B., K. T. Fowler, P. Hugh-Jones, T. V. O'Donnel: Clin. Sci. *16:* 549 (1957).
(14) Thomson, M. L., R. J. Shepard, M. W. Mc.Grath, A. J. Tjornton: Amer. Rev. resp. Dis. *89:* 859 (1964).
(15) Visser, B. F.: Thesis, Utrecht 1957.
(16) Greve, L. H.: Thesis, Utrecht 1960.
(17) West, J. B.: Bull. Physio-Path. Resp. *3:* 416 (1967).
(18) West, J. B., K. T. Fowler, P. Hugh-Jones, T. V. O'Donnel: Clin. Sci. *16:* 529 (1957).
(19) Riley, R. L., A. Cournand: J. appl. Physiol. *1:* 825 (1949).
(20) Rahn, H.: Amer. J. Physiol. *158:* 21 (1949).
(21) West, J. B.: Ventilation/blood flow and gas exchange. Blackwell, Oxford 1965.
(22) Meade, F., N. Pearl, M. J. Saunders: Scand. J. Resp. Dis. 1967.
(23) Serra, R.: Thesis, Utrecht 1967.
(24) Serra, R., B. F. Visser: Poumon, Entr. *5. Ser.:* 325 (1962).
(25) Muysers, K.: Poumon, Entr. *5. Ser.:* 334 (1962).
(26) Hugh-Jones, P.: Poumon, Entr. *4. Ser.:* 820 (1960).
(27) Cerretelli, P.: Bull. Physio-Path. Resp. *3:* 459 (1967).
(28) Kim, T. S., H. Rahn, L. E. Farhi: J. appl. Physiol. *21:* 1338 (1966).
(29) Muysers, K., U. Smidt, O. Nishida: Beitr. Klin. Tuberk. *141:* 117 (1969).
(30) Serra, R., E. Barile, S. Adamoli: Rass. Arch. Chir. *VI–6* bis: 635 (1968).

Aus dem Institut für Pneumologie und Phthisiologie der Universität Genua
(Direktor: Prof. Dr. S. Valenti)

Regionale CO_2-Partialdruckkurven

R. SERRA

In dieser Arbeit möchte ich einige Resultate unseres Teams in Genua mitteilen (Lungenchirurgische Klinik, Direktor Prof. Dr. SERRANO; Dr. BARILE; Dr. ADAMOLI, Dr. SPINELLI, Lungenfunktionslaboratorien BRUSASCO und CANONICA).

Wir haben eine vereinfachte Methode für schnelle Analysen exspiratorischer Gase aus verschiedenen Lungenabschnitten geprüft. Gegenwärtig registrieren

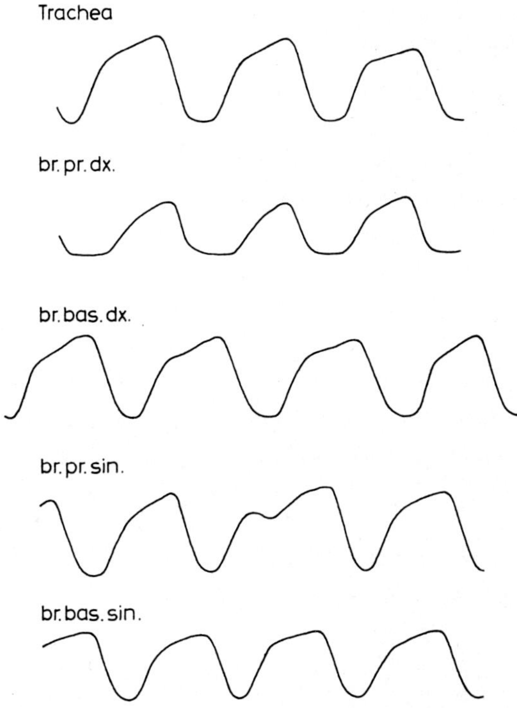

Abb. 1. Regionale exspiratorische CO_2-Kurven eines Patienten mit einer alten Tuberkulose im rechten Oberlappen. Trachea: in der Trachea; br. pr. dx.: im rechten Hauptbronchus; br. bas. dx.: im rechten Unterlappenbronchus; br. pr. sin.: im linken Hauptbronchus; br. bas. sin.: im linken Unterlappenbronchus.

wir nur CO_2-Kurven, doch hoffen wir, in Zukunft auch gleichzeitig O_2-Kurven registrieren zu können. Die Kurven werden erhalten, nachdem in Lokalanästhesie ein röntgensichtbarer Bronchialkatheter in den Bronchialbaum eingeführt wurde.

Wir benutzen als schnellen CO_2-Analysator ein modifiziertes Katapherometer, das mit dem Katheter verbunden wird und nur 1 ml/sec absaugt. Natürlich kann die gleiche Analyse mit einem Massenspektrometer durchgeführt werden.

Der Patient atmet Raumluft. Die Analysen werden im steady state oder bei tiefer Exspiration durchgeführt.

Abb. 1 zeigt CO_2-Kurven eines Patienten mit einer alten Tuberkulose im rechten Oberlappen. Die exspiratorischen Kurven zeigen aber eine diffuse ungleichmäßige Verteilung des Ventilations-Perfusions-Verhältnisses in beiden Lungen mit hypoventilierten Bezirken und örtlich hohem pCO_2. Operativ ließen sich ausgedehnte emphysematische Veränderungen bestätigen.

Abb. 2 zeigt Kurven eines Patienten mit einem Hamman-Rich-Syndrom. Die CO_2-Kurven in der Trachea und im rechten und linken Hauptbronchus bestätigen die klinischen Befunde.

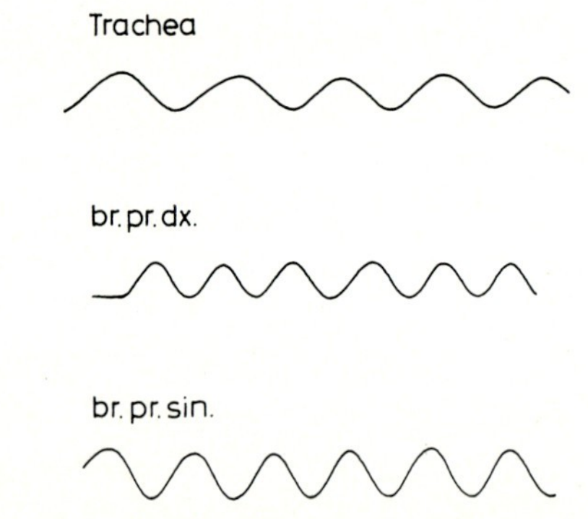

Abb. 2. Regionale exspiratorische CO_2-Kurven eines Patienten mit einem Hamman-Rich-Syndrom. Oben: Trachea, Mitte: rechter Hauptbronchus, Unten: linker Hauptbronchus.

Sie zeigen niedrige alveolare pCO_2-Werte, das Fehlen eines Alveolarplateaus infolge Hyperventilation und indirekt eine Störung des respiratorischen Gasaustausches in beiden Lungen.

Abb. 3 zeigt von einem anderen Patienten CO_2-Kurven aus der Trachea (normal) und aus dem rechten Unterlappenbronchus. Letztere zeigen ein gestörtes Ventilations-Perfusions-Verhältnis durch Bronchialobstruktion ohne Anpassung der Perfusion. Um den Einfluß der Diffusion in der Gasphase zu untersuchen, registrierten wir weitere Kurven nach kräftiger Hyperventilation. Es

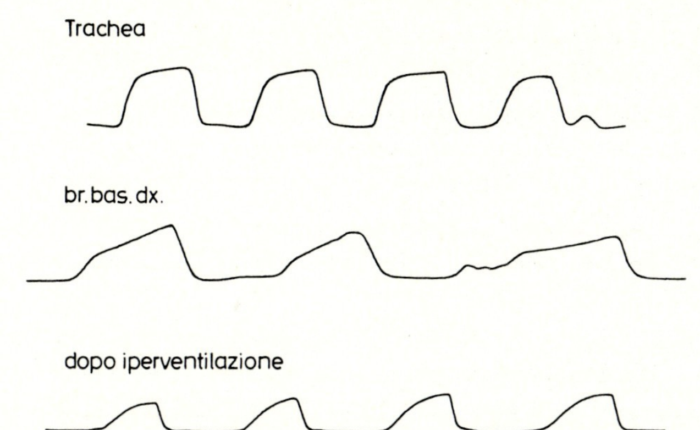

Abb. 3. Regionale exspiratorische CO_2-Kurven eines Patienten mit einem Tumor im rechten Unterlappen. Oben: Trachea, Mitte: im rechten Unterlappen, unten: nach Hyperventilation.

zeigt sich ein erniedrigter pCO_2 aber eine unveränderte Kurvenform, so daß eine sequentielle Entleerung die Hauptursache der Deformierung sein dürfte.

Abb. 4 stammt von einem Patienten mit einem Bronchial-Ca im linken Oberlappen. Wir finden irreguläre CO_2-Kurven in der Trachea, praktisch normale

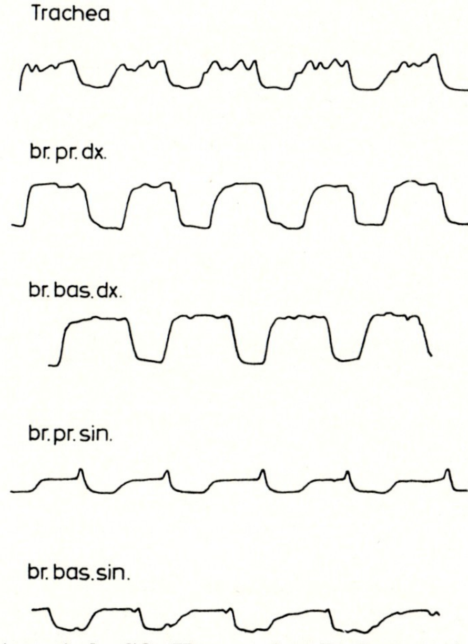

Abb. 4. Regionale exspiratorische CO_2-Kurven eines Patienten mit einem Tumor im linken Oberlappen. Trachea: in der Trachea; br. pr. dx.: im rechten Hauptbronchus; br. bas. dx.: im rechten Unterlappenbronchus; br. pr. sin.: im linken Hauptbronchus; br. bas. sin.: im linken Unterlappenbronchus. Weitere Erklärung s. Text.

Kurven auf der rechten Seite und auffällige Kurvenformen auf der linken Seite. Hier findet sich ein niedriges pCO_2, ein flaches Alveolarplateau und eine Spitze jeweils am Ende der Kurve. Den niedrigen pCO_2-Wert deuten wir als Verminderung der Durchblutung bei normaler Belüftung. Die Spitzen stellen den Beginn der Inspiration dar und werden durch Rückatmung von CO_2-reicherer Mischluft aus dem Totraum verursacht, ehe frische Raumluft einströmt. Die Operation zeigte später, daß Tumormassen die linksseitigen Hilusgefäße komprimiert hatten.

Diese Beispiele sollen nur einen Anfang unserer Untersuchungen darlegen. Ich hoffe, die Ergebnisse zeigen, daß diese einfache Methode einer unblutigen Messung zuverlässige und nützliche Resultate für die Klinik liefern kann.

Mit finanzieller Unterstützung der EGKS.

Aus dem Queen Elisabeth Hospital, Birmingham (Direktor: Prof. Dr. W. M. Arnott)

Ein- und Auswaschmethoden

G. Cumming

Während Ruheatmung bleibt die Stickstoffkonzentration in der Lunge weitgehend konstant. Dagegen zeigen die O_2- und CO_2-Konzentrationen zyklische und gegensinnige Veränderungen mit jedem Atemzug.

Die Stickstoffkonzentration kann sich ändern, wenn ein Gas eingeatmet wird, das nicht dieselbe Zusammensetzung hat wie die Luft, mit der die Lunge im Gleichgewicht steht. Der Weg, auf dem sich dann die Stickstoffkonzentration mit jedem Atemzug einem neuen Gleichgewicht nähert, läßt physiologische Schlüsse zu.

Wenn die Stickstoffmoleküle durch Atmung von reinem Sauerstoff aus der Lunge eliminiert werden, dann nimmt die Stickstoffkonzentration mit jedem Atemzug ab. Trägt man die Stickstoffkonzentration gegen die Zahl der Atemzüge auf, so erhält man eine Wash-out-Kurve (Abb. 1).

Eine ähnliche Wash-out-Kurve würde entstehen, wenn eine Mischung von 20% Sauerstoff und 80% Argon geatmet und dabei die Stickstoffkonzentration jeder Exspiration gemessen würde. Wird dagegen die Argon-Konzentration gemessen, so resultiert eine Wash-in-Kurve.

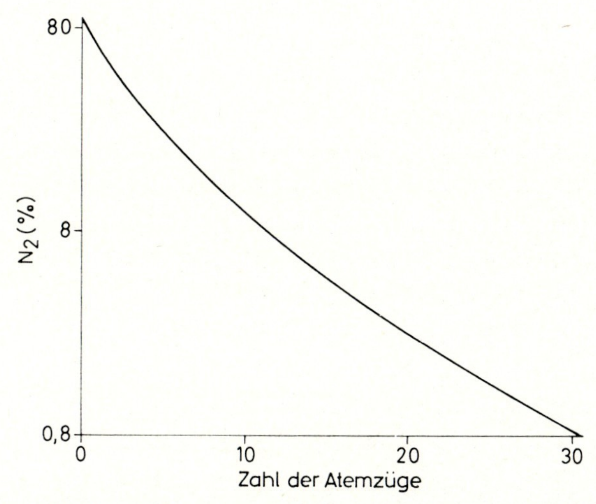

Abb. 1. Wash-out-Kurve von Stickstoff bei Atmung von 100% O_2.

Da die Argon-Moleküle die Stickstoffmoleküle ersetzen, sollten sich die Wash-out-Kurve und die Wash-in-Kurve zueinander spiegelbildlich verhalten, so daß eine Kurve aus der anderen abgeleitet werden kann und einander entsprechende physiologische Schlüsse aus beiden Kurven gezogen werden können.

Wash-out-Kurven werden mehr benutzt als Wash-in-Kurven, hauptsächlich aus apparativen Gründen. Bei hoher Verstärkung ist die Genauigkeit der Messung im 1%-Bereich eines Gases höher als im 80%-Bereich, wo Kompensationsspannungen benutzt werden müssen, die die Genauigkeit beeinträchtigen. Bei der Vorbereitung von Wash-in- und Wash-out-Messungen entstehen verschiedene Schwierigkeiten, z. B. die Festlegung der Konzentration des Indikatorgases oder die Auswaschung von Stickstoff, der nicht aus dem Alveolarraum stammt, sondern im Gewebe gelöst ist. Soll als Testgas Stickstoff verwendet und massenspektrometrisch gemessen werden, so wird dies noch dadurch kompliziert, daß sich aus dem exspirierten CO_2 in der Ionenquelle CO bildet, das ebenso wie Stickstoff bei dem Masse-Ladungs-Verhältnis 28 gemessen wird. Man mißt entweder die endexspiratorischen oder die gemischtexspiratorischen Stickstoff-Konzentrationen. Im 1. Falle wird der endexspiratorische, im 2. Fall der mittelexspiratorische Stickstoffpartialdruck aufgezeichnet. Es wird also entweder das Ende des 1., 2., 3. usw. Atemzuges oder aber der 1. halbe, der $1^1/_2$te, der $2^1/_2$te usw. aufgezeichnet. Beide Kurven sind fast identisch (Abb. 2).

Berücksichtigt man den im Gewebe gelösten Stickstoff, so entstehen einige Schwierigkeiten, die aber nicht unüberwindlich sind. Sie spielen vor allem im letzten Teil der Auswaschkurve eine Rolle.

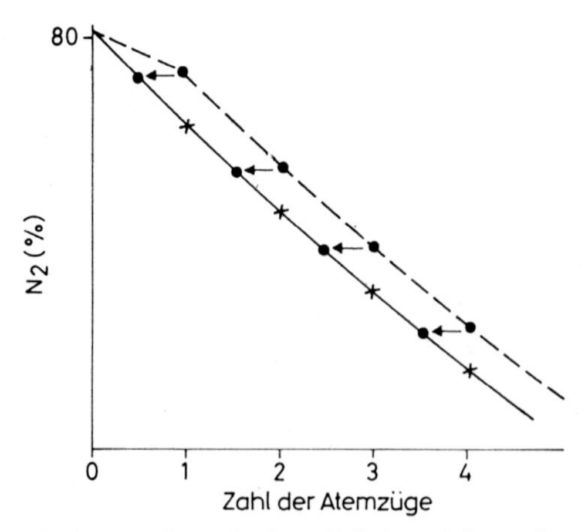

Abb. 2. Verlauf der gemischt-exspiratorischen (links) und der endexspiratorischen (rechts) N_2-Konzentrationen bei der Auswaschung. Die Pfeile entsprechen einem halben Atemzugvolumen.

Der Einfluß von CO kann berücksichtigt werden, da die Umwandlungsrate aus CO_2 für alle Zustände der Ionenquelle konstant ist, so daß eine Korrektur leicht möglich ist. Obwohl die Bezeichnungen »Wash-in-Kurve« und »Wash-out-Kurve« üblicherweise für Experimente gebraucht werden, bei denen mehrere Atemzüge analysiert werden, beschreiben sie ebenso gut die Vorgänge, die einem einzigen Atemzug mit veränderter Stickstoffkonzentration folgen.

Hat ein Gas in der Inspirationsluft einen höheren Partialdruck als in der Alveolarluft, so wird das Alveolarplateau einen Abfall zeigen. Wird z. B. 20% Argon inspiriert, so zeigt Argon in der folgenden Exspiration ein abfallendes Alveolarplateau (Abb. 3, oben). Dagegen wird die exspiratorische Stickstoff-

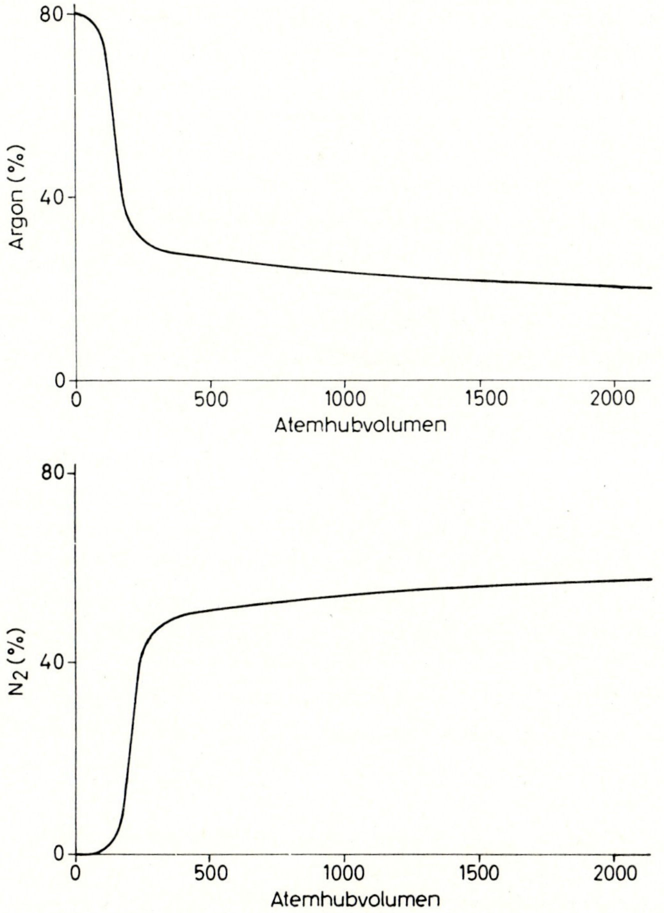

Abb. 3. Exspiratorische Partialdruckkurve von Argon nach Inspiration von 80% Argon: das Alveolarplateau fällt ab (oben). Exspiratorische Partialdruckkurve von Stickstoff nach Inspiration von 100% O_2: das Alveolarplateau steigt an (unten).

konzentration nach einem Atemzug von 100% O_2 im Laufe der Exspiration ansteigen (Abb. 3, unten).

Dies gilt jedoch nur bei normaler Inspiration oder Exspiration in der Nähe des funktionellen Residualvolumens und bei einer Atemstromstärke von weniger als 40 l/sec, da andernfalls das Plateau durch Gravitations-Einflüsse verändert wird. Nach dieser Definition von Wash-in-Kurven und Wash-out-Kurven sollen die physiologischen Informationen diskutiert werden, die sie enthalten.

Wird ein Testgas verwendet, das praktisch nicht am Gasaustausch teilnimmt, so spiegeln die Wash-in- und die Wash-out-Kurven nur die ventilatorischen Aspekte der Lungenfunktion wider.

Die Ventilation der Lunge sei in 2 Vorgänge eingeteilt: Der 1. ist der Transport durch die Luftwege, der den Gesetzen der Viskosität folgt. Die Komplexität dieses Prozesses ist aus dem Aufbau des menschlichen Bronchialbaumes verständlich.

Der 2. Vorgang ist die Mischung der Gase in der Lunge, entsprechend den Gesetzen der Diffusion. Der Wirkungsgrad dieser beiden Prozesse kann in verschiedener Weise beschrieben werden, am einfachsten als Prozentwert.

Nimmt man an, daß ein gesamter Atemzug sowohl gleichmäßig verteilt wie auch vollständig gemischt wird – von den Lippen bis zum letzten Alveolus –, so betrüge der Wirkungsgrad 100% und der Totraum Null.

Wenn der Gastransport nun gestört ist, so daß die Verteilung ungleich wird und der Diffusionsvorgang nicht vollständig ist, so vermindert sich der Wirkungsgrad. Er kann berechnet werden, wenn in einem definierten Exspirationsvolumen, das in einem Douglassack gesammelt wird, die Testgaskonzentration gemessen und mit Hilfe des exspirierten Volumens die Testgasmenge errechnet wird. Dividiert man dieses Volumen durch dasjenige, das bei kompletter Mischung zu erwarten wäre, so erhält man den Wirkungsgrad; oder nach Multiplikation dieses Wertes mit 100 den Wirkungsgrad in Prozent.

Es wird sich zeigen, daß der Wirkungsgrad sowohl durch Einflüsse des Gastransportes wie auch der Gasmischung verschlechtert werden kann. Er kann umgekehrt auch als Totraum ausgedrückt werden. Ein ventilatorischer Wirkungsgrad von 50% bei einem Atemvolumen von 600 ml entspricht einem Totraum von 300 ml. Dieser Totraum ist weder der anatomische noch der physiologische und soll zunächst als »ventilatorischer Totraum« bezeichnet werden.

Der ventilatorische Totraum kann aus Wash-out-Kurven auf folgende Weise berechnet werden. Anstelle der Testgaskonzentration wird das Testgasvolumen jedes Atemzuges massenspektrometrisch und mit Hilfe eines Analogrechners bestimmt. So kann man am Ende des Versuches die Geschwindigkeit darstellen, mit der der Stickstoff aus 1 Liter Lungenvolumen eliminiert wird. (Abb. 4.) Die

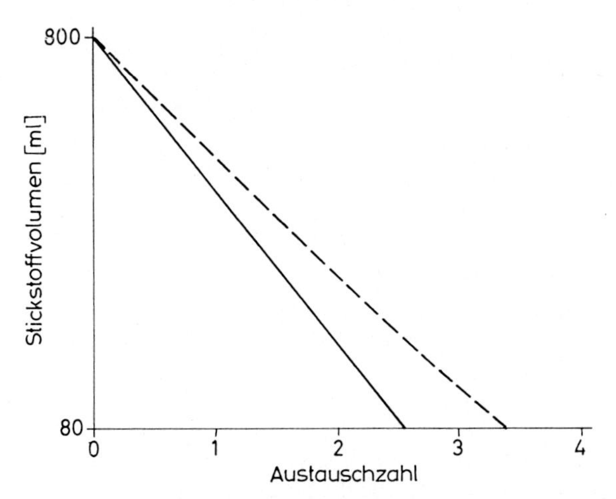

Abb. 4. Auswaschung des Stickstoffvolumens von 800 ml aus 1 l Lungenvolumen bei einem ventilatorischen Wirkungsgrad von 100% (durchgezogene Kurve) und bei einem geringeren ventilatorischen Wirkungsgrad (gestrichelte Kurve).

Ordinate gibt das in der Lunge verbleibende Stickstoffvolumen wieder, die Abszisse die Austauschrate als dimensionslose Zahl. Die Austauschrate ist das addierte Volumen inspirierter Luft, das bei jedem Atemzug bestimmt wird, dividiert durch das Lungenvolumen.

Bei dieser Darstellung kann zum Vergleich mit der experimentell ermittelten Kurve diejenige eingetragen werden, die sich bei gleichmäßiger Verteilung und vollständiger Mischung ergäbe.

Bei jedem gegebenen Stickstoffvolumen kann man nun in jedem Teil der Wash-out-Kurve den Wirkungsgrad berechnen, indem man die tatsächliche Austauschrate durch die theoretische Austauschrate dividiert.

Es ist interessant, wie dieser Wirkungsgrad in einer Wash-out-Kurve variiert. Abb. 5 zeigt auf der Ordinate den Wirkungsgrad und auf der Abszisse die Zahl der Atemzüge. Während der ersten 20–30 Atemzüge fällt der Wirkungsgrad schnell ab und bleibt dann im weiteren Verlauf konstant. Der ventilatorische Totraum V_D kann anhand dessen sofort berechnet werden und ist bei jeder Kurve angegeben.

Ich möchte nun den ventilatorischen Totraum, der aus jedem Atemzug der Wash-out-Kurve ersichtlich ist, mit demjenigen vergleichen, der in demselben Versuch als CO_2-Totraum bestimmt wurde. Zunächst ist der CO_2-Totraum und seine Messung zu diskutieren.

Die Entfernung des CO_2 aus der Lunge ist ein Auswaschprozeß, aber da das CO_2 kontinuierlich ersetzt wird, kann man keine Auswaschkurve aus mehreren Atemzügen gewinnen. Dagegen ist die Messung des CO_2-Volumens jeder Ex-

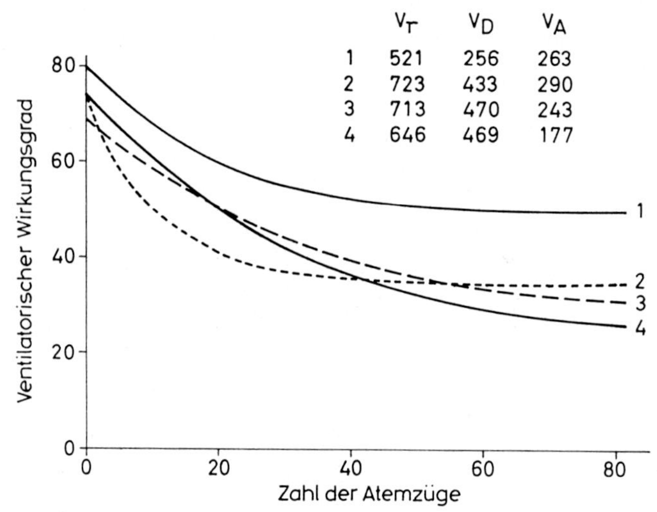

Abb. 5. Änderung des ventilatorischen Wirkungsgrades im Verlauf des N_2-Wash-out. Siehe Text.

spiration mit Hilfe eines Massenspektrometers und eines Analogrechners möglich. Wird dieses Volumen nun in einigen Atemzügen von verschiedener Größe gemessen, dann ergibt sich daraus die Möglichkeit, den CO_2-Totraum zu berechnen (Abb. 6). Das CO_2-Volumen ist auf der Ordinate eingetragen, das Atemzugvolumen auf der Abszisse. Die experimentell ermittelten Punkte liegen ungefähr auf einer Geraden, deren Schnittpunkt mit der Abszisse dem Volumen des CO_2-Totraumes entspricht.

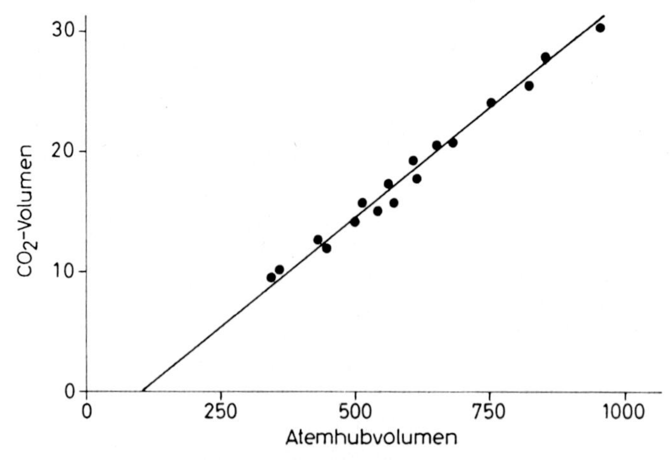

Abb. 6. Zur Berechnung des CO_2-Totraumes aus dem exspirierten CO_2-Volumen (Ordinate) und dem Atemzugvolumen (Abszisse). Siehe Text.

Wenn nun während eines Wash-out-Versuches mit mehreren Atemzügen das Atemzugvolumen variiert, so kann man nach dem geschilderten Verfahren den CO_2-Totraum berechnen und erhält hierfür *einen* Wert, während der ventilatorische Totraum immer kleiner wird und schließlich konstant bleibt.

Es ergeben sich also 2 unterschiedliche Resultate, und es erhebt sich die Frage, ob sie vereinbar sind oder nicht.

Der Sinn dieses Vortrages ist weniger, diese Schwierigkeiten zu erklären, als vielmehr, Ihre Aufmerksamkeit hierauf bei der Interpretation von Wash-out-Kurven zu richten. Offensichtlich wird der CO_2-Totraum von der Lungendurchblutung beeinflußt, der ventilatorische Totraum dagegen nicht.

So mag der Unterschied zwischen ventilatorischem Totraum, wie er aus Wash-out-Kurven bestimmt wird, und CO_2-Totraum, berechnet aus Ein-Atemzug-Analysen, durch Ungleichmäßigkeiten des Ventilations-Perfusions-Verhältnisses erklärlich sein. Da der Unterschied recht groß sein kann, wird noch erheblich mehr Mühe notwendig sein, um diese beiden Lungenfunktionstests zu interpretieren.

B. F. Visser: **Diskussionsbemerkung** zu dem Referat Cumming:

Ich möchte darauf hinweisen, daß es sich hier um ein Extrapolationsverfahren handelt und daß der auf diese Weise ermittelte Wert eine Abstraktion ist. Ein analoger Fall wurde von Briscoe u. Mitarb. (1) publiziert. Die Autoren bewiesen, daß der Totraum bei sehr kleinen Atemvolumina kleiner wird (Abb. 1).

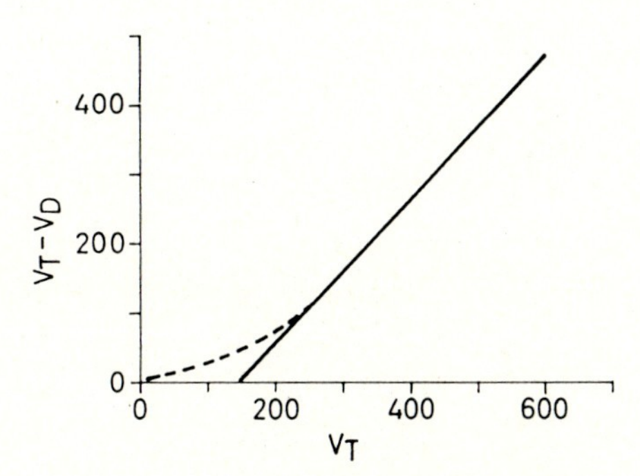

Abb. 1. Abhängigkeit des Totraumes vom Atemzugvolumen. Die punktierte Linie zeigt die bei sehr kleinen Atemvolumina berechneten Werte.

Literatur

(1) Briscoe, W. A., R. E. Forster, J. H. Comroe: Alveolar ventilation at very low tidal volumes. J. appl. Physiol. *7:* 27 (1954).

Schlußwort von G. Cumming zu der Diskussionsbemerkung von B. F. Visser:

Die Messung der alveolaren Ventilation bei kleinen Atemzugvolumina ist tatsächlich schwierig, aber wir haben nur bei Atemzugvolumina über 150 ml gemessen, so daß diese Schwierigkeit vermieden wurde. Wenn Ihre Darstellung die Situation unserer Versuche wiedergeben soll, müßte CO_2 sehr früh in der Exspirationsluft erscheinen. Die ersten 80 ml Exspirationsvolumen enthalten aber gewöhnlich kein CO_2. Ich halte es deswegen für unwahrscheinlich, daß die Verhältnisse bei extremer alveolarer Hyperventilation hier anwendbar sind.

Aus dem Physiologischen Institut der Johannes Gutenberg-Universität Mainz
(Direktor: Prof. Dr. Dr. G. Thews)

Ein neues Auswertungsverfahren für die Messung von Verteilungsungleichmäßigkeiten von $\dot{V}_A/\dot{Q}$ und $D_L/\dot{Q}$

W. Schmidt, K. H. Schnabel und G. Thews

Die arteriellen O_2- und CO_2-Drucke werden nicht nur durch das Ventilations-Perfusions-Verhältnis $\dot{V}_A/\dot{Q}$ und das Diffusionskapazitäts-Perfusions-Verhältnis $D_L/\dot{Q}$, sondern auch durch die Verteilungsungleichmäßigkeiten dieser beiden Größen bestimmt.

Von Thews und Vogel (1) wurde nun 1968 ein Verfahren angegeben, das die Erfassung dieser Verteilungsungleichmäßigkeiten ermöglicht. Nach dem plötzlichen inspiratorischen Konzentrationswechsel dreier Gase werden die alveolären Partialdrucke verfolgt und $\dot{V}_A/\dot{Q}$ sowie $D_L/\dot{Q}$ aus den Zeitkonstanten der Einmischvorgänge ermittelt. Bei der Auswertung wurden 4 funktionelle Lungenkompartimente vorgegeben und für diese jeweils $\dot{V}_A/\dot{Q}$ und $D_L/\dot{Q}$ berechnet. Bei dieser Art der Auswertung ergaben sich jedoch Schwierigkeiten in der Zuordnung der Zeitkonstanten für die 3 Gase. Wir haben nun das Auswerteverfahren so modifiziert, daß der tatsächliche Verlauf der Einmischkurven zur Grundlage der Kompartimenteinteilung gemacht wird, so daß die Willkür der Zuordnung entfällt.

Die Methodik und der Untersuchungsgang sollen nur kurz erläutert werden (Abb. 1).

Der Konzentrationswechsel wird für die Gase Ar, O_2 und CO_2 durchgeführt. Die Messungen erfolgen im offenen spirometrischen System. Zur Registrierung der Atemgaspartialdrucke werden das Respirations-Massenspektrometer, zur Messung des Atemvolumens ein Pneumotachograph und zur Aufzeichnung der Meßgrößen Kompensationslinienschreiber benutzt.

Die Versuchsperson atmet zunächst Zimmerluft, anschließend 2 Hypoxiegemische (11,5% O_2, 10% Ar, Rest N_2 und 16,5% O_2,5% CO_2, Rest N_2). Zur Auswertung werden die endexspiratorischen Atemgaskonzentrationen nach dem plötzlichen Wechsel des Inspirationsgases in das halblogarithmische System übertragen. Der Verlauf dieser endexspiratorischen bzw. alveolären Konzentrationskurven ist nun abhängig von der Zeit der alveolären Einmischung, dem weiter perfusionsabhängigen CO_2-An- bzw. Abtransport und der noch zusätzlich diffusionsabhängigen O_2-Aufnahme aus den Alveolen. Es be-

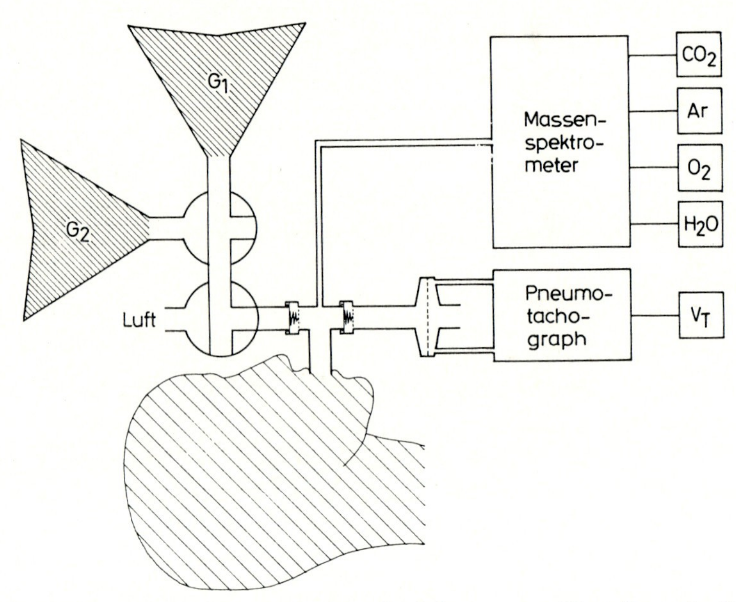

Abb. 1. Apparative Anordnung zur Analyse der inhomogenen Verteilung der Ventilation, Perfusion und Diffusion in der menschlichen Lunge. Die Versuchsperson atmet über ein ventilgesteuertes Atemmundstück ein Inspirationsgemisch aus einem der beiden Douglas-Säcke (G1 oder G2) ein. Durch Umschalten eines Doppel-Dreiwegehahnes wird die Verbindung mit dem anderen Douglas-Sack oder der Außenluft hergestellt und damit die Zusammensetzung des Inspirationsgemisches plötzlich geändert. Die darauf folgenden Änderungen der endexspiratorischen Konzentration von Ar, O_2 und CO_2 werden fortlaufend registriert.

stehen somit folgende Möglichkeiten einer Verteilungsstörung in der Lunge: (Abb. 2)

1. kann die alveoläre Ventilation ungleichmäßig sein,
2. kann innerhalb eines Lungenanteiles der gleichen Durchblutung eine unterschiedliche Ventilation zugeordnet sein,
3. kann bei etwa gleicher Ventilation die Perfusion verschieden sein,
4. können unter Berücksichtigung dieser Gegebenheiten noch die Diffusionsbedingungen in den einzelnen Lungengebieten von einander abweichen.

Das methodische Vorgehen bei der Auswertung unserer Kurven läßt sich an Beispielen erläutern.

Wir finden in der Mehrzahl der Fälle, bei 16 von 20 gesunden Versuchspersonen, in der Argonkurve eine Abknickung, so daß ein biexponentieller Kurvenverlauf vorliegt. Dies entspricht aber, im Hinblick auf die alveoläre Ventilation zumindest 2 funktionell unterschiedlichen Lungenkompartimenten. Von diesen ist bei der folgenden Auswertung auszugehen. Da aber beide Komparti-

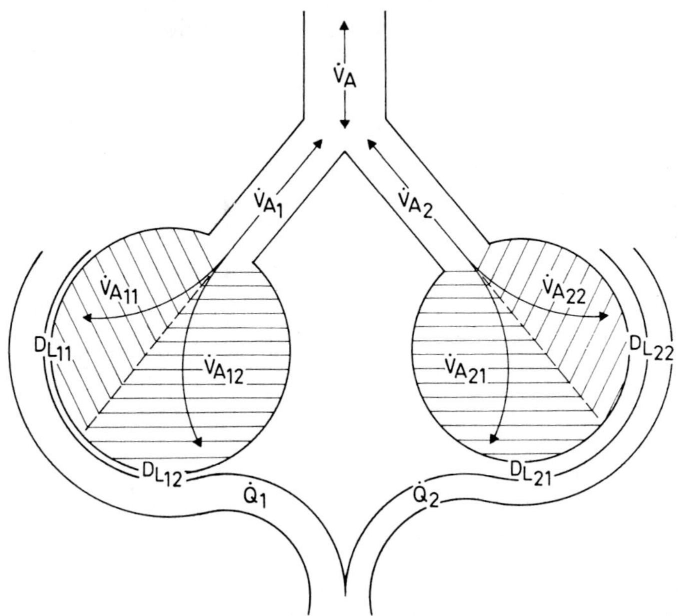

Abb. 2. Schematische Darstellung der Ursachen einer Verteilungsstörung in der Lunge durch ungleichmäßige Ventilation, Perfusion und Diffusion. $\dot{V}_{A11}$ bis $\dot{V}_{A22}$ stellen unterschiedlich ventilierte Alveolarbezirke dar, denen unterschiedliche Diffusionsbedingungen (D_{L11} bis D_{L22}) und ungleiche Perfusionen ($\dot{Q}_1$ und $\dot{Q}_2$) zugeordnet sind.

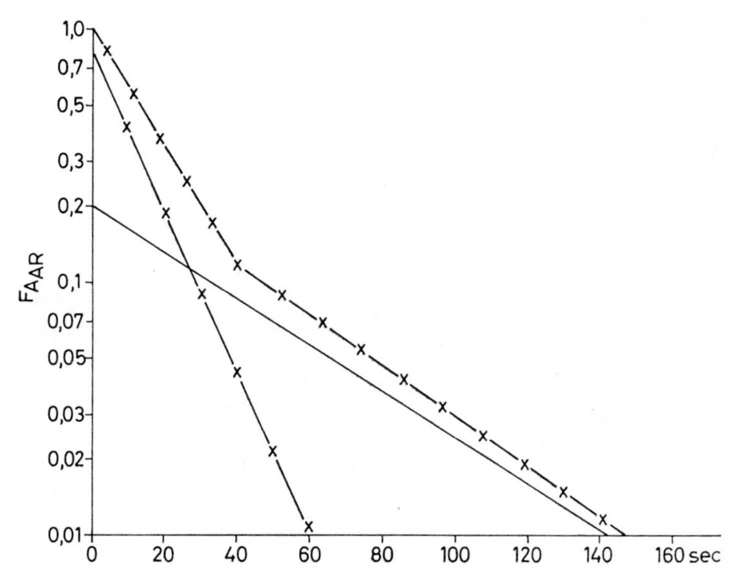

Abb. 3. Endexspiratorische Argonkonzentration, übertragen in ein Koordinatensystem mit einfach logarithmischem Maßstab (y-Achse: endexspiratorische Argonkonzentration F_{AAr}, x-Achse: t in sec). Zerlegung der Kurve, entsprechend dem Verlauf in 2 Teilgerade.

mente, wenn auch unterschiedlich stark, so doch gleichzeitig ventiliert werden, ist eine Zerlegung der Kurve in folgender Weise notwendig (Abb. 3). Es soll der Endteil der Kurve möglichst berücksichtigt werden, ohne daß aber wie bei dem herkömmlichen Peeling-Verfahren nur die Zeitkonstante des ursprünglichen Kurvenendteiles bestimmt wird. Es muß also eine etwas tiefer liegende Ersatzgerade gelegt werden, die etwa der Zeitkonstanten des schlechter ventilierten Kompartiments entspricht. Der Schnittpunkt dieser Zeitkonstanten mit der y-Achse legt gleichzeitig die relative Größe der Teilventilation zur Gesamtventilation fest. Bei den untersuchten Jugendlichen findet man somit meist ein großes Kompartiment mit kleiner Zeitkonstante, also gesteigerter Ventilation, bezogen auf den Alveolarraum und ein kleineres mit relativ herabgesetzter Ventilation.

Der Verlauf der endexspiratorischen CO_2-Ein- bzw. Auswaschkurve ist von der Ventilation und von den Blutgaspartialdrucken, also auch der Perfusion abhängig. Eine Diffusionsbeschränkung für CO_2 kann, auch nach unseren Messungen, nicht angenommen werden.

Bei der Übertragung der endexspiratorischen CO_2-Kurve ist noch zu berücksichtigen, was auch für die O_2-Kurve gilt (Abb. 4). Die maximale endexspiratorische Atemgaskonzentration, ersichtlich an einem Plateau der Kurve, wird oft erst nach 2 oder mehr Minuten erreicht. Diese lange Zeit kommt aber dadurch zustande, daß nach erfolgter Rezirkulation unter den neuen Bedingungen nach

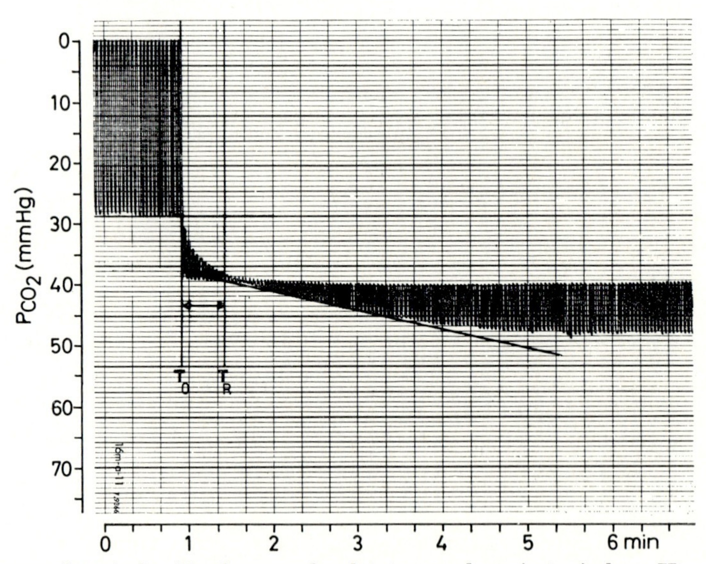

Abb. 4. Extrapolatorische Festlegung des letzten endexspiratorischen Kurvenpunktes innerhalb der Rezirkulationszeit (t_0 bis t_R) nach plötzlichem Konzentrationswechsel des Inspirationsgases.

dem plötzlichen »Inspirationsgassprung«, die avD und damit der endexspiratorische Wert auf einen neuen Wert einreguliert werden. Wir wollen aber mit unserer Methode lediglich die Abhängigkeit von den den Gasaustausch bestimmenden Größen, also von $\dot{V}_A$, $\dot{Q}$ und D_L unter Normoxiebedingungen feststellen. Es muß deshalb der exponentielle Kurvenverlauf noch etwa innerhalb der extrapolatorisch ermittelten Rezirkulationszeit bestimmt werden.

Bei diesem Vorgehen erhielten wir stets monoexponentielle Kurvenverläufe der endexspiratorischen CO_2- und O_2-Konzentration.

Zeigt aber, was wir ebenfalls beobachteten, auch die exspiratorische Argonkonzentration einen monoexponentiellen Verlauf, so lassen sich lediglich $\dot{V}_A/\dot{Q}$ und $D_L/\dot{Q}$ für die gesamte Lunge errechnen. Ihre jeweilige Größe ist dann bestimmend für den Arterialisierungseffekt, während Inhomogenitäten innerhalb der Lunge nicht erfaßbar sind. Dies heißt, daß in diesen Lungen eine Gleichverteilung von Ventilation, Perfusion und Diffusionskapazität besteht.

Bei Auftreten multiexponentieller Kurven aller Inspirationsgase ist eine Kompartimentierung der Lunge entsprechend der Argonkurve und eine Zuordnung der entsprechenden Zeitkonstanten aus den ebenso zerlegbaren CO_2- bzw. O_2-Kurven möglich. Das Verfahren läßt sich also entsprechend der vorgegebenen Lungenkompartimente beliebig erweitern. Die richtige Zuordnung der Zeitkonstanten ergibt sich aus dem Rechengang, den ein Computerprogramm, das wir in Fortran programmiert haben, erheblich verkürzt.

Bei der Untersuchung von 20 Jugendlichen nach diesem Verfahren erzielten wir folgende Ergebnisse: Das Ventilations-Perfusions-Verhältnis der gesamten Lunge betrug durchschnittlich 1,07. Dabei zeigte sich die Inhomogenität in einem Ventilations-Perfusions-Verhältnis der einzelnen Kompartimente von 0,27 bis 1,75. Eine ähnliche Inhomogenität fanden wir für $D_L/\dot{Q}$, die von $5{,}07 \times 10^{-3}$ bis $2{,}08 \times 10^{-3}$ [1/mm Hg] in dem einzelnen Kompartiment reichte. Das durchschnittliche Diffusionskapazitäts-Perfusions-Verhältnis betrug $4{,}4 \times 10^{-3}$ [1/mm Hg].

Als Beispiel seien 2 charakteristische Fälle dargestellt (Abb. 5), die die Verteilung der relativen, auf die Größe des Alveolarraumes bezogenen Ventilation $\dot{V}A_i/\dot{V}'A_i$, der relativen Perfusion $\dot{Q}_i/\dot{Q}'_i$ und der relativen O_2-Diffusionskapazität DL_i/DL'_i zeigen. Wir finden dabei sowohl Unterschiede in der relativen Größe der Lungenkompartimente als auch in der Abweichung vom jeweiligen Idealverhältnis von 1.0. Abschließend kann gesagt werden, daß nach diesem Verfahren eine Beurteilung von Verteilungsstörungen der Lunge ohne größere Belastung des Probanden oder Patienten möglich ist. Durch das neue Auswerteverfahren ist eine willkürliche Interpretation der Kurven weitgehend ausgeschlossen, während der Rechengang durch den Einsatz eines Computers jetzt einfach und rasch durchführbar ist.

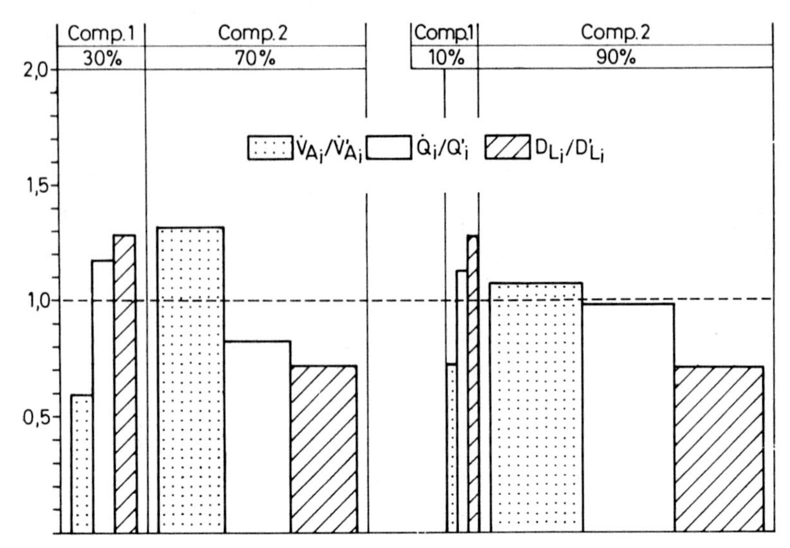

Abb. 5. Darstellung der Ergebnisse von Verteilungsanalysen bei 2 gesunden Jugendlichen. Die Inhomogenität wird am Verhältnis der gemessenen Ventilation zur idealen Ventilation (V_{A_i}/V'_{A_i}), der gemessenen Perfusion zur idealen Perfusion ($\dot{Q}_i/\dot{Q}'_i$) und der gemessenen Diffusionskapazität zur idealen Diffusionskapazität ($D_{L_i}/D_{L'_i}$) dargestellt.

U. SMIDT: **Diskussionsbemerkung** zu dem Referat SCHMIDT, SCHNABEL, THEWS:

Wenn Sie bisher für CO_2- und O_2-Kurven nur monoexponentielle Verläufe beobachtet haben, so bedeutet dies für CO_2 – nach der Definition der Zeitkonstanten –, daß in allen Kompartimenten der Quotient aus Volumen und *Summe* von Ventilation plus Perfusion (mal Löslichkeitskoeffizient) gleich groß ist. Wenn Sie gleichzeitig eine multiexponentielle Argonkurve finden und somit verschieden belüftete Kompartimente haben, so wäre also die Durchblutung um so kleiner, je größer die Belüftung ist. Ihr Schluß, daß bei monoexponentiellen Kurvenverläufen von CO_2 die alveolären CO_2-Drucke in allen Kompartimenten einheitlich seien, kann meiner Meinung nach deshalb nur zutreffen, wenn auch die Argonkurve monoexponentiell ist.

Die Gefahr, eine monoexponentielle CO_2-Kurve zu erhalten, ist natürlich groß, wenn Sie aus dem recht kurzen Kurvenstück bis zum Beginn der Rezirkulation extrapolieren.

Wenn wirklich in allen Kompartimenten die alveolären CO_2- und O_2-Druckverläufe einheitlich wären, so könnte ich nicht verstehen, warum wir bei der überwiegenden Mehrzahl unserer Patienten mit obstruktivem Emphysem bogenförmige exspiratorische O_2- und CO_2-Kurven ohne Alveolarplateau finden. Nur etwa 10% der Patienten mit deformierten Argonkurven zeigen gleichzeitig normale CO_2- und O_2-Kurven, was wir als Anpassung der Perfusion an die gestörte Ventilation deuten. Auch diese Patienten würden bei Ihrem Verfahren aber keine monoexponentielle CO_2-Kurve zeigen, es sei denn, daß die Summe von Ventilation und Perfusion in gleichem Maße abnimmt wie das Volumen des Kompartimentes, so daß der Quotient gleichbleibt.

Schlußwort von W. Schmidt zu der Diskussionsbemerkung von U. Smidt:

Zur Frage der vorgegebenen Kompartimentierung teilen wir Ihre Bedenken über die mögliche Vieldeutigkeit. Gerade aber wegen der willkürlichen Festlegung der Kompartimente haben wir mit unserer jetzigen Arbeit einen Auswertungsmodus gefunden, der sich an eine aus dem Kurvenverlauf vorgegebene Kompartimentierung hält.

Zu dem CO_2-Kurvenverlauf und O_2-Kurvenverlauf bei unseren 25 restriktiven und obstruktiven Lungenkranken ist zu sagen, daß wir wohl monoexponentielle CO_2-Kurven, in einzelnen Fällen aber auch innerhalb der Rezirkulationszeit biexponentielle O_2-Kurven gefunden haben. Auf die Schwierigkeiten der Kurvenauswertung innerhalb der Rezirkulationszeit haben Sie ja selbst schon hingewiesen. Sie ist uns leider völlig klar.

Literatur

(1) Thews, G., H. R. Vogel: Die Verteilungsanalyse von Ventilation, Perfusion und O_2-Diffusionskapazität in der Lunge durch Konzentrationswechsel dreier Inspirationsgase. I. Theorie. Pflügers Arch. ges. Physiol. *303:* 195–205 (1968).

Aus der Inneren Abteilung des Krankenhauses Bethanien, Moers
(Chefarzt: Prof. Dr. G. Worth)

Zur Frage der Bestimmbarkeit von $\dot{V}_A/\dot{Q}$ in verschiedenen Kompartimenten

U. Smidt

Die Auswasch- oder Einwaschkurve eines nicht blutlöslichen Gases wie Helium wird allein durch die Ventilation der Lunge bestimmt. Haben verschiedene Lungenabschnitte unterschiedliche Quotienten Volumen/Belüftung $V_A/\dot{V}_A$, so ist die gemeinsame Auswaschkurve auch bei semilogarithmischer Darstellung keine Gerade, sondern eine Kurve, die sich aus mehreren Teilgeraden zusammensetzt.

Es gibt verschiedene Näherungsverfahren, um die Originalkurve in eine größere oder kleinere Zahl von Teilgeraden zu zerlegen. Die Neigung jeder Teilgeraden – von Thews als Zeitkonstante bezeichnet – entspricht dem Quotienten Volumen/Belüftung

$$t_{He} = \frac{V_A}{\dot{V}_A} \tag{1}$$

dieses Kompartiments. Ein so definiertes Kompartiment kann durchaus räumlich voneinander entfernte Lungenbezirke umfassen, jedoch haben alle das gleiche Volumen-Belüftungs-Verhältnis.

Die Teilgeraden werden unter der Originalkurve so plaziert, daß die Summe ihrer y-Amplituden zu jedem Zeitpunkt der Originalkurve möglichst genau entspricht. Im Zeitpunkt Null ist die Einzelamplitude dann gleich dem prozentualen Volumenanteil dieses Kompartiments am gesamten Alveolarvolumen. Somit sind das Volumen und die Belüftung der verschiedenen Kompartimente bestimmt.

Läßt man nun außerdem ein blutlösliches Gas wie N_2O aus-(oder ein-)mischen, so ändert sich dessen alveolare (und exspiratorische) Konzentration nicht nur durch die Ventilation, sondern außerdem durch die Perfusion, da N_2O auch auf dem Blutwege abtransportiert wird.

Die Neigung einer N_2O-Auswaschkurve entspricht dem Quotienten Volumen/(Belüftung + Durchblutung), wobei die Durchblutungsgröße mit 0,466, dem Löslichkeitskoeffizienten von N_2O in Blut, zu multiplizieren ist.

$$t_{N_2O} = \frac{V_A}{\dot{V}_A + \dot{Q} \cdot 0{,}466} \qquad (2)$$

Besteht nun die ganze Lunge nur aus einem Kompartiment mit einheitlicher Belüftung und Durchblutung, so daß die Auswaschkurven von Helium und N_2O Geraden sind, so entspricht die Differenz der reziproken Zeitkonstanten t_{He} und t_{N_2O} dem Quotienten aus Perfusion (mal 0,466) und Alveolarvolumen

$$\frac{\dot{V}_A + 0{,}466 \cdot \dot{Q}}{V_A} - \frac{\dot{V}_A}{V_A} = \frac{\dot{Q} \cdot 0{,}466}{V_A} \qquad (3)$$

Dies dividiert durch $1/t_{He}$ ergibt $0{,}466 \cdot \dot{Q}/\dot{V}_A$, also das gesuchte Durchblutungs-Belüftungs-Verhältnis.

Die entscheidende Frage ist, ob dieses Verfahren auch auf einzelne Kompartimente angewandt werden kann, um so die Verteilung des Belüftungs-Durchblutungs-Verhältnisses zu bestimmen. Dazu muß man sich noch einmal vergegenwärtigen, welche Aussage die Zeitkonstanten für Helium und N_2O erlauben (s. Gleichung 1 und 2). Im Nenner des Ausdrucks für t_{N_2O} steht die *Summe* von Belüftung und Durchblutung, denn beides bewirkt eine Elimination des N_2O. Ist z. B. $t_{N_2O} = 5$, so kann dies bedeuten

$\frac{10}{1 + 0{,}466 \cdot 2{,}12}$ oder $\frac{10}{1{,}53 + 0{,}466 \cdot 1}$ oder $\frac{10}{2 + 0{,}466 \cdot 0}$ usw. Das Ventilations-Perfusions-Verhältnis betrüge in diesen 3 Fällen 0,466 bzw. 1,53 bzw. unendlich, obwohl t_{N_2O} identisch ist! Nehmen wir an, aus der Helium-Kurve hätten sich die Zeitkonstanten $\frac{10}{1}$ und $\frac{10}{1{,}53}$ und $\frac{10}{2}$ ergeben, so hätten alle diese verschieden belüfteten Kompartimente den gleichen Wert für t_{N_2O}. Sie bilden deshalb *eine* gemeinsame Teilgerade der N_2O-Kurve.

Gäbe es außerdem ein Kompartiment, das zwar ebenfalls das Belüftungsverhältnis $\frac{10}{2}$, aber nicht die Durchblutung Null, sondern 2,12 hat, so wäre sein Wert für $t_{N_2O} = \frac{10}{2 + 0{,}466 \cdot 2{,}12} = 3{,}33$. Wir erhalten also verschiedene Werte für t_{N_2O} für das gleiche Helium-Kompartiment.

Man kann der N_2O-Teilgeraden nicht ansehen, wieviel Belüftungs- und wieviel Durchblutungsanteil darinsteckt, zumal diese Anteile wechseln können. Es ist deshalb nicht möglich, eine N_2O-Zeitkonstante einer bestimmten Belüftung zuzuordnen. Wenn man bei der Kompartimentanalyse voraussetzt, daß das bestbelüftete Kompartiment auch das bestdurchblutete ist und nach dieser Präjudizierung Belüftungs-Durchblutungs-Verhältnisse berechnet, so produziert man lediglich künstlich ein Minimum an Verteilungsstörungen. Der Fehler wird sofort offensichtlich, wenn man eine daraus berechnete $AaDO_2$ mit dem tatsächlich gemessenen Wert vergleicht, der meist viel größer ist.

Tab. 1. Alveolarvolumina, Belüftung, Durchblutung und daraus berechnete Zeitkonstanten für 4 angenommene Kompartimente. Siehe Text.

Kompartiment		I.	II.	III.	IV.
1	V_A	1000	1000	1000	1000
2	$\dot{V}_A$	2500	2000	500	250
3	t_{He}	0,4	0,5	2,0	4,0
4	$\dot{Q}$	500	2000	200	1000
5	t_{N_2O}	0,36	0,33	1,66	1,33
6	$\dot{V}_A/\dot{Q}$	5,0	1,0	2,5	0,25
7	»t_{N_2O}«	0,33	0,36	1,33	1,66
8	»$\dot{V}_A/\dot{Q}$«	2,5	1,3	1,0	0,35

Stellt man sich 4 Kompartimente I, II, III und IV vor, die der Einfachheit halber alle gleiche Alveolarvolumina V_A (Tab. 1), aber eine verschiedene Belüftung $\dot{V}_A$ haben sollen, so ergeben sich die in der 3. Zeile der Tab. 1 aufgeführten Helium-Zeitkonstanten t_{He} gemäß Gleichung (1). Werden die Durchblutungswerte $\dot{Q}$ entsprechend der 4. Zeile der Tab. 1 angenommen, so errechnen sich die N_2O-Zeitkonstanten der 5. Zeile gemäß Gleichung (2) und die Ventilations-Perfusions-Verhältnisse der 6. Zeile gemäß Gleichung (3). Hätte man aber die t_{N_2O}-Werte in der Reihenfolge ihrer Größe, wie sie in Zeile 7 angeordnet sind, den t_{He}-Werten zugeordnet – eben in der Annahme, daß das bestbelüftete Kompartiment auch das bestdurchblutete ist und das zweitbestbelüftete das zweitbestdurchblutete usw. – so ergäben sich, wie in Zeile 8 angeführt, gemäß

$$\frac{\dot{V}_A}{\dot{Q}} = \frac{0{,}466 \cdot \frac{1}{t_{He}}}{\frac{1}{t_{N_2O}} - \frac{1}{t_{He}}} \tag{4}$$

als Belüftungs-Durchblutungs-Verhältnisse die Werte 2,5; 1,3; 1,0 und 0,35, die offensichtlich den angenommenen Werten von $\dot{V}_A$ und $\dot{Q}$ nicht entsprechen, sondern einen wesentlich geringeren Grad von Ungleichmäßigkeit vortäuschen.

Die Bestimmung von $\dot{V}_A/\dot{Q}$ für einzelne Kompartimente wäre nur möglich, wenn die Voraussetzung, das bestbelüftete sei auch das bestdurchblutete Kompartiment usw., richtig wäre. Setzt man dies aber sowieso voraus, dann erübrigt sich die ganze Analyse. Die Unrichtigkeit der Voraussetzung läßt sich auch beweisen, wenn man Perfusions- und Ventilations-Szintigramme eines Patienten vergleicht. Es gibt durchaus Fälle mit einseitig stark verminderter Perfusion und kontralateraler Ventilationsstörung [Dore u. Mitarb. (1)].

Literatur

(1) Dore, E. K., Norman, D. Poe, Myrvin, H. Ellestad, V. George: Taplin: Lung perfusion and inhalation scanning in pulmonary emphysema. Amer. J. Roentgenol. Rad. Ther. and Nucl. Med. *104:* 770 (1968).

Aus dem Physiologischen Institut der Universität Mailand
(Direktor: Prof. Dr. R. Margaria)

Die Bestimmung des Gasgehaltes des gemischt-venösen Blutes mittels schneller Gasanalyse während Rückatmung

P. Cerretelli

Durch Rückatmung eines geeigneten Volumens einer CO_2–N_2 Mischung (8–9% CO_2 in N_2) kann man sowohl für P_{O_2} wie für P_{CO_2} ein Plateau erhalten. Das Plateau zeigt an, daß ein Gleichgewicht zwischen Alveolargas und Lungenkapillarblut erreicht worden ist (2, 3). Trotz dieser Gleichgewichtsbedingungen kann für P_{CO_2} noch eine geringe Differenz zwischen Alveolargas und gemischt-venösem Blut gefunden werden (7), während für P_{O_2} der Angleich zwischen Alveolen und Blut vollständig zu sein scheint (4, 5, 6).

Um ein »wahres« Rückatmungs-Plateau für O_2 zu erhalten, das tatsächlich den gemischt-venösen O_2-Druck widerspiegelt, muß der alveolare O_2-Druck des Probanden schnell auf den gemischt-venösen gesenkt werden, indem der Rückatmungsbeutel mit einer Menge eines N_2-CO_2-Gemisches gefüllt wird, die von dem Lungenvolumen und der Zusammensetzung der Alveolarluft abhängt. Sowohl das Volumen wie auch die Zusammensetzung der Alveolarluft können aber auch bei verschiedenen physiologischen Bedingungen plötzliche Änderungen erfahren (Körperbelastung, Lagewechsel, Hypoxie, Atmung mit positivem oder negativem Druck, Tauchen usw.), so daß die Gewinnung eines »wahren« Plateaus schwierig sein kann.

Abb. 1 und Abb. 2 erläutern diese Situation: Wenn der P_{O_2} in der Gasphase (Lunge + Beutel) niedriger ist als der $P_{\bar{v}O_2}$ infolge eines zu großen Rückatmungsvolumens von N_2, so reicht der innerhalb der Rezirkulationszeit vom Blut abgegebene Sauerstoff nicht aus, um den P_{O_2} der Gasphase auf den $P_{\bar{v}O_2}$ anzuheben. Ein Plateau wird dann vor Beginn der Rezirkulation nicht erreicht (Abb. 1 oben). Der mittlere gemessene P_{O_2} liegt nahe bei dem des arteriellen Blutes, das die Lunge verläßt, aber niedriger als der des gemischt-venösen Blutes, wenn es die Lungenkapillaren erreicht (Abb. 2, I).

Die umgekehrte Situation (Abb. 1 unten und Abb. 2, III), bei der ebenfalls kein Äquilibrium zwischen Blut und Gas erreicht wird, ist die Folge eines zu hohen alveolaren P_{O_2} bei zu kleinem Rückatmungsvolumen von N_2. Während der Rückatmung wird innerhalb der Rezirkulationszeit kein Plateau erreicht.

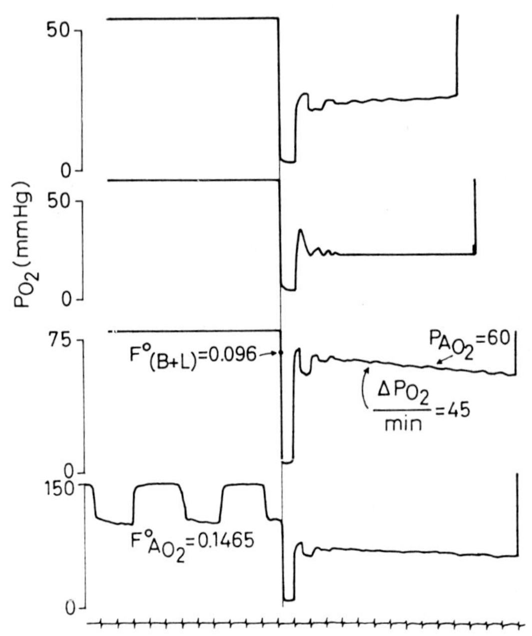

Abb. 1. P_{O_2} am Mund während Rückatmung. Der Beginn ist durch eine dünne senkrechte Linie markiert. Oben: ansteigendes Plateau. II. Kurve: wahres Plateau. III. und IV. Kurve: absteigendes Plateau (nach 5).

Wiederum liegt der mittlere alveolare P_{O_2} nahe dem des arteriellen Blutes, aber in diesem Falle höher als $P\bar{v}_{O_2}$.

Um diese praktischen Schwierigkeiten der Gewinnung eines wahren Plateaus zu überwinden, kann man den alveolaren P_{O_2}, bei dem kein O_2-Transport

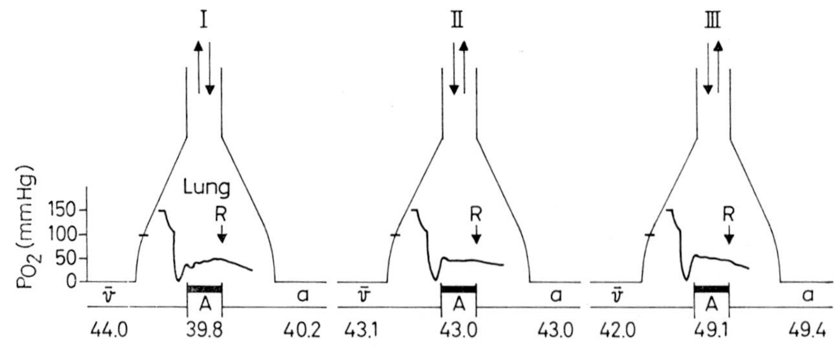

Abb. 2. P_{O_2}-Werte beim Hund während Rückatmung eines N_2-CO_2-Gemisches. In Kurve II wird ein »wahres Plateau« erreicht, und alveolarer und gemischt-venöser P_{O_2} stimmen überein. Bei I und III wurde kein Plateau erreicht. Die dicken horizontalen Linien kennzeichnen die Zeit der Probenentnahme. Unten sind die venösen ($\bar{v}$), alveolaren (A) und arteriellen (a) P_{O_2}-Werte angegeben (nach 4).

zwischen Blut und Alveolarraum stattfindet, durch Extra- oder Interpolation bestimmen:

derjenige P_{AO_2}, bei dem der O_2-Transport ($\dot{T}_{O_2}$) Null ist, wird als repräsentativ für $P_{\bar{v}O_2}$ angesehen.
$\dot{T}_{O_2}$ wird berechnet gemäß

$$\dot{T}_{O_2} = (V°_L + V_B) \cdot \frac{d\,F_{O_2}}{dt} \qquad (1)$$

$V°_L$ = Lungenvolumen vor Beginn der Rückatmung
V_B = Volumen des Rückatmungs-Gemisches

$\frac{d\,F_{O_2}}{dt}$ = O_2-Transport durch die Alveolokapillarmembran pro Zeiteinheit

$V°_L$ wird berechnet gemäß

$$V°_L = \frac{V_B \cdot F°\,(B + L)\,O_2}{F°_{AO_2} - F°\,(B + L)\,O_2} \qquad (2)$$

Abb. 1 illustriert das Vorgehen.

$F°_A$ wird unmittelbar vor der Rückatmung gemessen. In diesem Falle beträgt es 0,1465 (erste Kurve von unten). V_B ist bekannt, z.B. 1,5 l BTPD. $F°\,(B + L)$, d.h. die mittlere O_2-Konzentration in dem System Beutel plus Lunge zu Beginn der Rückatmung, wird durch Extrapolation der gemessenen O_2-Werte auf den Beginn der Rückatmung bestimmt; in diesem Falle ist sie 0,096. $\frac{d\,F_{O_2}}{dt}$ wird aus der Neigung der O_2-Kurve während der Rückatmung berechnet:

$$\frac{d\,F_{O_2}}{dt} = \frac{d\,P_{O_2}}{dt} \cdot \frac{1}{P_B - 47}$$

Dieser Quotient beträgt im Beispiel der Abb. 1 0,064. In Ruhe wird die Neigung in der 10. sec, bei Körperbelastung in der 6. sec bestimmt.
Aus (2) berechnet sich

$$V°_L = \frac{1{,}5 \cdot 0{,}096}{0{,}1465 - 0{,}096} = 2{,}85\ \text{l BTPD}$$

und aus (1)
$\dot{T}_{O_2} = (2{,}85 + 1{,}5) \cdot 0{,}064 = 278$ ml/min BTPD oder 233 ml/min STPD.

Aus 2 oder mehreren solchen simultanen Wertepaaren von T_{O_2} und P_{AO_2} bei $\dot{T}_{O_2}$-Werten, die nicht sehr weit von Null entfernt sind, erhält man die Bezie-

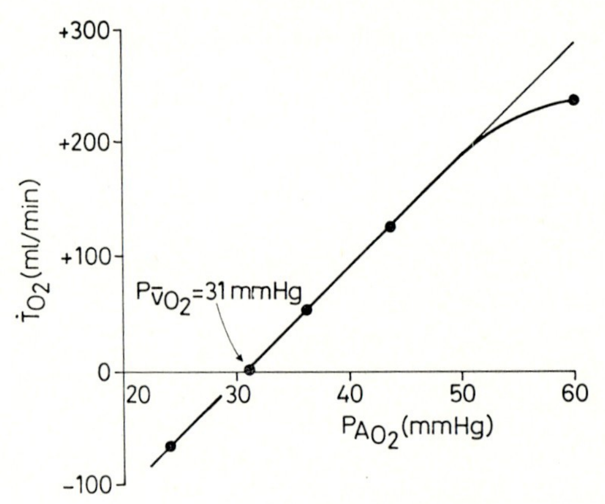

Abb. 3. Beziehung zwischen O_2-Transport durch die alveolokapilläre Membran (T_{O_2}) und alveolarem P_{O_2} (nach 5).

hung zwischen T_{O_2} und P_{AO_2} (Abb. 3). Sie kann in dem begrenzten hier betrachteten Bereich als linear angesehen werden. Der Schnittpunkt der Geraden mit der P_{AO_2}-Achse gibt als gemischt-venösen P_{O_2}-Wert in diesem Fall 31 mm Hg.

Messungen am Hund

In Tab. 1 sind direkt gemessene $P_{\bar{v}O_2}$-Werte den aus Rückatmungskurven berechneten Werten bei Erreichen eines Plateaus und auch bei Extrapolation bei fehlendem Plateau gegenübergestellt. Die Unterschiede sind nicht signifikant.

Tab. 1. Gemischt-venöser O_2-Druck ($P_{\bar{v}O_2}$) beim Hund direkt gemessen und indirekt berechnet aus Rückatmungsplateaus bzw. durch Inter- oder Extrapolation.

Hund	$P_{\bar{v}O_2}$ (mm Hg) Gasphase	$P_{\bar{v}O_2}$ (mm Hg) im Blut gemessen	(Blut-Gas) in mm Hg
berechnet aus dem Plateau	44,3	44,6	− 0,3
	44,5	44,7	− 0,2
	40,1	39,8	+ 0,3
	40,9	41,9	− 1,0
	46,4	46,2	+ 0,2
	45,9	45,7	+ 0,2
	50,0	52,3	− 2,3
berechnet durch Inter- oder Extrapolation	44,7	44,3	+ 0,4
	44,2	43,9	+ 0,3
	42,3	42,6	− 0,3
	42,3	42,0	+ 0,3
	42,4	42,3	+ 0,1
	39,6	39,7	− 0,1

Messungen am Menschen

Die beschriebene Modifikation der Rückatmungs-Technik wurde bei einer Gruppe von vier trainierten Probanden unter verschiedenen experimentellen Bedingungen, in Ruhe und bei Körperbelastung geprüft. Abb. 3 zeigt die durchschnittliche Beziehung zwischen $\dot{T}_{O_2}$ und P_{AO_2} von 4 Probanden nach Raumluftatmung im Stehen (oben links), im Liegen (oben rechts), bis zum Hals im Wasser stehend (unten links) und beim Stufentest (30 cm Höhe 15 × pro min) (unten rechts), der eine O_2-Aufnahme von 17,8 ml/kg · min erfordert (8). Die mittleren gemischt-venösen P_{O_2}-Werte für alle Bedingungen (5) sind in Tab. 2 zusammen mit der O_2-Aufnahme, dem Herzminutenvolumen ($\dot{Q}$) und der Diffusionskapazität (D_{LO_2}) angegeben. Sowohl der gemischt-venöse P_{O_2} wie auch $\dot{Q}$ stimmen gut mit Werten überein, die unter ähnlichen experimentellen Bedingungen gewonnen wurden (1, 9).

Die Bedeutung der Beziehung zwischen $\dot{T}_{O_2}$ *und* P_{AO_2}.

Die Beziehung zwischen T_{O_2} und P_{AO_2} erscheint in dem begrenzten Bereich von P_{O_2}-Werten (Abb. 3), der dem steilen Teil der O_2-Dissoziationskurve entspricht, linear. Die Neigung dieser Linie $\frac{d\,\dot{T}_{O_2}}{d\,P_{O_2}}$ hat die Dimension des O_2-Trans-

Tab. 2. O_2-Aufnahme ($\dot{V}_{O_2}$), gemischt-venöser O_2-Druck ($P_{\bar{v}O_2}$), Herzminutenvolumen ($\dot{Q}$) und O_2-Transfer-Faktor (D_{LO_2}) bei 4 Probanden unter verschiedenen Bedingungen.

Untersuchungsbedingung Raumluftatmung	$\dot{V}_{O_2}$ (l/min)	$P_{\bar{v}O_2}$ (mm Hg)	$\dot{Q}$ (l/min)	D_{LO_2} (ml O_2/mm Hg min)
im Stehen	0,300	33,4 (28,0–37,4)	4,15	17,6
im Liegen	0,260	39,0 (37,2–42,5)	4,75	17,2
bis zum Hals im Wasser	0,290	33,6 (31,5–38,7)	4,05	18,2
während Körperbelastung	1,370	26,5 (24,5–31,5)	12,80	40,8

fer-Faktors der Lunge (D_{LO_2}) in ml O_2 pro mm Hg Druckgradient und pro min. Unter der Annahme, daß in dem betrachteten P_{O_2}-Bereich die O_2-Dissoziationskurve annähernd eine Gerade ist, d.h. $\frac{d\,C_{O_2}}{d\,P_{O_2}}$ = konstant, ist der mittlere kapilläre O_2-Druck in der Lunge ($P_{\bar{c}O_2}$) der Mittelwert aus arteriellem (oder alveolarem) und venösem P_{O_2}:

$$P\bar{c}_{O_2} = \frac{P_{AO_2} + P\bar{v}_{O_2}}{2} .$$

Dann beträgt der mittlere alveolo-kapilläre Gradient

$$P_{AO_2} - P\bar{c}_{O_2} = \frac{P_{AO_2} - P\bar{v}_{O_2}}{2} .$$

Der Diffusionsfaktor der Lunge für O_2 kann somit ausgedrückt werden durch

$$D_{LO_2} = \frac{\dot{T}_{O_2}}{\frac{(P_{AO_2} - P\bar{v}_{O_2})}{2}} = \frac{2\,\dot{T}_{O_2}}{P_{AO_2} - P\bar{v}_{O_2}} .$$

Somit ist die Neigung der Linie in Abb. 3 der halbe Wert von D_{LO_2}.

Mittelwerte der D_{LO_2} von den Probanden der Abb. 4 wurden auf diese Weise berechnet und sind in Tab. 2 wiedergegeben. Es handelt sich dabei um Minimal-

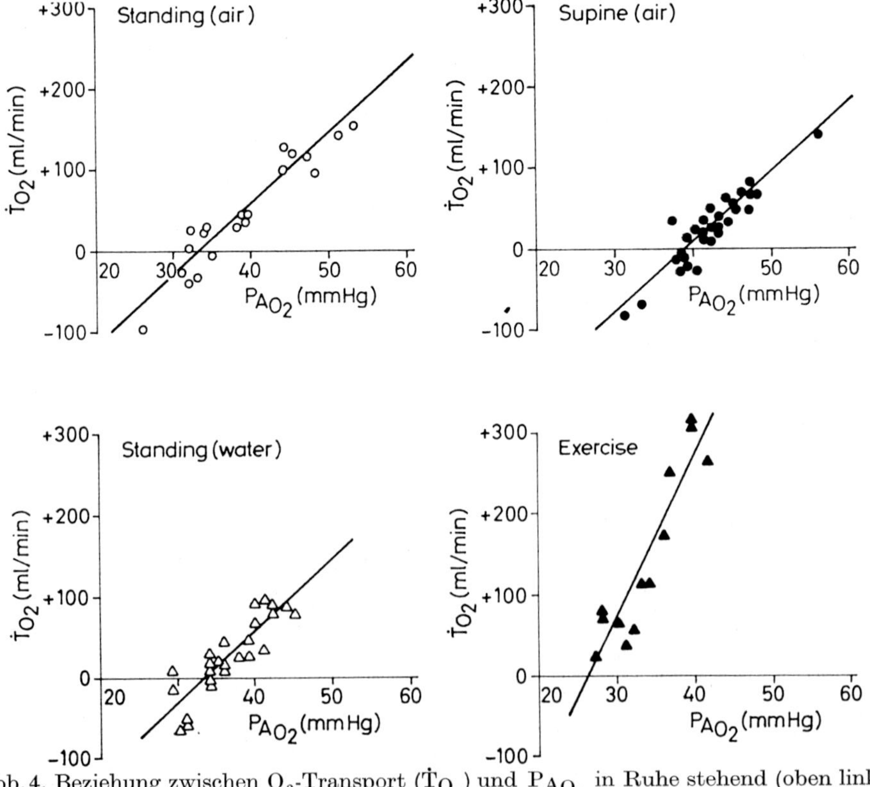

Abb. 4. Beziehung zwischen O_2-Transport ($\dot{T}_{O_2}$) und P_{AO_2} in Ruhe stehend (oben links), liegend (oben rechts), bis zum Hals im Wasser stehend (unten links) und während Körperbelastung ($\dot{V}_{O_2}$ = 17,8 ml/kg min) (unten rechts). Mittelwerte von 4 Probanden.

werte, denn für ihre Berechnung wurde angenommen, daß der alveolo-arterielle O_2-Gradient bei Rückatmung gegen Null geht. Dies hat sich an Hunden bestätigen lassen (4).

Zusammenfassung

Bei Rückatmung eines Gemisches von 8% CO_2 und 92% N_2 mit einem Volumen von der ungefähren Größe des FRV kann innerhalb der Rezirkulationszeit für O_2 und CO_2 ein Plateau erreicht werden, wie Versuche an Menschen und Hunden gezeigt haben. Dieses Plateau spiegelt die gemischt-venösen O_2- bzw. CO_2-Drucke wieder.

In der vorliegenden Arbeit wird gezeigt:

a) Wenn bei der Rückatmung kein Plateau erreicht wird, so kann $P\bar{v}_{O_2}$ durch Extrapolation der Beziehung zwischen O_2-Transport durch die alveolo-kapilläre Membran ($\dot{T}_{O_2}$) und dem P_{O_2} im Alveolarraum auf ein $\dot{T}_{O_2} = 0$ berechnet werden.

b) Wenn die Funktion $\dot{T}_{O_2} = f\ (P_{AO_2})$ bekannt ist, so kann D_{LO_2} gemäß folgender Gl. bestimmt werden:

$$D_{LO_2} = \frac{2\ T_{O_2}}{P_{AO_2} - P_{\bar{v}O_2}}$$

c) Die so berechneten Werte für $\dot{Q}$ und D_{LO_2} stimmen bei verschiedenen Versuchsbedingungen gut mit Werten überein, die mit anderen Methoden gemessen wurden.

Literatur

(1) Barger, A. C., V. Richards, J. Metcalfe, B. Günther: Cardiac output (direct Fick) and metabolic adjustments in the normal dog. Amer. J. Physiol. *184:* 613–623 (1956).

(2) Cerretelli, P., J. C. Cruz, H. Rahn: Determination of mixed venous O_2 and CO_2 tensions by a rebreathing method. Physiologist *8:* 130 (1965).

(3) Cerretelli, P., J. C. Cruz, L. E. Farhi, H. Rahn: Determination of mixed O_2 and CO_2 tensions and cardiac output by a rebreathing method. Resp. Physiol. *1:* 258–264 (1966).

(4) Cerretelli, P., P. E. di Prampero, D. W. Rennie: Misura della pressione parziale di O_2 nel sangue venoso misto. Boll. Soc. ital. Biol. sper. *44:* 528–540 (1968).

(5) Cerretelli, P., P. E. di Prampero, D. W. Rennie: Measurement of mixed venous oxygen tension by a modified rebreathing procedure (in press).

(6) Denison, D., R. H. T. Edwards, G. Jones, H. Pope: Direct and rebreathing estimates of the O_2 and CO_2 pressures in mixed venous blood. Personal comm. 1969.

(7) Jones, N. L., R. H. T. Edwards, E. J. M. Campbell: Alveolar blood P_{CO_2} difference during rebreathing in exercise. Proc. 2nd. Europ. Soc. clin. Invest. Meeting pp. 33–34, Scheveningen 1968.

(8) Margaria, R., P. Aghemo, E. Rovelli: Indirect determination of maximal O_2 consumption in man. J. appl. Physiol. *20:* 1069–1073 (1965).

(9) Rennie, D. W.: Personal communication.

Aus dem Physiologischen Institut der Universität Freiburg, Schweiz
(Direktor: Prof. Dr. P. Haab)

Auswertungsmöglichkeiten der hypoxischen Rückatmungstests*

P. Haab und J.-L. Micheli

Seit der Gasaustausch in der Lunge als passives Phänomen betrachtet wird, Krogh (13), wurden verschiedene Rückatmungsmethoden vorgeschlagen mit dem Ziel, die Partialdrucke der alveolären Gase mit denjenigen des gemischtvenösen Blutes zu äquilibrieren, um so diese letzteren unblutig bestimmen zu können. Anhand dieser Partialdrucke sollte der O_2- und/oder CO_2-Gehalt des gemischt venösen Blutes aus Blutdissoziationskurven abgelesen und in die Ficksche Gleichung für das Herzzeit-Volumen eingesetzt werden können. Schon Plesch (15) erarbeitete eine solche Rückatmungsmethode für CO_2. Später erweiterten Burwell und Robinson (2) durch Rückatmung von hypoxischen Mischungen (CO_2 und N_2) die Methode zur gleichzeitigen Bestimmung der CO_2- und O_2-Partialdrucke des gemischtvenösen Blutes ($PvCO_2$, PvO_2).

Die Verfügbarkeit von kontinuierlichen Meßgeräten zur Analyse der Atmungsgase rief in letzter Zeit erneutes Interesse an diesen Methoden hervor, da die kontinuierliche Registrierung der Atmungsgase während der Rückatmungstests es erlauben dürfte, die verschiedenen Phasen des Tests, nämlich Mischphase, Plateau und Rezirkulationsphase, zu verfolgen. So ermöglichten die Infrarot-Analysatoren wichtige Arbeiten von Campbell und Howell (3) und Jones u. Mitarb. (11). 1966 verwendeten Cerretelli u. Mitarb. mit Hilfe eines Massenspektrometers die Methode zur gleichzeitigen Bestimmung von O_2 und CO_2 (4).

Soll die Methode zur Bestimmung des Herzzeit-Volumens verwendet werden, scheint es a priori geeigneter, die Sauerstoff-Partialdrucke zu messen als diejenigen des CO_2, da die alveolo-venöse CO_2-Partialdruck-Differenz sehr klein ist, beziehungsweise im Ruhezustand nicht mehr als 5–6 mm Hg beträgt. Zudem zeigten verschiedene Autoren, Jones u. Mitarb. (11), Gurtner u. Mitarb. (9), de Burgh Daly u. Mitarb. (6), daß während der Rückatmungstests der alveoläre CO_2-Druck größer ist als der $PvCO_2$. Gurtner u. Mitarb. (10) gelang es nämlich, in Zuständen ohne Gasaustausch, Partialdruck-Differenzen

*) Diese Arbeit wurde vom schweizerischen Nationalfonds zur Förderung der wissenschaftlichen Forschung (Kredit 2718) und von der Fritz Hoffmann-La Roche-Stiftung (Kredit 107) unterstützt.

zwischen Gas und Blut von 4–7 mm Hg nachzuweisen. Um diese Differenzen zu erklären, schlugen die Autoren eine elegante Theorie vor, die auf der Existenz von Ladungen in der Alveolo-Kapillarwand fußt.

Wegen des größeren alveolo-venösen Partialdruckunterschiedes sollte die Bestimmung von $P\bar{v}O_2$ durch Rückatmungstests lohnender sein als die von $P\bar{v}CO_2$. Aber die Analyse der Rückatmungskurven scheint für dieses Gas auch Schwierigkeiten nach sich zu ziehen, für welche wir 3 Hauptgründe sehen:

1. die Sauerstoffrückatmungskurven weisen Pseudoplateaus auf,
2. auch wenn die Gasdrucke der Gasphase relativ viel von $P\bar{v}O_2$ abweichen, sind die Neigungen der Rückatmungskurven klein,
3. die Zeit der initialen Phase der Rezirkulation ist nicht genau bekannt.

Die modernen Autoren, die mit Massenspektrometern gearbeitet haben, wie Cerretelli u. Mitarb. (5) und Denison (7), haben diese Schwierigkeiten sicher gesehen und schlugen deshalb Extrapolationsmethoden vor. Diese Methoden verlangen mehrere – wenigstens 2 – im gleichen Zustand gewonnene Kurven und sollen weiter unten diskutiert werden.

Es sei hier bemerkt, daß die großen Fortschritte in der Genauigkeit der Messung der Atemgase, die die Massenspektrometrie in den letzten Jahren mit sich gebracht hat, keinesfalls das Erkennen der echten Plateaus erleichtert hat, aber es erlaubt, die oben erwähnten Schwierigkeiten besser zu studieren.

Das Ziel dieser Arbeit soll darin bestehen, diese Schwierigkeiten zu untersuchen und die Vor- und Nachteile der Extrapolationsmethoden zu beschreiben. Die Analyse wird sich auf Sauerstoffrückatmungskurven beschränken.

Die Pseudoplateaus

Unter Pseudoplateaus versteht man horizontale oder quasi horizontale Teile der Rückatmungskurven, deren PO_2 dem $P\bar{v}O_2$ nicht entspricht. Um sich von der Existenz solcher Pseudoplateaus zu überzeugen, kann man eine Reihe von Rückatmungstests vergleichen, die an einer Person unter gleichbleibenden Bedingungen mit konstantem Volumen aber verschiedenen Sauerstoffgehalten des Beutels durchgeführt werden.

Wählt man die Sauerstoffgehalte so, daß nach der Mischzeit der PO_2 in der Gasphase höher, gleich hoch oder tiefer liegt als der vermutete $P\bar{v}O_2$, beobachtet man, daß fast alle Kurven horizontale Teile aufweisen, die früh erscheinen für hohe Anfangsgehalte an Sauerstoff im Beutel und umso später, je niedriger dieser Anfangsgehalt ist. Es folgt daraus, daß die früh erscheinenden horizontalen Teile hohe und die spät erscheinenden niedrige PO_2 aufweisen. Nach einem solchen, früh auftretenden Plateau sinkt die Rebreathingkurve,

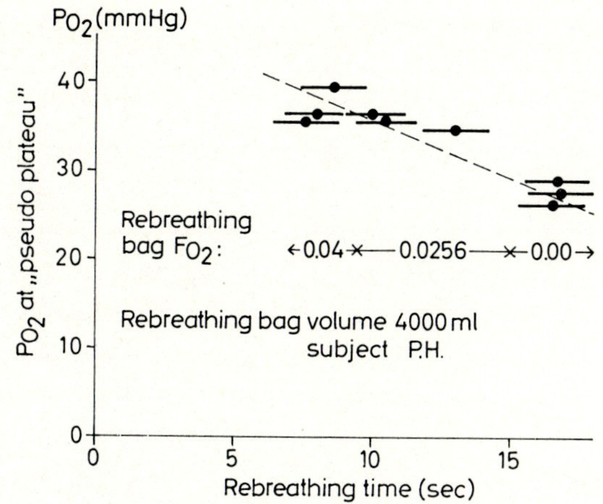

Abb. 1. PO_2 des Pseudoplateaus als Funktion der Dauer des Rückatmungsversuches.

und vor einem spät kommenden steigt sie an. Die Mehrzahl dieser Plateaus dauert ungefähr die Zeit einer Ein- und Ausatmung.

Solche Versuche wurden mit einem 4-Liter-Beutel an einer gesunden, liegenden Versuchsperson durchgeführt. Die anfänglichen Gasmischungen der Beutel enthielten 7% CO_2 und 0,0; 2,5 oder 4% O_2 in N_2. Die Resultate dieser Versuche sind auf Abb. 1 zusammengestellt. Auf der Ordinate sind die auf den horizontalen Teilen abgelesenen PO_2-Werte, auf der Abszisse die Rückatmungszeiten aufgetragen. Die horizontalen Striche entsprechen ungefähr der Dauer der horizontalen Teile.

Man sieht, daß nach 6–7 Sekunden der PO_2 des horizontalen Teils ungefähr 39 mm Hg und nach 17–19 Sekunden nur mehr etwa 28 mm Hg beträgt.

Es ist ersichtlich, daß die PO_2 dieser horizontalen Teile soviel voneinander abweichen, daß sie nicht alle gleich PvO_2 sein können, da dieser Wert von Versuch zu Versuch nicht so stark variieren kann. Dafür spricht auch die Tendenz dieser PO_2-Werte, mit der Zeit etwa linear abzunehmen. Deshalb nennen wir diese horizontalen Teile Pseudoplateaus, wobei eines dieser Plateaus ein echtes sein könnte.

Die Entstehung dieser Pseudoplateaus soll nun weiter diskutiert werden. Abb. 2 zeigt ein solches, früh kommendes Plateau, dessen PO_2 ungefähr 42 mm Hg beträgt auf einer Kurve, die mit sehr hoher Empfindlichkeit des Massenspektrometers registriert wurde. Man sieht, daß dieses Pseudoplateau am Ende der Mischphase auftritt und daß nach diesem Plateau noch eine Sauerstoff-Aufnahme stattfindet, da 1. die Kurve abfällt und 2. die alveolären Phasen eindeutig unter den Inspirations-Phasen liegen. Es ist auch ersichtlich, daß die Oszillationen des abfallenden Kurventeils in bezug auf diejenigen der Misch-

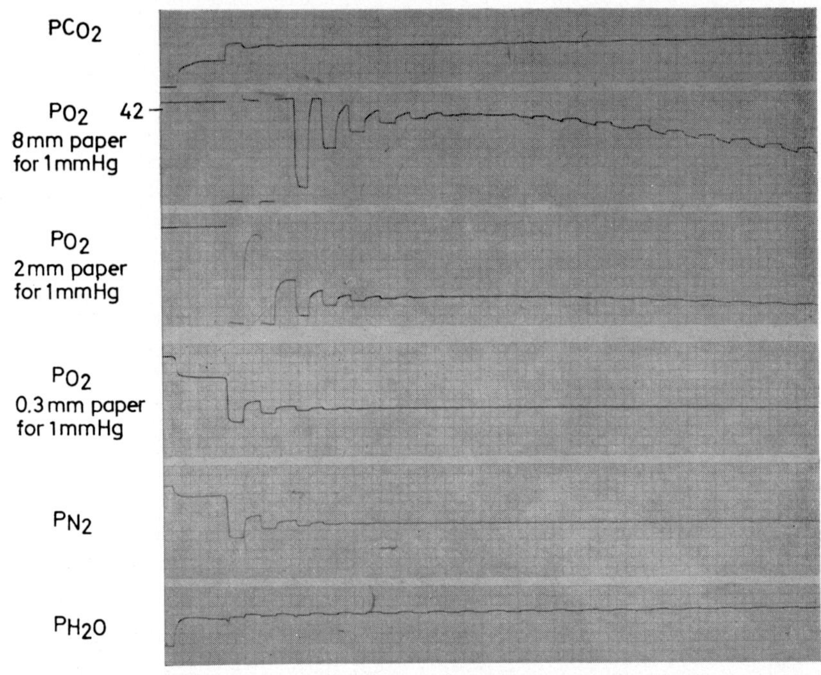

Abb. 2. Typische Registrierung eines hypoxischen Rückatmungsversuches. Von oben nach unten, auf Kanälen 2, 3 und 4: PO_2 mit verschiedenen Empfindlichkeiten. Auf Kanal 2: ein Pseudoplateau nach der 6. Sekunde. Papiergeschwindigkeit: 4 Quadrate pro Sekunde.

phase um 180° verschoben sind. Das Pseudoplateau erfolgt, wenn sich diese beiden Oszillationen aufheben. Genauere Beobachtung zeigt, daß das Pseudoplateau aus einer sehr flachen Einatmung und einer weniger regelmäßigen Ausatmung besteht. Aus dieser Erklärung folgt, daß die PO_2 früh eintretender Pseudoplateaus höher sein können als der PvO_2-Wert.

Wenn man für die ganze Dauer des Rückatmungstests die endexspiratorischen und gleichzeitig die anfangsinspiratorischen PO_2 in Funktion der Zeit aufträgt, sieht man, daß diese beiden Kurven sich im Moment des Pseudoplateaus kreuzen (Abb. 3). Die nach einer aufsteigenden Phase auftretenden Plateaus zeigen eine ähnliche, aber später eintreffende Kreuzung. Während der steigenden Phase sind die Mischoszillationen und die Oszillationen der Sauerstoff-*Abgabe* in Phase, und so ist das Ende der Mischphase nicht ersichtlich. Die Inversion tritt erst ein, wenn der PO_2 der Gasphase demjenigen des in die Lunge eintretenden Blutes entspricht. Aber wenn diese Angleichung erst spät auftritt, kann der PO_2 dieses Blutes schon durch die Rezirkulation erniedrigt sein. Es folgt daraus, daß die PO_2 der spät eintretenden Pseudoplateaus niedriger liegen können als der PvO_2-Wert. Dies bedeutet auch, daß das Ende der Pseudo-

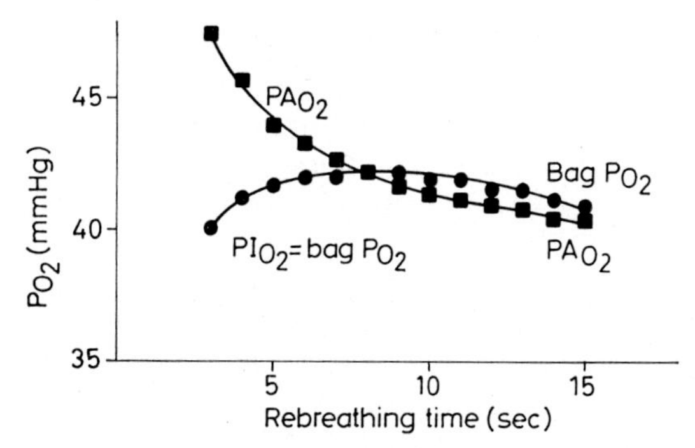

Abb. 3. Alveoläre ■ und inspiratorische ● PO_2 als Funktion der Dauer des Rückatmungsversuches. Die Kreuzung findet nach der 6. Sekunde, d.h. im Moment des Pseudoplateaus statt.

plateaus mit der Anfangsphase der Rezirkulation keinesfalls korreliert werden kann. Es ist dabei zu bemerken, daß die Zeit der initialen Phase der Rezirkulation nicht genau bekannt ist, und daß für die Sauerstoff-Ausatmungskurven nicht nur die rezirkulierende Blutmenge, sondern auch der Sauerstoff-Sättigungsgrad dieses Blutes eine Rolle spielt.

Rigatto u. Mitarb. (16) haben zum Beispiel Rezirkulation schon nach 12 Sekunden beobachtet, was ungefähr modernen Messungen der Rezirkulationszeit des Myokardium entspricht. Deshalb kann man schätzen, daß infolge der Kürze der Zeit zwischen Ende der Mischphase und Anfang der Rezirkulationsphase die Unterscheidung von Pseudo- und echten Plateaus weitgehend unmöglich sein dürfte.

Die Neigungen der Rückatmungskurven und die Extrapolationsmethoden

Wenn die Zusammensetzung der ursprünglichen Gasmischung im Beutel so gewählt wurde, daß während des Rückatmungstests kein Gleichgewicht zwischen den Gas- und Blutpartialdrucken zustande kommt, bedingt der anhaltende Gasaustausch Neigungen, die auf den Rückatmungskurven sichtbar werden, sobald die Oszillationen der Mischphase hinreichend verklungen sind. Lunge und Beutel bilden ein geschlossenes System, und die Gasaustauschvorgänge, die sich darin abspielen, gehorchen den Gesetzen durchbluteter Gasblasen. Von diesen Gesetzen ist zu erwähnen, daß ein Gas nur dann im Gleichgewicht sein kann, wenn alle anderen Gase des Systems auch im Gleichgewicht sind. Reziprok bedingt der Fluß eines Gases Konzentrationsänderungen der übrigen Gase, die zu einem »sliding equilibrium« führen, Krogh (14). Für Rückatmungstests, in welchen Partialdrucke von CO_2, N_2 und H_2O, nicht aber der von O_2 mit denen des gemischt-venösen Blutes im Gleichgewicht sind, kann man den Zeitverlauf der PO_2-Kurve berechnen mit der vereinfachenden Annahme, daß Änderungen des Gesamtvolumens des Systems nur durch O_2-Flüsse bedingt sind. Die durch diese Vereinfachung bedingten Fehler sind für hypoxische Rückatmungstests relativ klein, GRENIER (8).

Die Aufstellung einer Gl. für den Zeitverlauf des PO_2 in der Gasphase benötigt folgende Parameter:

- PO_2t_o = Auf $t=o$ extrapolierter PO_2-Wert des Lungen-Beutel-Systems, d.h. der PO_2-Wert für unendliche Mischgeschwindigkeit – mm Hg.
- $P\bar{v}O_2$ = PO_2 des gemischt venösen Blutes – mm Hg.
- $\dot{Q}$ = Herzzeitvolumen – ml. min^{-1}.
- D = O_2-Diffusionskapazität der Lunge – ml. min^{-1} mm Hg^{-1}.
- β = Neigung der O_2-Dissoziationskurve des Blutes – ml. ml^{-1} mm Hg^{-1}.
- V_t = Gesamtvolumen des Lungen-Beutel-Systems zum Zeitpunkt t – ml.
- P_B = Barometerdruck – mm Hg.
- PH_2O = Mittlerer Wasserdampfdruck im Lungen-Beutel-System – mm Hg.

In einem solchen System können die O_2-Flüsse, Aufnahme bzw. Abgabe, auf 2 Arten definiert werden: entweder als Sauerstoffmengen die aus dem Lungen-Beutel-System ein- bzw. austreten oder als Sauerstoffmengen, die pro Zeiteinheit vom Blut aufgenommen bzw. abgegeben werden. Die 1. Art entspricht der Definition des Sauerstoff-Flusses als Änderung des Gesamtgasvolumens

$$dVO_2 = \pm\, dV = \pm\, V_t \frac{d\,PO_2}{P_B\text{-}PH_2O\text{-}PO_2t_o} \quad (1)$$

Die 2. Art entspricht der Definition des Sauerstoff-Flusses als alveolo-kapillarer Austausch:

$$dVO_2 = \pm\, dt\beta\dot{Q}(PO_{2\,t} - P\bar{v}O_2)\left(1 - e^{-\frac{D}{\beta\dot{Q}}}\right) \quad (2)$$

Da das Lungen-Beutel-System nur einen Freiheitsgrad besitzt, bestimmen (1) und (2) dasselbe dVO_2. Durch Gleichsetzung von (1) und (2) und durch einige Umformungen erhält man den Zeitverlauf von PO_2 im Lungen-Beutel-System $[PO_2 = f(t)]$.

$$PO_{2t} = P\bar{v}O_2 \pm ae^{-kt} \quad (3)$$

Es handelt sich also um einen exponentiellen Zeitverlauf, wobei

$$a = \text{Anfangs-}PO_2\text{-Unterschied: } PO_2t_o - PvO_2$$

und

$$k = \frac{\beta\dot{Q}}{V_{to}}\,(P_B\text{-}PH_2O\text{-}PO_2t_o)\left(1 - e^{-\frac{D}{\beta\dot{Q}}}\right) \quad (4)$$

Das $\pm$ Zeichen in (3) zeigt, daß die Kurven steigen, wenn $PO_2t_o < P\bar{v}O_2$ und abfallen, wenn $PO_2t_o > P\bar{v}O_2$. Die Zeitkonstante k (4) scheint relativ kompliziert, und deshalb haben wir ein Beispiel berechnet für verschiedene D-Werte. In diesem Beispiel wurden für die Parameter folgende Werte benützt:

PO_2t_o = 40 und 30 mm Hg, d.h. $P\bar{v}O_2 \pm 5$ mm Hg
PvO_2 = 35 mm Hg
$\dot{Q}$ = 6000 ml/min
β = 0,0042 ml $O_2 \cdot ml^{-1}$ mm Hg^{-1}. Dieser Wert wurde auf einer Sauerstoff-Dissoziationskurve [Bartels (1)] zwischen PO_2 = 30 mm Hg und PO_2 = 40 mm Hg abgelesen.
V_{to} = 6000 ml
P_B = 707
PH_2O = 47
D = ∞, 24 und 12 ml O_2 min^{-1} mm Hg^{-1}.

Die Resultate dieser Berechnungen sind auf Abb. 4 dargestellt, wobei die Punkte nur zwischen der 6. und der 14. Sekunde aufgetragen wurden. Vor und nach diesen Zeiten sind die Linien nur gestrichelt wegen der Interferenzen der Mischphase, bzw. der Rezirkulationsphase.

Aus Abb. 4 ist ersichtlich, daß die stärkste Neigung für D = ∞ erhalten wird. Zwischen der 8. und der 10. Sekunde sind die PO_2-Werte in der Gasphase noch um 4 mm Hg von $P\bar{v}O_2$ entfernt, und trotzdem betragen die Neigungen nur 0,15 mm Hg $\cdot$ sec^{-1} für D = ∞ und $\sim$ 0,08 mm Hg $\cdot$ sec^{-1} für D = 24. Wäre

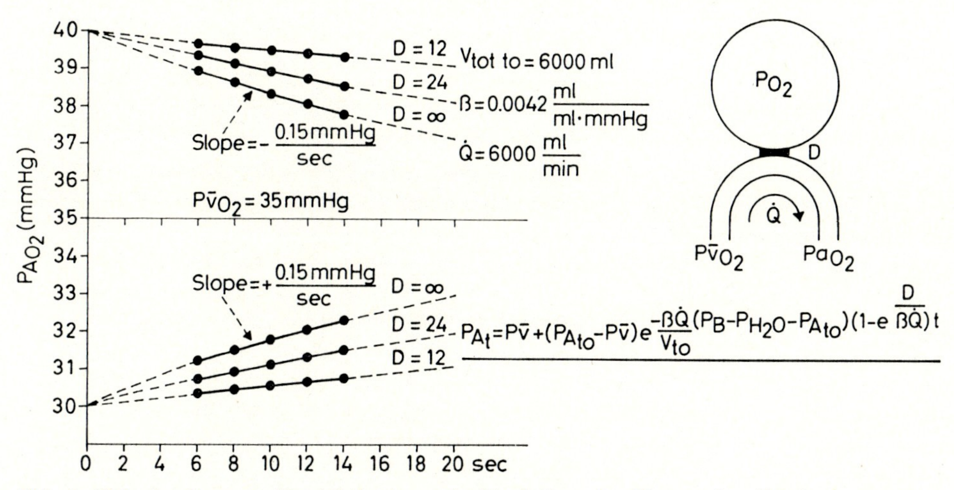

Abb. 4. PO_2 im Lungen-Beutel-System als Funktion der Dauer des Rückatmungsversuches. Die oberen Kurven wurden für $PO_2to = P\bar{v}O_2 + 5$ mm Hg und die unteren für $PO_2to = P\bar{v}O_2 - 5$ mm Hg berechnet.

$\dot{Q}$ kleiner als 6 l pro min gewesen, würden diese Neigungen noch kleiner. Praktisch bedeuten diese Zahlen, daß eine hochempfindliche Meßtechnik erforderlich ist, um solche Neigungen wenigstens für im Ruhezustand gewonnene Rückatmungskurven zum Vorschein zu bringen. Heutzutage scheinen nur Massenspektrometer und gewisse O_2-Elektroden, wie die von KREUZER (12), diese Bedingungen erfüllen zu können.

Die Extrapolationsmethoden

Wir haben im ersten Abschnitt gesehen, daß wegen der Möglichkeit von Pseudoplateaus die Entdeckung von echten Plateaus recht schwierig sein dürfte. Deshalb ist man berechtigt zu untersuchen, ob und wie weit man aus Neigungen von Rückatmungskurven Informationen über $P\bar{v}O_2$ erhalten kann. Dies haben wenigstens 2 Autoren, DENISON (7) und CERRETELLI u. Mitarb. (5) getan. DENISON (7) schlug vor, die Neigungen von Rückatmungskurven in der Zeit zu extrapolieren und den Schnittpunkt der Extrapolationsgeraden für die Definition von $P\bar{v}O_2$ zu brauchen. Diese Methode haben wir »longitudinale« Extrapolation genannt. In Anwendung seiner Methode extrapoliert DENISON nur die zwischen der 6. und 10. Sekunde abgelesenen Neigungen für steigende und sinkende Rückatmungskurven. In Versuchen an Menschen zeigte er, daß der PO_2-Wert des Schnittpunktes von dem direkt im Blut der Lungenarterie gemessenen statistisch nicht abweicht (7).

CERRETELLI (5) seinerseits hat eine Extrapolation vorgeschlagen, die man als »vertikale« bezeichnen kann. Diese erlaubt, anhand von vielen unter gleichen Bedingungen erhaltenen Rückatmungskurven, von denen einige positive und andere negative Neigungen aufweisen, den PO_2-Wert zu bestimmen, für den die Neigung null wäre. In Versuchen mit Hunden gelang es ihm zu beweisen, daß dieser PO_2-Wert mit dem direkt gemessenen übereinstimmt. Beide Extrapolationsmethoden – die longitudinale und die vertikale – können mit Hilfe der Gleichungen 3 und 4 mathematisch abgeleitet werden, was die Untersuchung ihrer Grenzen ermöglicht.

Die longitudinale Extrapolation

An 2 Kurven, die durch (3) beschrieben werden und die $P\bar{v}O_2$ gemeinsam haben, werden zu einer bestimmten Zeit t_{tg} die Tangenten gezogen. Die Berechnung der Koordinaten des Schnittpunktes (PO_2*, t*) dieser Tangenten ergibt:

$$PO_2^* = P\bar{v}O_2 + \frac{aa'\,(k' - k)}{a'k'e^{kt_{tg}} + ake^{k't_{tg}}} \qquad (5_1)$$

$$t^* = t_{tg} + \frac{1}{k}\left(1 + \frac{a'(k-k')}{a'k' + ake^{t_{tg}(k'-k)}}\right) \qquad (5_2)$$

wo a, a', k und k' die Anfangswerte (PO_2to-PvO_2) bzw. die Zeitkonstanten der beiden Kurven sind.

Es ist ersichtlich, daß für $k \neq k'$ sowohl die Ordinate PO_2^* als auch die Abszisse t^* von den Zeitkonstanten k und k' und ebenfalls von den Anfangswerten PO_2to abhängen. Für $k = k'$ vereinfachen sich die Gl. der Koordinaten des Schnittpunkts zu

$$PO_2^* = P\bar{v}O_2 \qquad (5'_1)$$

und

$$t^* = \frac{1}{k} + t_{tg} \qquad (5'_2)$$

Man bemerkt, daß in diesem Fall die Ordinate des Schnittpunktes gleich dem gesuchten $P\bar{v}O_2$ ist und dies unabhängig von Anfangs-PO_2-Werten (PO_2t_o) und von den Zeitkonstanten k. Ferner sieht man, daß die Abszisse des Schnittpunktes t^* vom Anfangs-PO_2-Wert ebenfalls unabhängig ist, nicht aber von der Zeitkonstanten, noch von der Zeit t_{tg}, zu der die Tangenten gezogen wurden. Denison (7) behauptet in seinem empirischen Verfahren, daß sich der Schnittpunkt für Ruhebedingungen immer bei t = 30 Sekunden und für Arbeitsbedingungen bei t = 20 Sekunden befindet. Gleichung 5 zeigt, daß dies nur stimmen kann, wenn die verwendeten Kurven eine gemeinsame Zeitkonstante haben. Das bedeutet, daß außer $\dot{Q}$ und D auch β, P_B-PH_2O und V den Kurven gemeinsam sein müssen. Praktisch müssen die Rückatmungskurven immer mit dem gleichen Beutel-Volumen durchgeführt werden, wenn alle Tests am Residual-Volumen angefangen werden sollen. Übrigens sollte der PO_2-Bereich aller Kurven gering genug bleiben, um die Konstanz von β zu gewährleisten.

Die vertikale Extrapolation

Diese Methode kann auf ähnliche Weise mathematisch behandelt werden. Für 2 Kurven, die durch (3) beschrieben werden und die PvO_2 gemeinsam haben, werden zu einer bestimmten Zeit $t = t_{tg}$ die Neigungen berechnet. In einem Koordinatensystem werden diese Neigungen als Funktion ihres PO_2 zur Zeit t_{tg} aufgetragen. Man stellt die Gerade zwischen diesen beiden Punkten auf, und berechnet die Abszisse PO_2^{**} des Schnittpunktes mit der x-Achse, also für die Neigung S = 0. Die Formel für diese Abszisse lautet:

$$PO_2^{**} = P\bar{v}O_2 + \frac{aa'(k'-k)}{a'k'e^{k\,t_{tg}} + ake^{k' t_{tg}}} \qquad (6)$$

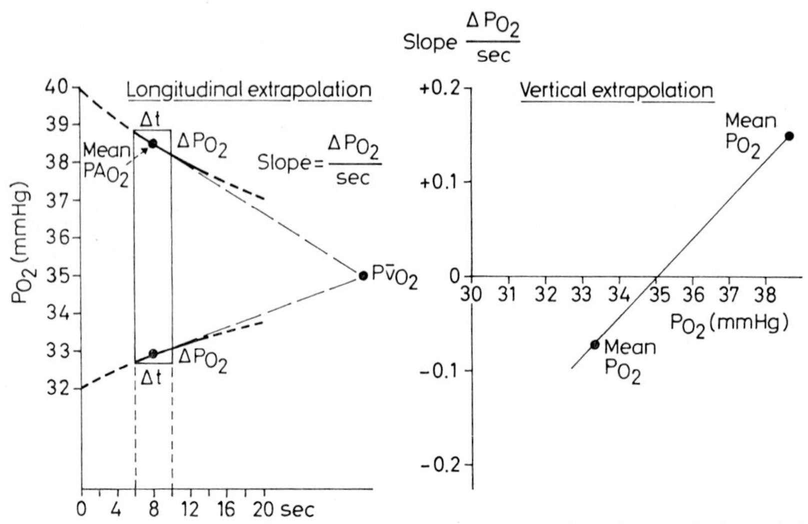

Abb. 5. Links die longitudinale Extrapolation auf einer steigenden und einer sinkenden Rückatmungskurve dargestellt. Beide Kurven haben die gleiche Zeitkonstante k, aber nicht die gleichen Anfangswerte a. Rechts die vertikale Extrapolation, auf die links dargestellten Kurven angewendet.

wo a, a', k und k' die Anfangswerte (PO_2t_0-$P\bar{v}O_2$) bzw. die Zeitkonstanten zweier beliebig ausgewählter Kurven sind. Man sieht, daß die Abszisse des Schnittpunktes $PO_2{}^{**}$ nur dann gleich $P\bar{v}O_2$ ist, wenn die Zeitkonstanten aller gebrauchten Rückatmungskurven gleich sind. Mit anderen Worten sind die theoretischen Begrenzungen der vertikalen Extrapolation für die Bestimmung von $P\bar{v}O_2$ ganz genau die gleichen wie diejenigen der longitudinalen. Abb. 5 zeigt ein Beispiel der Anwendung der beiden Extrapolationsmethoden an 2 Rückatmungskurven mit gleicher Zeitkonstante, aber verschiedenen Anfangswerten. Es ist hier zu erwähnen, daß CERRETELLI (4, 5) in seiner Anwendung der vertikalen Extrapolation die auf den Rückatmungskurven gelesenen Neigungen S mit dem Gesamtvolumen V multipliziert und durch den Gesamttrockendruck dividiert hat. So erhält er Ausdrücke für die augenblicklichen Sauerstoff-Flüsse.

$$\frac{V_{ttg}}{P_B - PH_2O} \frac{dPO_2}{dt} = \frac{dVO_2}{dt} = \dot{V}O_2t_{tg} \qquad (7)$$

Trotz der Schwierigkeit V_{ttg} zu bestimmen, wird so die vertikale Extrapolationsmethode eine elegante »Null-Fluß«-Methode.

Schlußfolgerungen

1. Eine Gl. für den Zeitverlauf des PO_2 im Lungen-Beutel-System wurde aufgestellt. Die allgemeine Form dieser Gleichung ist

$$PO_2 = P\bar{v}O_2 \pm ae^{-kt},$$

wo $a = PO_2t_0$-$P\bar{v}O_2$ ist und k die folgenden Parameter enthält: V, P_B, β, D und $\dot{Q}$.

2. Um $P\bar{v}O_2$ bestimmen zu können, muß man die Parameter a und k kennen.
3. Um diese 2 Parameter zu bestimmen, sollte man die Neigung in 2 Punkten, die sich auf einem exponentiellen Segment einer Rückatmungskurve befinden, ablesen. Dies dürfte schwierig sein, weil a) die Neigungen solcher Segmente relativ klein und b) diese Segmente wegen Pseudoplateaus und Rezirkulationsbeginn schwer zu lokalisieren sind.
4. Diese Schwierigkeit kann umgangen werden, indem die beiden benötigten Neigungen nicht auf einer, sondern auf 2 verschiedenen Rückatmungskurven abgelesen werden, was prinzipiell den Extrapolationsmethoden entspricht.
5. Die Extrapolationsmethoden erlauben eine Bestimmung von PvO_2 nur, wenn die beiden Rückatmungskurven, auf welchen man die Neigungen abliest, die gleiche Zeitkonstante k aufweisen.

Literatur

(1) Bartels, H., H. Harms: Sauerstoffdissoziationskurven des Blutes von Säugetieren. Pflügers Arch. ges. Physiol. *268:* 334–365 (1959).

(2) Burwell, S. C., G. C. Robinson: A method for the determination of the amount of oxygen and carbon dioxide in the mixed venous blood of man. J. clin. Invest. *1:* 47–63 (1924).

(3) Campbell, E. J. M., J. B. L. Howell: Simple rapid method of estimating arterial and venous PCO_2. Brit. med. J. *1:* 458 (1960).

(4) Cerretelli, P., J. C. Cruz, L. E. Farhi, H. Rahn: Determination of mixed venous O_2 and CO_2 tensions and cardiac output by a rebreathing method. Resp. Physiol. *1:* 258–264 (1966).

(5) Cerretelli, P., P. E. di Prampero, D. W. Rennie: Misura della pressione parziale di O_2 nel sangue venoso misto. Bolletino della Società italiana di Biologia sperimentale *XLIV:* 538–540 (1967).

(6) De Burgh Daly, I., C. C. Michel, D. S. Ramsay, B. A. Waales: Conditions governing the pulmonary vascular response to ventilation hypoxia and hypoxemia in the dog. J. Physiol. (Lond.) *196:* 351–379 (1968).

(7) Denison, D. M.: The measurement of mixed venous blood gas tensions by mass spectrometry. Bull. Physio-Path. Resp. *3:* 439–456 (1967).

(8) Grenier, G.: La mesure de la pression partielle d'oxygène dans le sang veineux mêlé au moyen d'épreuves de rebreathing. Thèse, Lausanne 1969.

(9) Gurtner, G. H., S. H. Song, L. E. Farhi: Alveolar to mixed venous PCO_2 difference during rebreathing. Physiologist *10:* 190 (1967).

(10) Gurtner, G. H., S. H. Song, L. E. Farhi: Alveolar to mixed venous PCO_2 difference under conditions of no gas exchange. Resp. Physiol. *7:* 173–187 (1969).

(11) Jones, N. L., E. J. M. Campbell, Cr. J. McHardy, B. E. Higgs, M. Clode: The estimation of carbon dioxide pressure of mixed venous blood during exercise. Clin. Sci. *32:* 311–327 (1967).

(12) Kreuzer, F., H. P. Kimmich: Catheter PO_2 electrode with low flow dependency and fast response. Abstracts XXIV Int. Congress of Physiol. Scs., Washington DC No 738 (1968).

(13) KROGH, A.: On the mechanism of Gas exchange in the lungs. Scand. Arch. Physiol. *23:* 248–278 (1910).
(14) KROGH, A.: Some new method for the tonometric determination of gas tensions in fluids. Scand. Arch. Physiol. *XX:* 259–278 (1908).
(15) PLESCH, J.: Haemodynamische Studien. Z. exp. Ther. *6:* 380–618 (1909).
(16) RIGATTO, M., N. L. JONES, E. J. M. CAMPBELL: Pulmonary recirculation time: Influence of posture and exercise. Clin. Sci. *35:* 183–195 (1968).

Aus dem Physiologischen Institut der Universität Freiburg, Schweiz
(Direktor: Prof. Dr. P. Haab)

Hypoxische Rückatmungsversuche und Lungenzirkulation*

J.-L. MICHELI, H. HERZOG und P. HAAB

Die hypoxische Rückatmungsmethode wurde meistens angewandt, um den Sauerstoff-Partialdruck des gemischt-venösen Blutes ($P\bar{v}O_2$) »unblutig« zu messen und somit das Herzzeit-Volumen zu bestimmen. Die Mehrzahl der Autoren haben qualitativ den Einfluß der Rezirkulation auf die Rückatmungskurven, insbesondere auf Sauerstoffkurven, beschrieben, aber bisher wurde der Rezirkulationsbeginn als Begrenzung der Anwendungsmöglichkeit von Rückatmungskurven zur $P\bar{v}O_2$-Bestimmung betrachtet.

In der vorliegenden Arbeit wurde untersucht, inwiefern die hypoxische Rückatmungsmethode quantitative Aufschlüsse ermöglicht über: a) Zeitpunkt des Rezirkulationsbeginns, b) Verlauf des Rezirkulations-Zeitvolumens.

In der Literatur finden sich zahlreiche Angaben über den Zeitpunkt des Rezirkulationsbeginns, doch sind diese je nach Autor und Methode sehr unterschiedlich. Mit einer Azetylen-Rückatmungsmethode erhielten z. B. BAUMANN und GROLLMANN (3) Rezirkulationszeiten von 20 sec. Mit markierten Erythrozyten konnten SUTTON u. Mitarb. (20) Durchflußzeiten von 7–9 sec zwischen Lungenarterie und rechtem Ventrikel messen.

Andererseits scheinen Auskünfte über den Verlauf des Rezirkulations-Zeitvolumens selten zu sein und wurden, soweit bekannt, nur von STARR und COLLINS (19) gegeben. In einer Reihe hypoxischer Rückatmungsversuche, durchgeführt an 2 gesunden Personen, stellten wir kurze Rezirkulationszeiten und bald nach Beginn relativ hohe Rezirkulations-Zeitvolumina fest. Diese Befunde haben eine erneute Prüfung der hypoxischen Rückatmungsmethode veranlaßt.

Methodik

Hypoxische Rückatmungsversuche wurden an 2 gesunden, in Rückenlage ruhenden Personen durchgeführt. Die angewandte Rückatmungstechnik war

*) Diese Arbeit wurde vom schweizerischen Nationalfonds zur Förderung der wissenschaftlichen Forschung (Kredit 2718) und von der Fritz Hoffmann-La Roche-Stiftung (Kredit 107) unterstützt.

die gleiche wie die von Cerretelli u. Mitarb. (6) und Grenier (10) geschilderte. Vor jeder Rückatmung wurde 15 min gewartet, um ein respiratorisches steady state zu erreichen. Das Volumen des Beutels betrug 4000 ml BTPS, was ungefähr 200% der FRC unserer Versuchspersonen entspricht. Der Beutel wurde durch eine elektrische Decke konstant auf 37° C gehalten und mit Gasgemischen gefüllt, die vorgewärmt und mit Feuchtigkeit gesättigt wurden. Die Gasgemische enthielten 6,5–7,5% CO_2 in Argon und Stickstoff, plus 0% oder 4% Sauerstoff. Diese Sauerstoffkonzentrationen wurden absichtlich gewählt, um nach der Mischphase einen Sauerstoff-Partialdruck zu erreichen, der entweder über oder unter dem vermuteten $P\bar{v}O_2$-Wert liegt. Auf diese Weise erhielt man Rückatmungskurven mit positivem (alveolo-kapillarem) oder negativem (kapillo-alveolarem) Sauerstoff-Fluß. Die Partialdrucke von Sauerstoff, Stickstoff, Wasserdampf und Kohlensäure wurden kontinuierlich am Munde durch ein Respirations-Massenspektrometer gemessen und registriert (Respirations-Massenspektrometer Varian MAT 3)[1]). Die Eichung des Spektrometers mit vorgewärmten und feuchtigkeitsgesättigten Gasen zeigte, daß es im Verlauf eines Versuches keine Drift gab.

Auswertung

Im 1. Arbeitsgang wurde der $P\bar{v}O_2$ mit der vertikalen Extrapolationsmethode bestimmt. Dazu waren folgende, von hypoxischen Rückatmungskurven erhaltene Meßgrößen erforderlich:

1. Sauerstoff-Partialdruck am Zeitpunkt t – P_{O_2}

2. Sauerstoß-Fluß am Zeitpunkt t – $\dot{V}_{O_2}$

P_{O_2} und $\dot{V}_{O_2}$ wurden in Abständen von je 2 Sekunden zwischen der 6. und der 18. Rückatmungssekunde bestimmt. Vor der 6. Sekunde wurden keine Punkte gemessen, da die Mischphase nicht weit genug fortgeschritten war. Die Zeit, die nötig ist, um eine homogene Gaskonzentration in allen Teilen eines geschlossenen Lungen-Beutel-Systems zu erreichen, wurde ausführlich studiert [Rauwerda (14), Bates und Christie (2), Bouhuys (5)]. Diese Zeit ist abhängig von: Volumen der Lunge, Volumen des Beutels, Atemzugvolumen, Atmungsfrequenz, Konzentrationsunterschieden zwischen Lunge und Beutel, Totraum und Verteilung des eingeatmeten Gases in den Lungen. Bei unseren Rückatmungs-Versuchsbedingungen wurde der von Bates und Christie (2) vorgeschlagene Mischindex von 90% vor der 5. Sekunde erreicht.

[1]) Dieses Meßgerät wurde uns freundlicherweise vom Lungenfunktionslabor des Herrn Prof. H. Herzog, Basel, zur Verfügung gestellt.

1. Sauerstoffpartialdruck am Zeitpunkt t

Der Sauerstoffpartialdruck konnte gleichzeitig mit Stickstoff-, Wasserdampf- und Kohlensäure-Partialdruck auf der geeichten Massenspektrometer-Registrierung abgelesen werden.

2. Sauerstoff-Fluß am Zeitpunkt t

Der Sauerstoff-Fluß wurde mit folgenden Parametern berechnet:

$FRC\,t_o$ = Funktionelle Residualkapazität am Versuchsbeginn t_o in ml FRC t_o. Wurde für jeden Versuch mit der Stickstoffverdünnung berechnet.

$V_b t_o$ = Volumen des Beutels am Versuchsbeginn – ml.

$V_{tot} t_o$ = Gesamtvolumen zu Versuchsbeginn = $FRCt_o + V_b t_o$ – ml.

$\Delta V_{tot} t_o\text{-}t$ = Gesamtvolumenvariation zwischen Versuchsbeginn und Zeitpunkt t – ml.

V_{O_2} = Sauerstoffvolumen im Lungen-Beutel-System – ml.

ΔV_{O_2} = Sauerstoffvolumen-Variation – ml.

$P_{AN_2} t_o$ = Alveolar-Stickstoffpartialdruck beim Versuchsbeginn – mm Hg.

$P_{bN_2} t_o$ = Stickstoffpartialdruck im Beutel zu Versuchsbeginn – mm Hg.

$P_{N_2} t$ = Stickstoffpartialdruck am Zeitpunkt t nach der Mischphase – mm Hg.

$P_{N_2} t_o$ = Auf t_o extrapolierter P_{N_2}-Wert des Lungen-Beutel-Systems, d. h. theoretischer P_{N_2}-Wert für unendliche Mischgeschwindigkeit – mm Hg.

$(\Delta P_{N_2}/sec)'$ = Stickstoff-Partialdruckvariation, die durch Stickstoff-Abgabe bedingt ist – mm Hg · sec^{-1}.

Der Sauerstoff-Fluß am Zeitpunkt t wurde durch Sauerstoffvolumen-Variationen in einem Zeitabstand $t_1 - t_2$ wie folgt berechnet:

$$\Delta V_{O_2}\text{-}t_1 - t_2 = V_{tot} t_1 \cdot \frac{P_{O_2} t_1}{P_B\text{-}P_{H_2O} t_1} - V_{tot} t_2 \frac{P_{O_2} t_2}{P_B\text{-}P_{H_2O} t_2} \qquad (1)$$

wobei t_1 = t minus 1 sec
t_2 = t plus 1 sec

$$V_{tot} t_1 = V_{tot} t_o + \Delta V_{tot} t_o\text{-}t_1$$

$$\Delta V_{tot} t_o\text{-}t_1 = V_{tot} t_o \frac{P_{N_2} t_o - P_{N_2} t_1 - (\Delta P_{N_2}/sec)' t_1}{P_{N_2} t_1}$$

$$V_{tot} t_2 = V_{tot} t_o + \Delta V_{tot} t_o\text{-}t_2$$

$$\Delta V_{tot} t_o\text{-}t_2 = V_{tot} t_o \frac{P_{N_2} t_o - P_{N_2} t_2 - (\Delta P_{N_2}/sec)' t_2}{P_{N_2} t_2}.$$

Wird der Sauerstoff-Fluß anhand dieser Formeln berechnet, so wird der Einfluß der anderen Gaspartialdruck-Variationen auf die Sauerstoff-Partialdruckvariation beseitigt [KROGH (13)].

Ergebnisse

Abb. 1 (a und b) zeigt die Extrapolationsdiagramme der beiden Versuchspersonen. Der Sauerstoff-Fluß $\dot{V}_{O_2}$ wurde auf der y-Achse und der Sauerstoff-Partialdruck P_{O_2} auf der x-Achse eingetragen. Die Punkte der 6., 8. und 10. Sekunde liegen auf der gleichen Linie und haben den gleichen Extrapolations-P_{O_2}-Wert. Dieser P_{O_2}-Wert wird als $P\bar{v}O_2$ bezeichnet. Die Extrapolationspunkte nach der 10. Sekunde sind niedriger und nehmen weiterhin mit der Zeit ab. Bemerkenswert ist der Punkt, der in der 16. Sekunde (Zeitspanne 15.–17. Sekunde) genau auf der x-Achse liegt. Dieser Punkt, der als $P\bar{v}O_2$' bezeichnet wird, entspricht auch einem Null-Fluß-Punkt, dessen Bedeutung in der Diskussion besprochen wird.

Die Diagramme von Abb. 2 tragen auf der y-Achse den Extrapolations-P_{O_2} und auf der x-Achse die Rückatmungszeiten. Die Extrapolations-P_{O_2} der 6., 8. und 10. Sekunde haben den gleichen Wert. In der 12. Sekunde ist der P_{O_2}-Wert

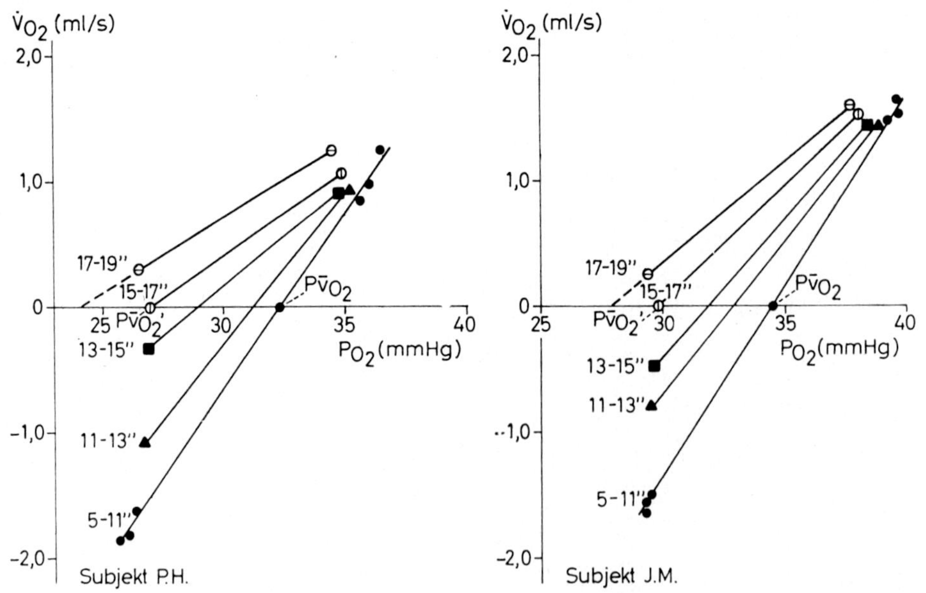

Abb. 1. Extrapolations-Diagramm. Auf der y-Achse liegt der Sauerstoff-Fluß, auf der x-Achse der Sauerstoff-Partialdruck. Für jede Zeitspanne wurden die entsprechenden P_{O_2} und $\dot{V}_{O_2}$ eingetragen. Die Extrapolationsgeraden der Zeitspannen 5"–7", 7"–9", 9"–11' fallen zusammen. a) Versuchsperson P.H. b) Versuchsperson J.M.

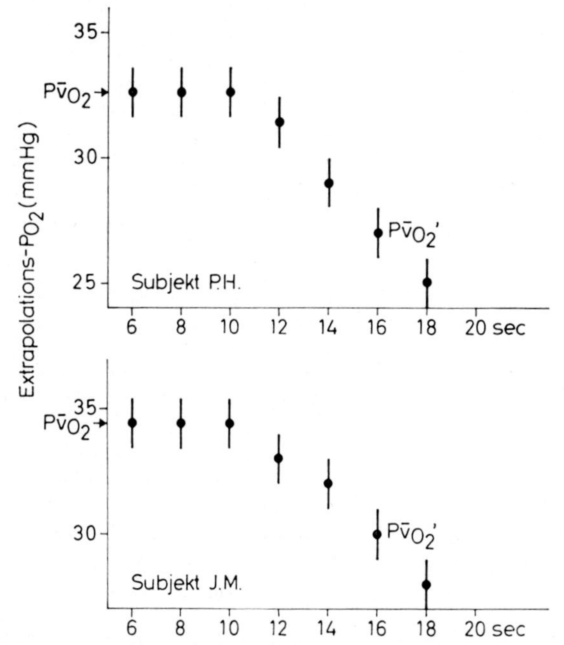

Abb. 2. Darstellung des zeitlichen Ablaufes des Extrapolations-P_{O_2}-Wertes für beide Versuchspersonen. P_{O_2}-Werte sind auf der y-Achse und die Zeit auf der x-Achse eingetragen. $P\bar{v}O_2$' entspricht dem Lungenarterien-Sauerstoffpartialdruck in der 16. Rückatmungs-Sekunde.

niedriger und nimmt in den folgenden Zeitabständen weiterhin ab. Die gleichen Beobachtungen gelten für die beiden Versuchspersonen. Für Subjekt P.H. ist $P\bar{v}O_2$ = 32,5 mm Hg und $P\bar{v}O_2$' = 27 mm Hg; für Subjekt J.M. ist $P\bar{v}O_2$ = 34,5 mm Hg und $P\bar{v}O_2$' = 30 mm Hg.

Diskussion

a. Bestimmung des Zeitpunktes des Rezirkulationsbeginns

Cerretelli u. Mitarb. (7) haben beim Hund und Denison u. Mitarb. (9) beim Menschen gezeigt, daß die durch hypoxische Rückatmungsversuche bestimmten $P\bar{v}O_2$ mit den durch Katheterisieren der Lungenarterie gemessenen Werten übereinstimmen. Danach bedeuten unsere Bestimmungen des Extrapolations-P_{O_2}, daß der $P\bar{v}O_2$-Wert bis zur 10. Sekunde konstant ist. Wir betrachten den Rezirkulationsbeginn als den Zeitpunkt, von dem ab das rezirkulierende Blut den $P\bar{v}O_2$-Wert erniedrigt. In unseren Experimenten machte sich die Rezirkulation durch Erniedrigung des Extrapolationspunktes nach der 10. Sekunde bemerkbar.

Henriques (12) fand Farbstoff-Lungenrezirkulationszeiten von 13 Sekunden. Hamilton u. Mitarb. (11) trennten die Luftwege der beiden Lungen eines Hundes. 8 Sekunden nachdem Azetylen in eine Lunge eingelassen wurde, konnte es in der anderen Lunge nachgewiesen werden.

Werko u. Mitarb. (21) und Chapman u. Mitarb. (8) zeigten, daß 10 bis 15 Sekunden, bzw. 10 Sekunden nach Beginn einer Azetylen-Rückatmung beim Menschen meßbare Mengen von Azetylen in der Lungenarterie vorhanden sind. Sutton u. Mitarb. (20) haben Durchflußzeiten von 7–9 Sekunden zwischen Lungenarterie und rechtem Ventrikel mittels markierter Erythrozyten festgestellt. Rigatto u. Mitarb. (15, 16) konnten mit Lachgas-Rückatmung beim Menschen (liegend) Rezirkulationszeiten von 11–15 Sekunden messen.

Somit sind die von uns ermittelten Zeiten mit den auf andere Weise gemessenen vergleichbar.

Da die Koronargefäße eine der kürzesten Kreislaufbahnen darstellen, und das Blut des Sinus coronarius sehr sauerstoffarm ist, wird die Myokardium-Rezirkulation einen bedeutenden Effekt auf den $P\bar{v}O_2$ haben. Daher dürfte die hypoxische Rückatmungsmethode sehr geeignet sein, um die Frühphase der Rezirkulation nachzuweisen.

b. Unbestimmbarkeit von $P\bar{v}O_2$ nach Rezirkulations-Beginn durch vertikale Extrapolation

Man kann beweisen, daß die Bestimmung der $P\bar{v}O_2$ durch die vertikale Extrapolations-Methode nach Beginn der Rezirkulation nicht mehr gültig ist. Die Methode ist nur dann zur Bestimmung der $P\bar{v}O_2$ anwendbar, wenn mehrere Rückatmungsversuche (wenigstens 2) in gleichem steady state durchgeführt wurden, da nur unter diesen Bedingungen die Annahme erlaubt ist, daß die $P\bar{v}O_2$ die gleichen Werte haben. Nach Rezirkulations-Beginn ist diese Annahme nie mehr erfüllt. Der Lungenarterien-P_{O_2} nach Rezirkulations-Beginn hängt vom Sauerstoffaustausch des Blutes beim ersten Durchfließen der Lungenkapillaren ab. Dieser Sauerstoffaustausch ist von einem Rückatmungsversuch zum anderen verschieden. Im Fall einer Rückatmung mit positivem $\dot{V}_{O_2}$ wird das gemischt-venöse Blut beim Durchfluß der Lungenkapillaren leicht arterialisiert. Im Fall einer Rückatmung mit negativem $\dot{V}_{O_2}$ wird das gemischt-venöse Blut beim Durchfluß der Lungenkapillaren noch sauerstoffärmer. Wenn das Blut während einer Rückatmung mit positivem $\dot{V}_{O_2}$ rezirkuliert, wird der Lungenarterien-P_{O_2} weniger sinken als während einer Rückatmung mit negativem $\dot{V}_{O_2}$. Deshalb sind die oben genannten Bedingungen, die die Bestimmung der $P\bar{v}O_2$ mit der vertikalen Extrapolations-Methode möglich machten, nach Beginn der Rezirkulationszeit nicht mehr erfüllt, und somit entsprechen die Extrapolations-P_{O_2}-Werte keinem Lungenarterien-P_{O_2} mehr.

c. Bedeutung der Null-Fluß-Punkte $P\bar{v}O_2$', die nach Rezirkulationsbeginn entstehen

Solche Null-Fluß-Punkte entstehen nur für Rückatmungsversuche, deren P_{O_2} nach der Mischphase unter dem $P\bar{v}O_2$ liegt, und die vor Rezirkulationsbeginn einen negativen $\dot{V}_{O_2}$ haben. Einige Sekunden nach Rezirkulationsbeginn sinkt der $P\bar{v}O_2$-Wert unter denjenigen der Gasphase, und der Sauerstoff-Fluß wird positiv. Es gibt einen Zeitpunkt t, bei welchem der Sauerstoff-Fluß Null ist. Der an diesem Zeitpunkt t abgelesene P_{O_2}-Wert entspricht einem im Blut herrschenden Partialdruck $P\bar{v}O_2$'t. Wenn ein solcher $P\bar{v}O_2$'t-Wert bekannt ist, kann ein Minimalwert für den relativen Anteil des Rezirkulations-Sekundenvolumens $(\dot{Q}R/\dot{Q}tot)_t$ berechnet werden. Das Verhältnis ergibt sich aus (2):

$$\left(\frac{\dot{Q}_R}{\dot{Q}_{tot}}\right)_t = \frac{C\bar{v}O_2 - C\bar{v}O_2{}'_t}{C\bar{v}O_2 - C\bar{v}O_{2R}} \qquad (2)$$

Ein Minimalwert für $(\dot{Q}R/\dot{Q}tot)_t$ läßt sich bestimmen, indem man $C\bar{v}_{O_2}R = 0$ einsetzt. Berechnungen dieses Minimalwertes wurden durchgeführt, indem die Werte für $C\bar{v}O_2$ und $C\bar{v}O_2$'t für $P\bar{v}O_2$ resp. $P\bar{v}O_2$'t auf einer Bindungskurve abgelesen wurden (Anwendung der Bindungskurve von BARTELS und HARMS (1). Die an unseren Versuchspersonen ermittelten Werte ergaben Minimalwerte für $\dot{Q}R/\dot{Q}tot$ in der 16. Rückatmungssekunde von 20% bzw. 15% des Herzsekundenvolumens.

STARR und COLLINS (19) bestimmten beim Hund nach 15 Sekunden Azetylenrückatmung ein Rezirkulations-Sekundenvolumen von 35% des Herzsekundenvolumens. Unsere Methode erlaubt keine Aussage über die Herkunft dieser beträchtlichen und früh erscheinenden Rezirkulation. Käme der Großteil dieses Blutes aus den Koronarien, so bedeutete der gefundene $\dot{Q}R/\dot{Q}tot$-Wert, daß wenn sich das Herzzeitvolumen nicht ändert, ein hypoxischer Rückatmungsversuch die Koronardurchblutung um einen Faktor 2–3 vergrößern könnte. In dieser Hinsicht sei erwähnt, daß BERNE u. Mitarb. (4) ähnliche Vergrößerungen gemessen haben. Diese Autoren perfundierten die Koronargefäße von Hunden mit hypoxischem Blut und beobachteten, daß das Koronar-Sekundenvolumen schlagartig bis auf das Doppelte des Normalwertes anstieg, und daß das Blut im Sinus coronarius einen Sauerstoffgehalt von 5 Vol% nicht überschritt.

Ein absoluter Wert für das Rezirkulations-Sekundenvolumen wurde nicht berechnet, denn während eines hypoxischen Rückatmungsversuches kann nicht vorausgesetzt werden, daß das Herzzeitvolumen konstant bleibt. Herzzeitvolumenveränderungen, verursacht durch steigenden Kohlensäure-Partialdruck oder mechanisch durch Atmungsbewegungen wurden von SCHORER und PIIPER (18) studiert. Aus ihrer Arbeit geht hervor, daß bei unseren Versuchsbedingungen eine Herzzeitvolumen-Vergrößerung möglich wäre. Eine Herzzeitvolumen-Verminderung als Kreislaufeffekt akuter Hypoxämie ist wahrscheinlicher, da die Antwort der arteriellen Chemorezeptoren auf plötzliche P_{O_2}-Änderungen sehr schnell ist [Robert (17)].

Schlußfolgerungen

Die Anwendung der vertikalen Extrapolationsmethode auf hypoxische Rückatmungskurven ermöglicht:

1. Die Bestimmung des $P\bar{v}O_2$ vor Rezirkulationsbeginn,
2. die Bestimmung des Zeitpunktes des Rezirkulationsbeginns,
3. die Berechnung eines Minimalwerts für das relative Rezirkulations-Sekundenvolumen zu einem bestimmten Zeitpunkt nach Rezirkulationsbeginn.

Die vertikale Extrapolationsmethode ermöglicht es aber nicht, den Zeitablauf von $P\bar{v}O_2$ nach Rezirkulationsbeginn zu verfolgen.

Zusammenfassung

Mit hypoxischen Rückatmungsversuchen am liegenden, gesunden Menschen wurden der Zeitpunkt des Rezirkulationsbeginns bestimmt und Minimalwerte für Rezirkulations-Sekundenvolumina berechnet. Dazu wurde auf mittels Massenspektrometer registrierte P_{O_2}-Rückatmungskurven eine Extrapolations-Methode angewandt. Aus den Befunden wurde gefolgert, daß die Rezirkulation in der 10. Rückatmungssekunde beginnt und daß in der 16. Sekunde der Minimalwert des Rezirkulations-Sekundenvolumens etwa 15–20% des Herzsekundenvolumens beträgt. Es wurde ermittelt, daß die Rezirkulation frühzeitig eintritt und einen wesentlichen Einfluß auf den P_{O_2}-Zeitverlauf von Rückatmungskurven hat.

Literatur

(1) Bartels, H., H. Harms: Sauerstoffdissoziationskurven des Blutes von Säugetieren. Pflügers Arch. ges. Physiol. *268:* 334–365 (1959).

(2) Bates, D. V., R. V. Christie: Intrapulmonary mixing of helium in health and emphysema. Clin. Sci. *9:* 17–29 (1950).

(3) Baumann, H., A. Grollmann: Über die theoretischen und praktischen Grundlagen und die klinische Zuverlässigkeit der Azetylenmethode zur Bestimmung des Minutenvolumens. Z. klin. Med. *115:* 41–53 (1931).

(4) Berne, R. M., J. R. Blackmon, T. H. Gardner: Hypoxemia and coronary blood flow. J. clin. Invest. *36:* 1101–1106 (1957).

(5) Bouhuys, A.: Distribution of inspired gas in the lungs. Handbook of Physiology, Resp. *I:* 715–730 ,Washington DC (1964).

(6) Cerretelli, P., J. Cruz, L. E. Farhi, H. Rahn: Determination of mixed venous O_2 and CO_2tensions and cardiac output by a rebreathing method. Resp. Physiol. *1:* 258–264 (1966).

(7) Cerretelli, P., P. E. di Prampero, D. W. Rennie: Misura della pressione parziale di O_2 nel sangue venoso misto. Bolletino della società italiana di Biologia sperimentale *XLIV:* 538–540 (1967).

(8) Chapman, C. B., H. L. Taylor, C. Borden, R. V. Ebert, A. Keys with the technical assistance of W. S. Carlson: Simultaneous determinations of the resting arterio-venous oxygen difference by the acetylene and direct Fick methods. J. clin. Invest. *29:* 651–659 (1950).

(9) Denison, D., R. H. T. Edwards, G. Jones, H. Pope: Direct and Rebreathing estimates of the O_2 and CO_2 pressures in mixed venous blood. Resp. Physiol. *7:* 326–334 (1969).

(10) Grenier, G.: La mésure de la pression partielle d'oxygène dans le sang veineux mêlé au moyen d'épreuves de rebreathing. Thèse, Lausanne. (Im Druck.)

(11) Hamilton, W. F., M. C. Spradlin, H. G. Saam Jr.: An inquiry into the basis of the acetylene method of determining the cardiac output. Amer. J. Physiol. *100:* 587–593 (1932).

(12) Henriques, V.: Über die Verteilung des Blutes vom linken Herzen zwischen dem Herzen und dem übrigen Organismus. Biochem. Z. *56:* 230–248 (1913).

(13) Krogh, A.: Some new methods for the tonometric determination of gas tensions in fluids. Scand. Arch. Physiol. *XX:* 259–278 (1908).

(14) Rauwerda, P. E.: Unequal ventilation of different parts of the lung and the determination of cardiac output (Thesis). Groningen, the Netherlands: Univ. of Groningen (1946).

(15) Rigatto, M.: Pulmonary recirculation: Measurements at rest and during exercise by a method which estimates the concentration of the test gas in the mixed venous blood. J. Physiol. (Lond.) *191:* 98P–99P (1967).

(16) Rigatto, M., M. L. Jones, E. J. M. Campbell: Pulmonary recirculation time: Influence of posture and exercise. Clin. Sci. *35:* 183–195 (1968).

(17) Robert, M.: Effects de l'inhalation d'oxygène sur le débit et la fréquence cardiaques et sur la pression artérielle systémique moyenne chez le chien narcotisé en normoxie. Thèse, Université de Lausanne (1965).

(18) Schorer, R., J. Piiper: Netto-Effekte von Atembewegungen auf den Kreislauf am narkotisierten Hund. Pflügers Arch. ges. Physiol. *284:* 108–130 (1965).

(19) Starr, I., L. H. Collins Jr.: Estimations of the rapidity of the amount of blood traversing the shorter paths of the systemic circulation. Amer. J. Physiol. *104:* 650 to 658 (1933).

(20) Sutton, G. C., J. Karnell, G. Nylin: Studies on the rapidity of complete blood circulation in man. Amer. Heart J. *39:* 741–748 (1950).

(21) Werkö, L., S. Berseus, H. Lagerlöf: A comparison of the direct Fick and the Grollmann methods for the determination of the cardiac output in man. J. clin. Invest. *28:* 516–520 (1949).

Aus dem Krankenhaus Bethanien, Moers (Chefarzt: Prof. Dr. Worth) und dem Physiologischen Institut der Universität Bonn (Direktor: Prof. Dr. J. Pichotka)

Bestimmung des Lungengewebevolumens durch partielle Rückatmung

O. NISHIDA*) und K. MUYSERS

Die Kenntnis des Lungengewebevolumens ist bei der Analyse von Auswaschkurven gewebelöslicher Gase wie N_2O, C_2H_2 oder Frigen 22 eine unabdingbare Voraussetzung, wenn man aus ihnen das Perfusionsvolumen der Lungenkapillaren berechnen will.

Darüber hinaus erscheint die Bestimmung des Lungengewebevolumens V_t interessant bei Veränderungen infolge Lungenfibrosen, Stauungslunge oder Lungenemphysem. CANDER und FORSTER (2) haben dafür eine Single-Breath-Methode mit N_2O oder C_2H_2 beschrieben, die mehrmals wiederholt werden muß, um aus den einzelnen Punkten extrapolieren zu können. Als besonders problematisch erweist sich dabei die Konstanthaltung des Alveolarvolumens V_A, was von entscheidender Bedeutung ist. CANDERS Formel lautet

$$V_t = \frac{V_A}{\alpha_t} \cdot \left(\frac{100}{\text{Amplitude bei } t=0 \text{ in \% der anfänglichen alveolaren Konzentration}} - 1 \right) \cdot \frac{760}{P_B - 47} \qquad (1)$$

Nach CANDER (1) werden die einzelnen Werte der exspiratorischen Testgaskonzentrationen semilogarithmisch gegen die Apnoezeit aufgetragen. Die Verbindungslinie wird zurückverlängert bis zum Zeitpunkt Null (Abb. 1). Die hier abgelesene Testgaskonzentration, ausgedrückt in Prozent der anfänglichen alveolaren Testgaskonzentration, wird in obige Formel eingesetzt. Ändert sich das inspirierte Volumen V_I jedoch bei den einzelnen Manövern um 5% oder mehr, so ist nach CANDER (1) der erhaltene Wert für die Konstruktion der Kurve schon unbrauchbar. Es ist aber sehr schwer, das Inspirationsvolumen mit dieser Präzision jeweils zu reproduzieren. Ein weiterer Nachteil der Methode ist die geringe Zahl von Meßpunkten, aus denen die Auswaschkurve konstruiert wird. Dadurch leidet zwangsläufig die Genauigkeit. So ergaben sich bei einem von CANDER (1) untersuchten Probanden bei Verwendung von N_2O ein Lungengewebevolumen V_t von 535 ml, bei Verwendung von C_2H_2 ein V_t von

---

*) Stipendiat der Humboldt-Stiftung, Godesberg, von der Medizinischen Fakultät der Universität Hiroshima.

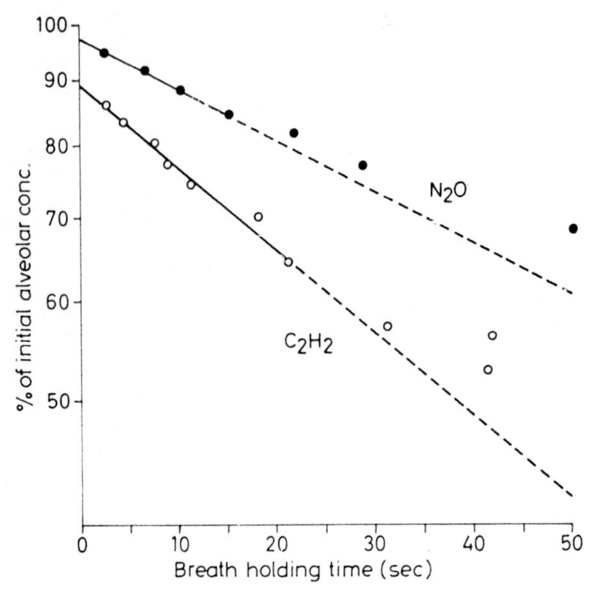

Abb. 1. Exspiratorische Konzentrationen von N_2O und C_2H_2 nach verschiedenen Apnoezeiten (nach CANDER).

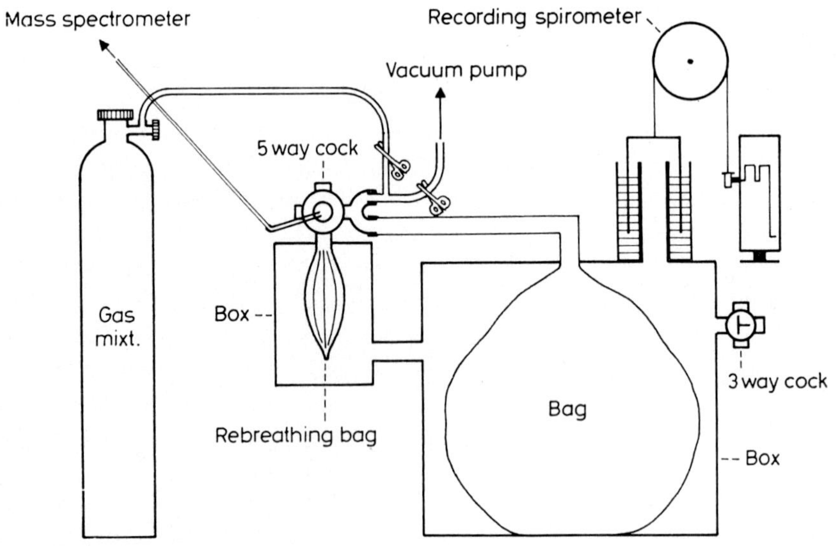

Abb. 2. Meßanordnung zur Bestimmung des Lungengewebevolumens mittels partieller Rückatmung von N_2O.

910 ml. JOHNSON u. Mitarb. (3) bestätigen die große Streuung und schlechte Reproduzierbarkeit insbesondere bei Untersuchungen während einer Körperbelastung.

Da der Schnittpunkt der Auswaschkurve mit der Ordinate für die Bestimmung von V_t außerordentlich empfindlich ist, muß er mit hoher Genauigkeit ermittelt werden.

Wesentlich besser reproduzierbare Ergebnisse lassen sich mit einer partiellen Rückatmung erzielen, wobei die Testgaskonzentration fortlaufend gemessen wird. Der Vorteil der Rückatmung besteht darin, daß alle Meßwerte in *einem* Untersuchungsgang gewonnen werden und daß das Alveolarvolumen und das Herzzeitvolumen konstant bleiben.

Die Meßanordnung (Abb. 2) besteht aus 2 miteinander verbundenen bag-in-the-box Systemen unterschiedlicher Größe und einem 5-Wege-Hahn mit 35 ml Totraum. Der große Beutel enthält ein Gemisch aus Luft und 4% Helium und 2% N_2O; der kleine Beutel dient zur Rückatmung eines Volumens von etwa 1 Liter. Die Volumenbewegungen werden mit einem Spirometer aufgezeichnet. Die He- und N_2O-Konzentrationen werden fortlaufend aus Atemluftproben, die am Mund abgesaugt werden, massenspektrometrisch analysiert.

Zu Beginn wird der kleine Beutel vollständig entleert. Abb. 3 zeigt die Volumenbewegungen während der Untersuchung. Nachdem der Proband maximal

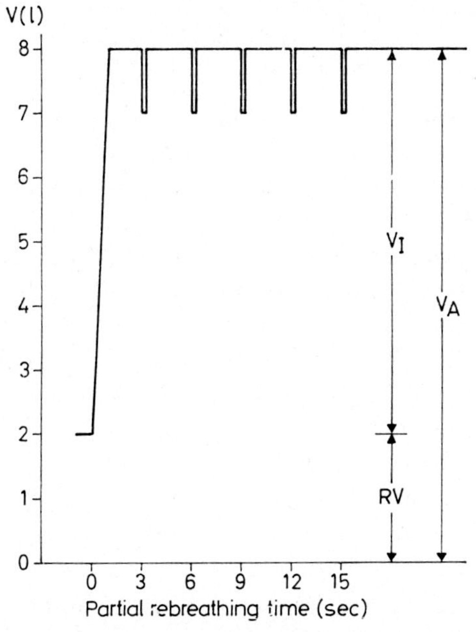

Abb. 3. Atemvolumen während der partiellen Rückatmung des N_2O-Luft-Gemisches.

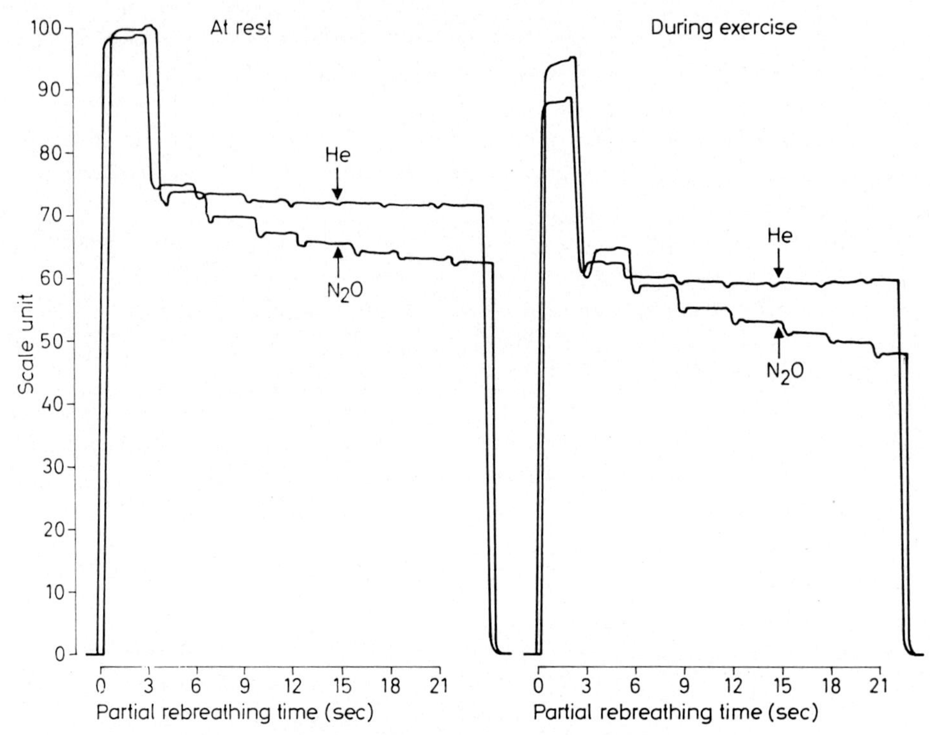

Abb. 4. Kontinuierliche He- und N_2O-Kurven während partieller Rückatmung in Ruhe (links) und während einer Körperbelastung mit 125 Watt.

ausgeatmet hat, wird er über den 5-Wege-Hahn mit dem großen Beutel verbunden und atmet hieraus das Atemgemisch tief ein. Das Alveolarvolumen wird aus der Helium-Verdünnung nach McGrath (4) berechnet. Nach der ersten Inspiration wird der 5-Wege-Hahn auf den kleinen Beutel umgeschaltet. Jeweils nach 3 sec exspiriert der Proband etwa 1 Liter in diesen Beutel und inspiriert ihn sofort wieder. Nach 5–7 Wiederholungen dieser Ex- und Inspiration ist die Untersuchung abgeschlossen.

Abb. 4 zeigt links den Verlauf der He- und N_2O-Konzentration in Ruhe, rechts während einer Körperbelastung mit 125 Watt. Kriterium für die Vollständigkeit der Mischung des inhalierten Gases mit dem intrathorakalen Gasvolumen ist der schließlich horizontale Verlauf der Helium-Kurve.

Die endexspiratorischen N_2O-Konzentrationen, die in der Kurve den tiefsten Punkten jedes Atemzuges entsprechen, werden in ein semilogarithmisches System gegen die Zeit eingetragen und nach der von Cander (1) angegebenen Methode auf den Zeitpunkt Null extrapoliert. Nach obiger Gl. wird sodann das Lungengewebevolumen berechnet.

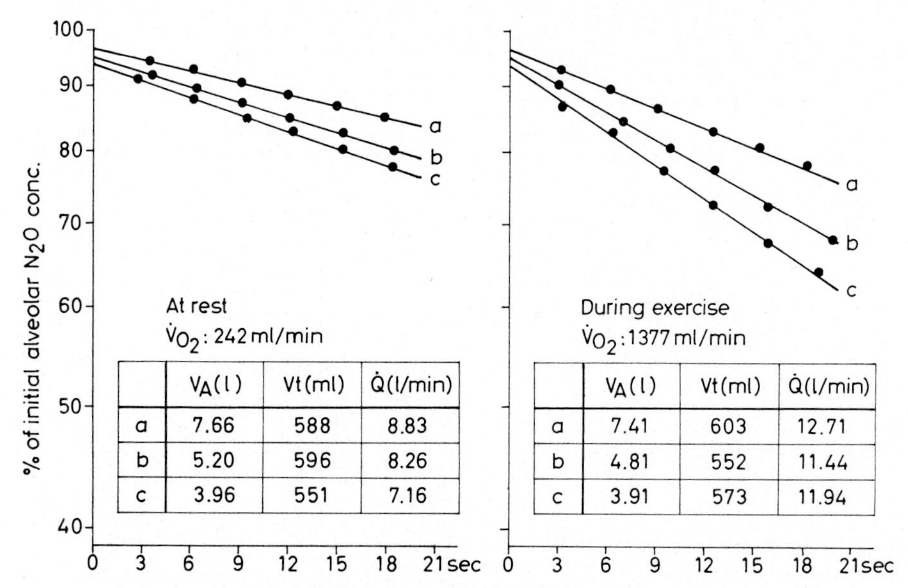

	VA(l)	Vt(ml)	Q̇(l/min)
a	7.66	588	8.83
b	5.20	596	8.26
c	3.96	551	7.16

	VA(l)	Vt(ml)	Q̇(l/min)
a	7.41	603	12.71
b	4.81	552	11.44
c	3.91	573	11.94

Abb. 5. Exspiratorische N_2O-Konzentrationen bei 3 verschiedenen Alveolarvolumina a, b und c in Ruhe (links) und während einer Körperbelastung. $\dot{V}_{O_2} = O_2$-Aufnahme; V_A = Alveolarvolumen; V_t = Lungengewebevolumen; $\dot{Q}$ = Perfusionsvolumen der Lunge.

In Abb. 5 sind links 3 Beispiele, a, b und c, für die Bestimmung des Lungengewebevolumens in Ruhe mit dieser Methode wiedergegeben. Jede Bestimmung ist mit einem anderen Alveolarvolumen durchgeführt worden: für die Kurve »a« mit 7,66 l, für »b« mit 5,20 l und für »c« mit 3,96 l. Wie sich zeigt, ist der berechnete Wert für V_t weitgehend von V_A unabhängig. Rechts sind die Meßwerte bei Körperbelastung dargestellt. Die 3 Werte für V_A und für V_t sind der Tabelle zu entnehmen. Auch hier zeigt sich keine Abhängigkeit von Alveolarvolumen. Der Vergleich der Perfusionsvolumina $\dot{Q}$ der Lunge in Ruhe und bei Körperbelastung läßt auch keine Abhängigkeit des Gewebevolumens vom Perfusionsvolumen erkennen.

In Abb. 6 sind die Lungengewebevolumina in Abhängigkeit vom Alveolarvolumen eingetragen. Es handelt sich um 11 Einzelbestimmungen in Ruhe und 4 Messungen bei Körperbelastung bei demselben Probanden. Auch hier zeigt sich eine gute Reproduzierbarkeit. Der Mittelwert für V_t beträgt 591 ml, die Standardabweichung 25 ml.

Die Brauchbarkeit der Methode beruht auf 3 Voraussetzungen:

1. Der einzelne Atemzug muß ein größeres Volumen als der Totraum haben, damit auch Alveolarluft exspiriert wird und analysiert werden kann.
2. Während der Rückatmung bleibt das Alveolarvolumen konstant.

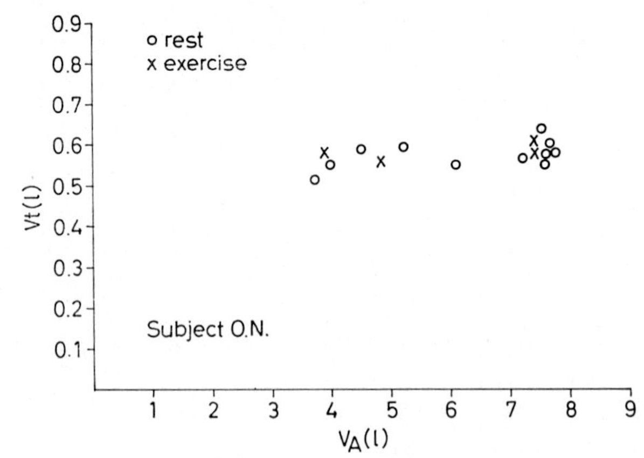

Abb. 6. Berechnete Werte des Lungengewebevolumens V_t bei verschiedenen Alveolarvolumina V_A in Ruhe (○) und während Körperbelastung (×).

3. Der Löslichkeitskoeffizient des Testgases im Lungengewebe α_t ist für alle Probanden der gleiche.

Die 1. Bedingung ist leicht zu erfüllen, indem als Atemvolumen 1 l gewählt wird. Damit wird sicher nicht nur Totraumluft ventiliert. Die Konstanz des V_A ist dagegen nicht exakt gegeben, da die O_2-Aufnahme etwas größer ist als die CO_2-Abgabe. Durch diesen Volumenschwund nimmt die N_2O-Konzentration relativ zu. Andererseits nimmt sie ab mit dem Volumenverlust, der durch die Lösung von N_2O in Blut eintritt. Zusammengenommen ist dieser Fehler aber in der kurzen Zeit, die die Untersuchung dauert, gering und kann vernachlässigt werden. Für den Löslichkeitskoeffizienten α_t von N_2O fand Cander (1) eine Streuung von $\pm 7\%$.

Das mit dieser Methode gemessene Volumen umfaßt nur dasjenige Lungengewebe, das mit belüfteten Alveolen in Kontakt steht. Massive fibrotische Bezirke werden wahrscheinlich nicht erfaßt. Die Brauchbarkeit der Methode für die Diagnostik von Emphysem, Stauungslunge und diffusen Fibrosen muß noch überprüft werden.

Literatur

(1) Cander, L.: Solubility of inert gases in human lung tissue. J. appl. Physiol. *14* (4): 538 (1959).

(2) Cander, L., R. E. Forster: Determination of pulmonary parenchymal tissue volume and pulmonary capillary blood flow in man. J. appl. Physiol. *14* (4): 541 (1959).

(3) Johnson, R. L., W. S. Spicer, J. M. Bishop, R. E. Forster: Pulmonary capillary blood volume, flow and diffusing capacity during exercise. J. appl. Physiol. *15* (5): 893 (1960).

(4) McGrath, M. W., M. L. Thomson: The effect of age, body size and lung volume on alveolar-capillary permeability and diffusing capacity in man. J. Physiol. (Lond.) *146:* 5112 (1959).

Aus der Inneren Abteilung des Krankenhauses Bethanien, Moers
(Chefarzt: Prof. Dr. G. Worth)

Analysen gesammelter Exspirationsluft

U. Smidt

Exspirationsluft kann – je nach der angewandten Untersuchungsmethode – über die Dauer einer oder mehrerer Exspirationsphasen gesammelt werden. Wird die Exspirationsluft jedes Atemzuges analysiert, so empfiehlt es sich, ein kontinuierliches oder quasi-kontinuierliches Einlaßsystem zu benutzen. Wird dagegen nur eine einmalige Analyse aus einer größeren Menge gesammelter Exspirationsluft durchgeführt, so kann auch ein geschlossenes Einlaßsystem benutzt werden. Dies hat theoretisch den Vorteil, daß auch bei ungünstiger Strömungsdynamik keine Entmischung der Gaskomponenten zu befürchten ist, die die Partialdruckbestimmung verfälschen könnte. Die Analyse von gesammelter Exspirationsluft von mehreren Atemzügen wird angewandt bei:

1. der Residualvolumen-Bestimmung mit Helium oder einem anderen Gas im geschlossenen Spirometer, indem nach einer festgelegten Mischungszeit eine Probe aus dem Spirometersystem entnommen und analysiert wird,
2. der Bestimmung der CO_2-Abgabe und O_2-Aufnahme in Ruhe oder bei Körperbelastung, wobei die Exspirationsluft über einen definierten Zeitraum gesammelt und ihr Volumen gemessen wird. Zur Bestimmung der O_2-Aufnahme ist außerdem die Kenntnis des inspiratorischen Volumens notwendig, wenn eine Genauigkeit von 1% oder besser gefordert wird,
3. der Überwachung einer künstlichen Beatmung, wenn in gewissen Abständen kontrolliert werden soll, ob keine Hyper- oder Hypoventilation eingetreten ist.

Besser geeignet ist hierzu allerdings – ebenso wie für die Narkoseüberwachung – eine kontinuierliche Analyse mit oder ohne Grenzwertmeldung oder automatischer Korrektur.

Eine Analyse gesammelter Exspirationsluft *und* eine kontinuierliche Analyse der Exspirationsluft ist für die Berechnung des CO_2-Totraumes nach der Bohrschen Formel erforderlich und auch für das Verfahren von Bargeton zur Bestimmung eines mittleren alveolaren O_2- und CO_2-Druckes. Die Sammlung braucht hier jeweils nur über *eine* Exspirationsphase zu erfolgen.

Die gleiche Art der Sammlung ist anzuwenden, wenn Auswaschkurven von Testgasen wie N_2, O_2, N_2O, Ar, He oder SF_6 geschrieben werden sollen und für

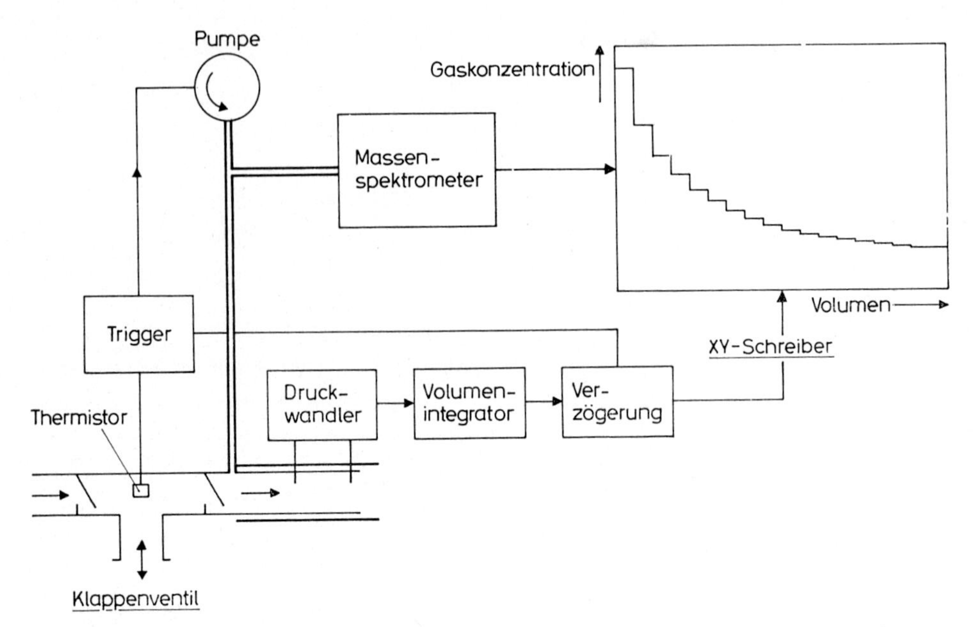

Abb. 1. Analyse gesammelter Exspirationsluft von Auswaschkurven. Der Proband atmet durch ein Klappenventil, in dem ein Thermistor einen Trigger für die Absaugpumpe und den Schreiber-Vorschub steuert. Über einen Druckwandler und Volumenintegrator wird das Exspirationsvolumen gemessen und vor der Schreibung verzögert.

jeden Atemzug ein repräsentativer Partialdruckwert gewünscht wird. Kontinuierliche Analysen sind hierzu weniger geeignet, vor allem wenn Verteilungsstörungen vorliegen und die exspiratorischen Partialdruckkurven kein Plateau, also keinen eindeutig repräsentativen Wert erreichen. Wir benutzen für die Sammlung der Exspirationsluft jedes einzelnen Atemzuges ein Klappenventil (Abb. 1), an dessen Exspirationsseite ein weitlumiger Schlauch angeschlossen ist, so daß die Exspirationsluft jeweils stehen bleibt und sich vermischt. Das Lumen des Schlauches richtet sich danach, ob man – wie z. B. bei der Berechnung des CO_2-Totraumes – die Totraumluft in den Mischungsraum einbeziehen will, oder ob – wie bei Auswaschkurven – nur der Alveolarluftanteil interessiert. In das Lumen dieses Schlauches ragt die Spitze der Absaugleitung des Massenspektrometers. Wird ein 3stufiges Einlaßsystem benutzt, so kann die Membranpumpe der 1. Stufe diskontinuierlich betrieben werden. Wir steuern sie über einen Thermistor, der in der Mitte des Klappenventils angebracht ist. Der Temperaturwechsel von Ex- zu Inspirationsluft liefert das Signal für die Triggerung der Membranpumpe. Das gleiche Signal steuert über eine Verzögerungsschaltung den ebenfalls diskontinuierlichen Papiervorschub des Schreibers, so daß erst nach Ablauf der Totzeit des Massenspektrometers und der Einstellzeiten von Massenspektrometer und Schreiber der Papiervorschub für einen gewählten Zeitraum einsetzt, so daß saubere Treppenkurven resultieren. Dieses Verfahren hat sich vor allem bei der simultanen Elimination mehrerer Testgase bewährt.

Bei Verwendung von Douglassäcken oder sonstigen Ballons zur Sammlung der Exspirationsluft (ebenso wie bei der Eichung mit Hilfe einer Fußballblase) ist besonders darauf zu achten, daß die Beutel nicht zu prall gefüllt werden, wenn gleichzeitig die Absaugleitung des Spektrometers in den Beutel hineinragt. Jede Änderung des Totaldruckes an der Kapillarspitze kann auch eine Änderung der Partialdrucke im Analysator und damit eine Änderung des Meßsignals bewirken.

Dies stört vor allem dann, wenn relativ kleine Partialdruckänderungen über einem großen Grundpegel gemessen werden sollen, z. B. die in- exspiratorischen Stickstoff-Partialdruckänderungen von ca. 10 Torr über einem inspiratorischen Grundpegel von 563 Torr. Eine Druckänderung von 1% im Analysator ergibt schon eine Änderung der Signalamplitude, die 5,63 Torr entspricht. Abb. 2 gibt die Anzeigeänderungen für eine beliebige Gaskomponente – ausgedrückt in % des Wertes bei 750 Torr Gesamtdruck – in Abhängigkeit vom Totaldruck an der Spitze des Einlaßsystems wieder. Die punktierte Linie zeigt die Werte eines zweistufigen Einlaßsystems mit einer 20 cm langen ungeheizten Kapillare, die durchgezogene Linie die Werte eines 3stufigen Einlaßsystems, bei dem vor der gleichen Kapillare noch eine Membranpumpe und ein 2 m langer Teflonschlauch von 1 mm Durchmesser angebracht ist.

Es ist deutlich zu erkennen, daß das 3stufige Einlaßsystem wesentlich unempfindlicher gegen Druckänderungen an seiner Spitze ist. Dies beruht darauf, daß der Druck über die Membranpumpe entweichen kann.

Beim 2stufigen System ändert sich die Anzeige korrekt proportional zu der Änderung des Totaldruckes an der Kapillarspitze.

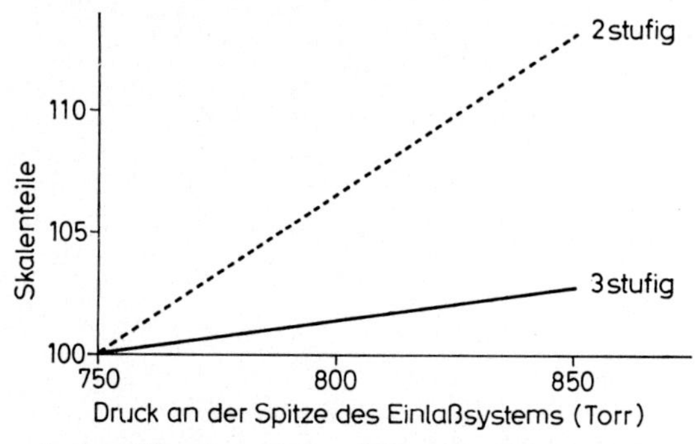

Abb. 2. Beziehung zwischen Signalanzeige und Druck an der Spitze eines 2stufigen (·····) und eines 3stufigen (———) Einlaßsystems.

Sind neben den massenspektrometrischen Analysen Volumenmessungen der Exspirationsluft erwünscht, so kann die abgesaugte Luft von den Auspuffstutzen der Membranpumpe und der Vorpumpe in das Sammelgefäß zurückgeführt werden. Der Bruchteil, der tatsächlich in den Analysator gelangt und über die Diffusionspumpe abgesaugt wird, ist so klein, daß er vernachlässigt werden kann. Die Rückführung dieser Luft ist auch nicht empfehlenswert, weil damit gleichzeitig Volumina, die durch Lecks einströmen oder die aus dem Pumpenöl stammen, in das Sammelgefäß überführt werden könnten.

Insgesamt bietet die massenspektrometrische Analyse gesammelter Exspirationsluft keine speziellen Probleme. Für die gängigen Verfahren sind nur monoisotopische Analysen erforderlich. Bei pharmakologischen oder bei stoffwechselanalytischen Untersuchungen kann auch die Aufzeichnung eines ganzen Massenspektrums interessant sein, um nach bisher unbekannten Metaboliten in der Atemluft zu suchen. Ein Massenspektrometer ist z. B. für Ammoniak zwar nicht so empfindlich wie die menschliche Nase, aber es ist denkbar, daß bei verschiedenen Krankheiten auch geruchlose Metaboliten über die Lunge abgegeben werden und einen diagnostischen Wert gewinnen können.

Aus dem Physiologischen Institut der Universität Bonn
(Direktor: Prof. Dr. J. Pichotka)

Stickstoff- und Argonkonzentrationen in der In- und Exspirationsluft

K. MUYSERS

Für den Zustand des Gleichgewichtes gilt bisher die unbestrittene Hypothese, daß die ein- und ausgeatmete Menge Stickstoff identisch ist. Analoge Bedingungen gelten auch für Argon.

Wenn diese Annahme uneingeschränkte Gültigkeit hat, so muß das in-exspiratorische Argonkonzentrationsverhältnis $\frac{F_{AE}}{F_{AI}}$ in jeder Phase gleich demjenigen des Stickstoffs $\frac{F_{N_2E}}{N_{N_2I}}$ sein. Auch der respiratorische Quotient oder Momentanquotient und die daraus resultierenden intrathorakalen Volumenänderungen hätten für diese Quotienten dieselbe Bedeutung.

Bei der massenspektrometrischen Analyse der In- und Exspirationsluft mit insgesamt 4 verschiedenen Typen von Massenspektrometern stellte sich jedoch heraus, daß sich der Quotient $\frac{F_{AE}}{F_{AI}}$ anders verhält als der Quotient $\frac{F_{N_2E}}{F_{N_2I}}$ oder anders ausgedrückt

$$F_{N_2I} \cdot \frac{F_{AE}}{F_{AI}} - F_{N_2E} \neq 0 \qquad (1)$$

Wenn U die zur Argon- und Stickstoffkonzentration proportionalen Spannungen am Ausgang der Massenspektrometerverstärker sind und die Ionenströme so verstärkt werden, daß bei Einlaß von Raumluft $U_{AI} = U_{N_2I}$, so kann das Ergebnis für $F_{N_2I} \cdot \frac{F_{AE}}{F_{AI}} - F_{N_2E}$ einer Probe nach analoger Datenverarbeitung unmittelbar auf einem Digitalvoltmeter abgelesen werden.

In Abb. 1 ist die Eichbeziehung zwischen dem Ausdruck $F_{N_2I} \cdot \frac{F_{AE}}{F_{AI}} - F_{N_2E}$ und $b \cdot (U_{AE} - U_{N_2E})$ wiedergegeben. Die Änderungen der Konzentrationen von Argon und Stickstoff wurden durch Zumischung dieser Gase zu Luft erreicht, so daß F_{AE} und F_{N_2E} sich ändern; b ist ein konstanter Proportionalitätsfaktor.

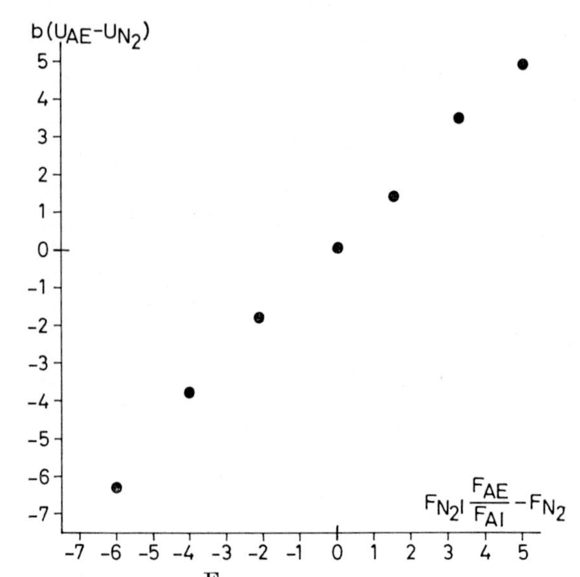

Abb. 1. Beziehung zwischen $F_{N_2I} \cdot \frac{F_{AE}}{F_{AI}} - F_{N_2E}$ und den Meßspannungen $b \cdot (U_{AE} - U_{N_2E})$ zur Prüfung der Eich- und Kongruenzbedingungen. Die Änderungen der Stickstoff- und Argonkonzentrationen wurden durch Zumischung von 1; 2 und 3 ml N_2 bzw. 0,01; 0,02 und 0,03 ml Ar zu 500 ml Luft erreicht.

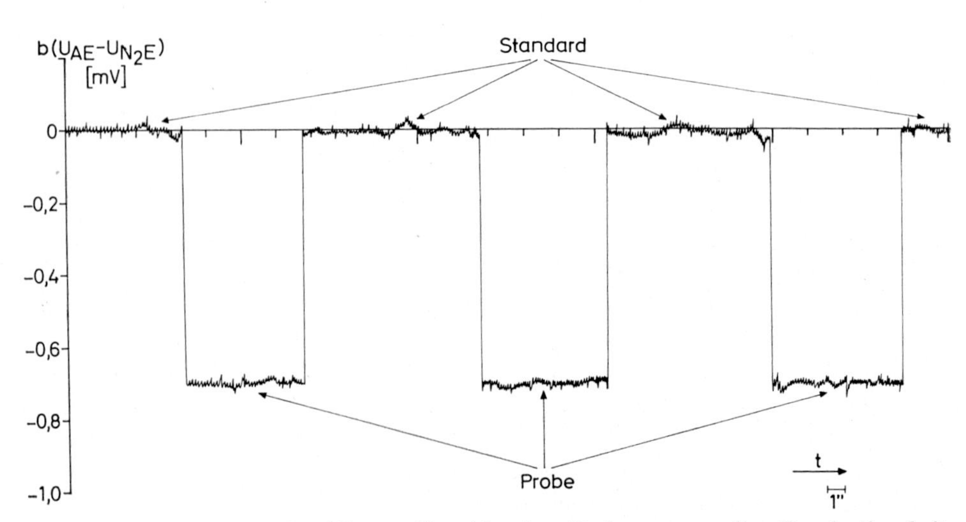

Abb. 2. Bestimmung von $b \cdot (U_{AE} - U_{N_2E})$ in einer Probe gesammelter Exspirationsluft. Der mehrfache Vergleich zwischen Probe und Standard (Raumluft) dient zur Verkleinerung des statistischen Fehlers.

Abb. 2 zeigt das Ergebnis einer Analyse von Exspirationsluft mit dieser Methode. »Standard« bedeutet in diesem Falle Raumluft, »Probe« Exspirationsluft. Durch mehrfache Analysen kann das Ergebnis, dessen Ungenauigkeit wesentlich durch Ionenrauschen beeinflußt wird, statistisch verbessert werden.

Bei der Untersuchung von 20 Probanden im Alter von 21–44 Jahren fanden wir ohne Ausnahme für $F_{N_2I} \cdot \frac{F_{AE}}{F_{AI}} - F_{N_2E}$ einen negativen Wert. Im Mittel betrug er bei Frauen $46{,}5 \cdot 10^{-5}$ in Ruhe und $45{,}9 \cdot 10^{-5}$ bei 75 Watt Belastung, bei Männern $68{,}2 \cdot 10^{-5}$ in Ruhe und $81{,}9 \cdot 10^{-5}$ bei 100 Watt Belastung.

Bei allen Probanden hat sich schließlich ein deutlicher Unterschied im zeitlichen Verlauf des exspiratorischen Stickstoff- und Argonpartialdruckes ergeben.

Abb. 3 bringt dafür ein charakteristisches Beispiel. Von oben nach unten sind dort die O_2-, CO_2-, N_2- und Argonpartialdrucke wiedergegeben. Es ist deutlich

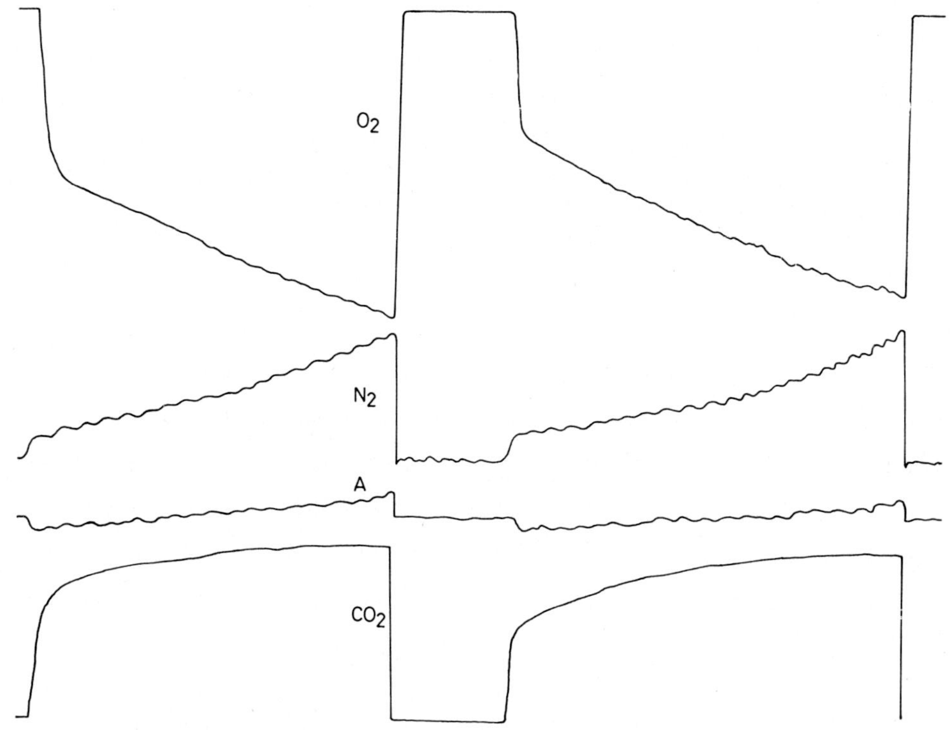

Abb. 3. Kontinuierlich analysierte O_2-, CO_2-, N_2- und Ar-Partialdrucke von 2 aufeinander folgenden verlängerten Atemzügen. Die Ar- und N_2-Kurven sind mit größerer Empfindlichkeit als die O_2- und CO_2-Kurven registriert.

zu erkennen, daß der Stickstoff- und Argonpartialdruck sich signifikant verschieden verhalten. Zu Beginn der Exspiration steigt der Stickstoffpartialdruck schnell an, während der Argonpartialdruck zunächst niedriger als der inspiratorische Wert liegt und dann erst langsam darüber ansteigt. Auch dieser zeitliche Verlauf zeigt, daß sich in der Exspirationsluft Stickstoff anders als Argon verhält. Bei kritischer Auswertung dieser Meßergebnisse ergibt sich also der Sachverhalt, daß der Stickstoffanteil gegenüber dem Argonanteil in der Exspirationsluft relativ zunimmt. Dieser Befund läßt nur 2 Deutungen zu: entweder verschwindet Argon im menschlichen Organismus, oder es wird Stickstoff mit der Atemluft eliminiert.

Die Annahme einer Argonaufnahme würde voraussetzen, daß Argon ohne oder sogar gegen ein Partialdruckgefälle transportiert wird. Eine Deponierung oder ein Umsatz von Argon ist aber nach Kenntnis der Chemie und Biologie vollkommen unwahrscheinlich. Man wird deshalb die Elimination von Stickstoff durch die menschliche Lunge als das Wahrscheinlichere für die Erklärung der dargelegten Befunde annehmen müssen.

Die Frage nach der Herkunft des eliminierten Stickstoffs muß dabei zunächst offen bleiben, sie war bei der methodischen Konzeption dieser Untersuchungen auch von vornherein nicht gestellt.

B. Visser: **Diskussionsbemerkung** zu dem Kurzreferat Muysers

Bei ungleichmäßiger Verteilung von $\dot{V}_A/\dot{Q}$ gibt es in den relativ hyperventilierten Teilen (P_1) eine N_2-Aufnahme, die proportional ist der Durchblutung

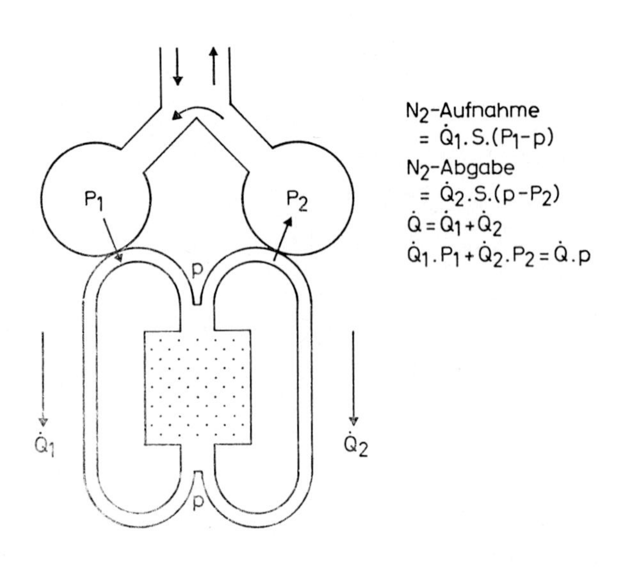

dieser Teile ($\dot{Q}_1$), der Löslichkeit (S) und der N_2-Patrialdruckdifferenz zwischen Alveolarluft (P_1) und venösem Mischblut (p) (s. Abb.).

Obwohl die Abgabe aus den relativ hypoventilierten Gebieten im dynamischen Gleichgewichtszustand die Aufnahme kompensiert, bleibt doch ein Transport von N_2 nicht nur durch das Blut, sondern auch durch die Luftwege bestehen. Die transportierte Menge hängt von der Löslichkeit ab und ist deshalb für Stickstoff und Argon unterschiedlich.

Der Transport auf trockenem Wege findet im Totraum statt. Wäre es möglich, daß durch die Untersuchungsbedingungen eine Störung im Transport auftritt?

Schlußwort von K. Muysers zu der Diskussionsbemerkung von B. Visser:

Wenn durch die Untersuchungsbedingungen der Transport von N_2 und Ar in der Gasphase derart gestört würde, daß ein Ungleichgewichtszustand eintritt, der einem neuen steady state zustrebt, so hätten sich bei längerer Untersuchungsdauer unterschiedliche Ergebnisse zeigen müssen. Eine gerichtete Änderung der Meßwerte in Abhängigkeit von der Untersuchungsdauer war jedoch nicht festzustellen. Auch erhebliche Beeinträchtigungen des dynamischen Gleichgewichtszustandes durch Hypo- und Hyperventilation zeigten keine Änderung des Terms $F_{N_2I} \cdot \frac{F_{AE}}{F_{AI}} - F_{N_2E}$.

Aus der II. Medizinischen Klinik und Poliklinik der Johannes-Gutenberg-Universität Mainz (Direktor: Prof. Dr. med. P. Schölmerich)

Messung und Bedeutung alveolo-arterieller Partialdruckdifferenzen*

F. H. Hertle

Die heute experimentell gut gesicherte Konzeption unterschiedlich über die Lunge verteilter Inhomogenitäten des Ventilations-Perfusions-Verhältnisses bedingt zwangsläufig das Auftreten alveolär-arterieller Druckdifferenzen der vorkommenden Permanentgase Sauerstoff, Kohlensäure und Stickstoff. Diese Differenzwerte sind die einfachsten Maßzahlen, welche uns über die Effektivität des Gaswechsels Auskunft zu geben vermögen. Das Vorkommen derartiger Differenzen zwischen arteriellen und alveolären Atemgaswerten wurde schon von Haldane um 1920 beschrieben und als Folge einer ungleichmäßigen Ventilation oder Durchblutung der Lunge oder beider Störungen gemeinsam gedeutet. Eine erste quantitative Annäherung zur Berechnung der alveolären Gaskonzentrationen bei bekannter Inspirationsluft und den entsprechenden Werten für das gemischt-venöse Blut erfolgte dann durch die klassischen Untersuchungen von Riley und Cournand (54, 55, 56) und unabhängig davon durch die Rochester-Gruppe um Rahn (49). Die entscheidende Erkenntnis war dabei, daß nicht die *absoluten* Größen von Ventilation und Perfusion den Gasaustausch limitieren, sondern ihre gegenseitige regionale *Zuordnung* in den einzelnen Lungenbezirken. Schon Riley und Cournand (55) waren sich darüber im klaren, daß auch die Verteilung unterschiedlicher Diffusionswiderstände austauschbegrenzend sein kann. Wie bekannt, näherten sich beide Gruppen der Problematik dieser Beziehungen durch graphische Verfahren, wobei uns in dem durch Rahn und Fenn (50) niedergelegten O_2-CO_2-Diagramm das wohl wertvollste Hilfsmittel zur Analyse dieser Zusammenhänge gegeben wurde. Alle grundsätzlichen Überlegungen und Ableitungen dieser Untersucher haben heute noch unbeschränkte Gültigkeit. Hinzugekommen sind exaktere Meßmethoden und Verfahren, die verschiedenen Anteile der alveolär-arteriellen Differenzen quantitativ genauer zu erfassen. Dabei verdienen besondere Erwähnung diejenigen Konzeptionen, welche in die Betrachtung des Ventilations-Perfusions-Verhältnisses auch die unterschiedliche Verteilung der Diffusions-

*) Die Untersuchungen wurden mit Unterstützung der Deutschen Forschungsgemeinschaft durchgeführt.

widerstände mit einbeziehen, wie es quantitativ erstmalig von VISSER und MAAS (70) und nachher im besonderen durch die Arbeiten von PIIPER (47, 48) durchgeführt wurde. Es ist nicht möglich, im Rahmen des gestellten Themas auf alle Befunde einzugehen, welche für das Zustandekommen und die Interpretation der Druckdifferenzen zu berücksichtigen sind. Im folgenden beschränke ich mich daher auf 3 Punkte:

1. Die Komponenten der alveolär-arteriellen Sauerstoff-Druckdifferenz (AaD O_2) und der sog. »triple-Gradient«.
2. Methodische Probleme.
3. Die sog. Normwert-Bereiche der Partialdruck-Differenzen.

1. Die Komponenten der AaD O_2 und der sog. »triple-Gradient«

Zurückgehend auf die o.a. Untersuchungen von RILEY und COURNAND (1949, 1951) und RAHN (1949), werden für das Zustandekommen der alveolär-arteriellen Druckdifferenzen ursächlich bekanntlich 3 Mechanismen diskutiert:

a) der venöse Kurzschlußblut-Anteil (anatomischer Shunt),
b) eine diffusionsbedingte Komponente und
c) der sog. Verteilungs- oder Distributionsfaktor.

Wie schon FAHRI und RAHN (16) in einer ersten theoretischen Analyse dieser Komponenten ausführten, läßt sich durch die Atmung verschiedener Sauerstoff-Konzentrationen eine gewisse Differenzierung der genannten Anteile durchführen. Sie bestätigten damit gleichzeitig schon von DIRKEN und HEEMSTRA (14), RILEY und COURNAND (55), BARTELS und RODEWALD (5) erhobene Befunde, wonach bei der Atmung hypoxischer Gemische eine anteilmäßige Zunahme der alveolo-endkapillären AaD erfolgt. Unter der Annahme einer venösen Shuntblutmenge von 2% des Herzzeitvolumens nach BARTELS (5) untersuchten sie für die Gesamtlunge verschiedene Verteilungen des Ventilations-Perfusions-Verhältnisses und kamen zu dem Schluß, daß der wesentliche Anteil der Gesamt-AaD O_2 die verteilungsbedingte Komponente ist. In der Folgezeit haben zahlreiche Untersucher diese Konzeption aufgegriffen und weiter ausgearbeitet, wobei über verschiedene theoretische Ansätze im besonderen eine Analyse des Distributionsfaktors versucht wurde (im einzelnen siehe bei 8, 10, 35, 40, 45, 46, 48, 58, 60, 65, 72, 73). Unabhängig von den aufgrund der jeweiligen theoretischen Konzeption sich ergebenden Differenzen in der Interpretation dieses Phänomens bestätigten die Untersuchungen, daß der Hauptanteil der Gesamt-AaD O_2 beim Gesunden durch Inhomogenitäten des Ventilations-Perfusions-Verhältnisses erklärt werden kann.

Nach den durch STAUB (62) mitgeteilten Ergebnissen einer theoretischen Analyse der experimentellen Daten mehrerer Untersucher dürfte weiter bei gesunden Personen auch bei schwerer Arbeit ein meßbarer Anteil der diffusionsbedingten AaD O_2 nicht zu erwarten sein. Für die Klinik interessant ist dabei der Hinweis, daß »reine« Membranstörungen (der sog. alveolo-kapilläre Block) wahrscheinlich nicht über eine Störung der Diffusion zu einer Hypoxie führen, sondern sich in diesen Lungenbezirken durch die pathologisch veränderte Compliance ein gestörtes $\dot{V}_A/\dot{Q}$-Verhältnis mit seinen Folgen für die Arterialisierung ausbildet.

Die Kurzschlußblut-Beimengung über den anatomischen Shunt wird mit 3–5 Torr an der Gesamt-AaD angegeben. Für diesen Faktor besteht hinsichtlich der anteilmäßigen Abgrenzung noch keine Einheitlichkeit in der Interpretation der teilweise differierenden experimentellen Daten (12, 13, 35 u.a.). Eine Erklärung dafür ist in den unterschiedlichen Annahmen zu suchen, welche den konzipierten Verteilungsmodellen zugrundeliegen und im Einzelfall den paraalveolären Blut-Shunt als Extremfall eines Null oder nahezu Null betragenden Ventilations-Perfusions-Verhältnisses nicht von dem anatomischen Kurzschlußblutanteil abgrenzen lassen. Diskutiert wird weiter auch eine direkte Beeinflussung des anatomischen Shunts während seiner Bestimmung durch die hohen O_2-Drucke (12, 13). Wahrscheinlich dürfte der Shuntblutanteil kleiner als bisher angenommen sein.

Zur Differenzierung der Komponenten der AaD O_2 werden im allgemeinen entweder in *getrennten* Untersuchungsschritten Gase mit unterschiedlichen Diffusionseigenschaften (d. h. ein inertes, ein diffusions-begrenztes und ein unbeschränkt diffusibles Gas) oder in *einem* Verfahren entsprechend zusammengesetzte Gasgemische angeboten. Aus der Messung und mathematischen Interpretation des Übergangsverhaltens der verschiedenen Fraktionen lassen sich dann – in Verbindung mit Blutgas-analytischen Daten – alle wesentlichen Parameter der Distribution der austauschbegrenzenden Größen sowie diese selbst bestimmen. Unterschiedlich sind die den Berechnungen zugrundeliegenden theoretischen Konzeptionen und Annahmen und weiter auch die Anzahl der de facto gemessenen Variablen, welche die verschiedenen – durch den methodischen Eingriff sich verändernden oder in einem neuen »steady state« befindlichen – Zustandsformen des Gaswechsels erfassen. Das einfachste Vorgehen für eine Differenzierung der AaD O_2, worauf RILEY und COURNAND (55, 56) schon hingewiesen haben, besteht bekanntlich darin, unterschiedlich hohe Sauerstoff-Konzentrationen atmen zu lassen. Das gleichsinnige Verhalten (d. h. eine Verkleinerung) des Kurzschlußblut-Faktors und der Verteilungskomponente bei Hypoxiegemischen veranlaßte sie, diese als »physiologischen Shunt« zusammenzufassen. Gleichzeitig wird der Effekt des Diffusionsfaktors auf die AaD O_2 deutlich vergrößert. Das umgekehrte Verhalten der 3 Komponenten tritt ein bei Atmung von Hyperoxie-Gemischen. In keinem Fall jedoch erlauben die aus diesem methodischen Vorgehen abzuleitenden Aussagen über die AaD O_2 mehr als einen groben Hinweis auf ihr Zustandekommen. – Auf Einzelheiten dieser Verteilungsanalysen kann nicht eingegangen werden.

Aus der Konzeption von RAHN (49) und RILEY und COURNAND (55) läßt sich folgern, daß in jeder Alveolareinheit mit einer von 1 abweichenden Austauschrate ($R \neq 1$) auch die alveoläre N_2-Fraktion in ihrer Konzentration von der Inspirationsluft abweichen muß. CANFIELD und RAHN (11) postulierten für eine normal logarithmische Verteilung an einem 2-alveolären Lungenmodell, gestützt auf tierexperimentelle Ergebnisse, die allgemeine Beziehung:

$$p\,(A\text{-}a)\,O_2 \geq p\,(a\text{-}A)\,CO_2 + p\,(a\text{-}A)\,N_2 \qquad (1)$$

Im allgemeinen sind beide Seiten nicht gleich, da dies voraussetzt, daß die Blut-Dissoziationskurven für CO_2 und O_2 über den vokommenden Druckbereich streng linear sein müssen. Dies ist jedoch bei der großen Variabilität der

Verteilungsquotienten nicht anzunehmen (30, 36, 38), so daß im allgemeinen die Sauerstoff-AaD größer als die Summe der beiden übrigen Differenzen sein wird. – Es kann nun gezeigt werden, daß die gleichzeitige Bestimmung der alveolo-arteriellen Partialdruckdifferenzen von O_2, CO_2 und N_2, d.i. der sog. *»triple-Gradient«*, eine genauere Differenzierung der die O_2-Druckdifferenz bedingenden Komponenten ermöglicht. Wie sich theoretisch ableiten läßt und experimentell von verschiedenen Untersuchern nachgewiesen wurde, wird die arterio-alveoläre CO_2-Druckdifferenz durch »para-alveoläre« Shunts d. h. Alveolareinheiten mit einem sehr niedrigen oder Null betragenden Ventilations-Perfusions-Verhältnis ebenso wie durch größere anatomische Kurzschlüsse kaum beeinflußt. So läßt sich berechnen, daß ein Shuntblutanteil von 10% des Herzzeitvolumens bei einer avD CO_2 von 5 mm Hg eine aAD CO_2 von +0,5 Torr bedingt. Dies erklärt sich einfach aus der nahezu linearen CO_2-Dissoziationskurve im physiologischen Bereich und der kleinen arterio-venösen Druckdifferenz, verglichen mit Sauerstoff. Es besteht auch Übereinstimmung darüber, daß aufgrund des hohen Löslichkeitskoeffizienten dieses Gases ein meßbarer diffusionsbedingter Anteil der aAD CO_2 nur unter extremen Bedingungen bestimmbar wird. Daraus folgt, daß am Zustandekommen dieser Druckdifferenz überwiegend Alveolareinheiten mit einem hohen Ventilations-Perfusions-Verhältnis beteiligt sein müssen; funktionell somit Gebiete mit einem erhöhten Parallel- oder Alveolar-Totraum. – Wie schon erwähnt, bedingt per definitionem jede Alveolareinheit mit einem $R \neq 1$ eine Differenz zwischen inspiratorischem und alveolärem N_2-Druck. So wird in Bezirken mit kleinem Ventilations-Perfusions-Verhältnis und niedriger Austauschrate der N_2-Partialdruck etwa in dem Maße ansteigen müssen, wie der Sauerstoffdruck abfällt, da eine Änderung des CO_2-Druckes lediglich im Bereich der relativ kleinen avD CO_2 möglich ist, d. h. den venösen Wert annehmen kann, der alveoläre Gesamtdruck jedoch dem Atmosphärendruck entsprechen muß. Dieser Effekt wird sich überwiegend auf der Blutseite, d. h. in den Blutgaspartialdrucken auswirken müssen, während analog Bezirke mit hohem $\dot{V}_A/\dot{Q}$-Verhältnis und damit gesteigerter Austauschrate vorwiegend in der Gasphase sichtbar werden (11, 52, 71, 72). Aus diesem Verhalten resultiert zwangsläufig eine aAD N_2. Nach einer Formulierung von Rahn und Farhi (52) kann man so die aAD CO_2, als einen »equivalent air shunt« und die aAD N_2 entsprechend als »equivalent blood shunt« beschreiben.

Während sich N_2- und CO_2-Differenzen im Prinzipiellen ähnlich verhalten, unterscheiden sie sich in ihrem Zustandekommen: die alveolär und arteriell unterschiedlichen CO_2- (und auch O_2)-Partialdrucke werden letztlich bedingt durch den an der alveolo-kapillären Membran stattfindenden Gasaustausch. Die N_2-Differenz ist ein »passives« Phänomen, mit anderen Worten, ein zwischen Blut- und Gasphase stattfindender Gaswechsel im Sinne eines Netto-Umsatzes ist nach unseren heutigen Kenntnissen nicht bekannt. Dies bedingt einmal übereinstimmende N_2-Partialdrucke im gemischt-venösen und arteriellen Blut und setzt voraus, daß die unterschiedlich hohen N_2-Drucke in den verschiedenen Alveolarbezirken durch ein entsprechend gegensinniges Verhalten der Blutgasdrucke in anderen Einheiten ausgeglichen werden und so die notwendigen Absorptions- und Exkretionsraten bilanzmäßig nicht in Erscheinung treten. Damit entfallen für die arterio-alveoläre N_2-Differenz sowohl der venöse Shuntblutanteil als auch unter normalen Umständen – infolge des geringen Löslichkeitskoeffizienten – eine »diffusionsbedingte« Komponente. Ihre Höhe wird ausschließlich bestimmt durch Inhomogenitäten des Ventilations-Perfusions-Verhältnisses[1]).

Diese, auf die o.a. Autoren zurückgehende »klassische« Konzeption der arterio-alveolären N_2-Druckdifferenz wurde im besonderen durch LENFANT (34, 35, 38, 39) experimentell weiter ausgearbeitet. Er konnte zeigen, daß in Fortführung des oben Gesagten die Bestimmung des »triple-Gradienten« unter ansteigenden Sauerstoff-Konzentrationen eine sehr viel exaktere Differenzierung der die alveolo-arterielle Sauerstoff-Differenz bedingenden Komponenten gestattet als – bei gleicher Methodik – die Bestimmung der AaD O_2 allein. Weiter stellte LENFANT (38) bei Untersuchungen über zeitabhängige Schwankungen einer Reihe von Atemgrößen, darunter auch der arteriellen und alveolären Gaspartialdrucke, fest, daß sich bestimmte Zuordnungen verschiedener Gaswechselgrößen in gewissen Zeitabständen wiederholen, wobei die einzelnen, das jeweilige Momentan-Gleichgewicht bedingenden Meßgrößen statistisch signifikant miteinander korreliert waren. Solche Schwankungen zeigten u. a. auch die arteriellen Blutgase, in geringerem Ausmaße auch die alveolären Werte. Eine Prüfung der Abhängigkeit der einem bestimmten Ventilations-Perfusions-Verhältnis zuzuordnenden alveolo-arteriellen Druckdifferenzen ergab auch für diese Parameter zeitabhängige Schwankungen, darüber hinaus jedoch ein Verteilungsmuster, welches weitgehend der o. a. Summenformel des »triple-Gradienten« entsprach. – Auf Einzelheiten kann hier nicht eingegangen werden.

2. Methodische Probleme

Die Messung der die alveolär-arteriellen Druckdifferenzen formierenden Größen der Blut- und Gasphase bereitet heute methodisch keine Schwierigkeiten. Die Problematik beginnt dort, wo mit den Gaskonzentrationen ein sog. mittlerer oder repräsentativer Alveolarwert rechnerisch festgelegt werden soll.

---

[1]) Diese Interpretation der aAD N_2 als einem »passiven« Phänomen wird durch die hier vorgetragenen Befunde von MUYSERS (s. S. 179) in Frage gestellt. Eine Bestätigung würde gleichzeitig den Nachweis einer avD N_2 voraussetzen, wofür u.W. bisher noch keine experimentellen Beweise vorliegen (s. unter 2 d. Ref.).

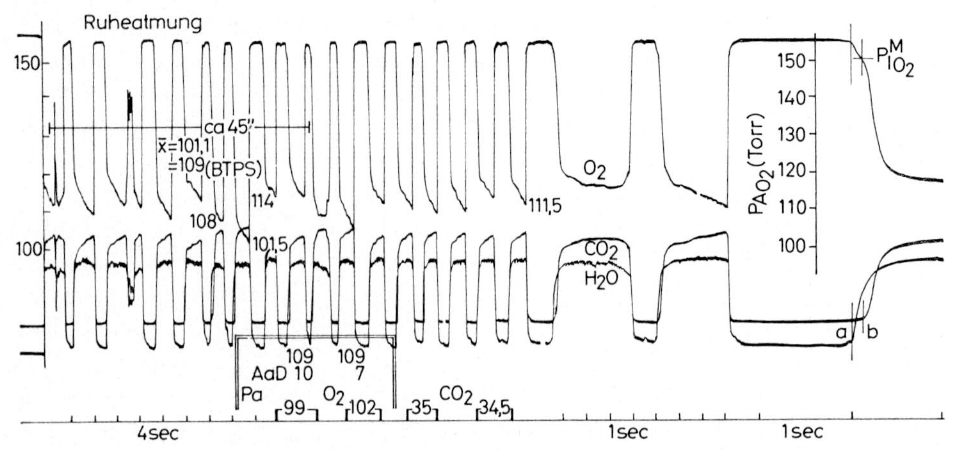

Abb. 1. Bestimmung der endexspiratorisch-arteriellen Sauerstoff-Druckdifferenz (eAaD O_2) am Beispiel einer Originalkurve; registriert sind die Sauerstoff-, Kohlensäure- und Wasserdampfkonzentrationskurven, eingetragen ist die Eichkurve für den O_2-Partialdruck; 3 verschiedene Geschwindigkeiten. – In die Zeitachse am unteren Rand sind zwischen den Lichtzeichen, die Beginn und Ende der Blutentnahmen kennzeichnen, die arteriellen Sauerstoff- und Kohlensäurepartialdrucke (arterialisiertes Ohrkapillarblut) eingetragen und – für die O_2-Drucke – die errechneten Druckdifferenzen. Die den Blutentnahmen vorausgehende Beobachtungs- bzw. Auswerteperiode beträgt etwa 40–60 Sekunden; in diesem Zeitraum wird auch die Exspirationsluft zur vergleichsweisen Berechnung der Alveolardrucke gesammelt.

Dies gilt für alle 3 erwähnten Gase, wobei die eigentlichen Atemgase durch ihre zusätzlichen austauschbedingten Änderungen sich von dem inerten Stickstoff unterscheiden.

Die Methoden der Messung der arteriellen Drucke sind ausreichend bekannt. Peripherarterielle und aus dem hyperämisierten Ohrkapillarblut bestimmte Werte sind bei Gesunden sicher vergleichbar (32, 64, 67, 69); allerdings ist die intraindividuelle Streuung bei den letzteren mit 7,9 Torr relativ hoch (20), eine vergleichbare Angabe für den Ohrkapillarblut- und peripher-arteriellen Wert simultan abgenommener Blutproben bei denselben Probanden ist nicht bekannt. Es läßt sich weiter nachweisen, daß sich die Durchschnittswerte 2 unmittelbar hintereinander abgenommener Ohrkapillarblutproben nicht signifikant voneinander unterscheiden, m. a. W. als Doppelbestimmung angesehen werden können (20). Bei Kranken, insbesondere bei Patienten mit Kardiopathien, bei dekompensiertem Cor pulmonale wird man zweckmäßigerweise den peripher-arteriellen Wert verwenden oder doch simultane Kontrollen durchführen (24). Arterielle Meßwerte sind auch bei Verteilungsanalysen, soweit diese Werte in die Datenverarbeitung mit eingehen, im besonderen aber bei Blutentnahmen unter Atmung hoher Sauerstoffkonzentrationen, wie sie zur Differenzierung des Triple-Gradienten notwendig sind, unbedingt zu bevorzugen.

Die Bestimmung der N_2-Druckdifferenz geht auf tierexperimentelle Untersuchungen durch Aksnes u. Rahn (2) und Canfield und Rahn (11) zurück, wobei im Blut der Stickstoff-Druck als Differenzwert aus dem Gesamt-Gasdruck und den Atemgas-Teildrucken erhalten wurde. Dabei bestätigte sich die der »klassischen« Theorie zugrundeliegende Annahme (55, 49), daß der arterielle Druck mit dem gemischt-venösen identisch, aber höher als der alveoläre Wert ist.

KLOCKE und RAHN (29), BRISCOE und GURTNER (9) konnten zeigen, daß der N_2-Druck im Urin dem arteriellen größenordnungsmäßig entspricht, ein schon 1910 von HILL erkannter Befund (27). Nach diesen Ergebnissen können die arterio-alveoläre und Urin-alveoläre Stickstoff-Druckdifferenz ebenfalls gleichgesetzt werden. Wichtig dabei ist, analog den Blutgasanalysen, die streng anaerobe Sammlung des Urins. In neuerer Zeit haben FARHI u. Mitarb. (17) und LENFANT u. AUGUTT (39) Methoden zur gaschromatografischen Analyse angegeben. Einzelheiten müssen dort nachgesehen werden. Der alveoläre N_2-Druck läßt sich nach einer von KLOCKE und RAHN (29) angegebenen Form der Alveolarluftgleichung unter den Annahmen, die für die Benutzung der Alveolarluftformel allgemein gelten, berechnen:

$$P_{N_2A} = F_{N_2I} \cdot \left[P_{CO_2A} \cdot \frac{1-R}{R} + (P_B - 47) \right] \qquad (2)$$

Für einen Fehler in PCO_2 von 10 Torr ergibt sich eine etwa 2 mm betragende Änderung im Stickstoffdruck, für einen Irrtum von 0,05 in R eine etwa gleichhohe Abweichung. Diese Fehlermöglichkeiten sind wahrscheinlich geringer als die einer direkten Alveolarluftsammlung, abgesehen davon, daß einmalige Probeentnahmen kaum einen repräsentativen Wert ergeben. Wie man sieht, taucht hier die gleiche Problematik auf, wie sie für einen repräsentativen Alveolarluftwert generell besteht.

Die Verfahren zur Ermittlung von sog. Alveolarluftwerten sind bekannt und lassen sich einteilen in: a) die klassische Methode nach HALDANE-PRIESTLEY, b) Verfahren zur Sammlung endexspiratorischer Proben, c) fortlaufende Messungen der exspiratorischen Gaskonzentrationskurven und d) Berechnungsverfahren bzw. indirekte Methoden.

Für eine Verwendung der hier besonders interessierenden exspiratorischen Konzentrationskurven zu Alveolarluftanalysen stellt sich die Frage, welcher Kurvenpunkt des sog. Alveolarplateaus (59) dem mittleren Alveolarluftwert am besten entspricht. Unter Zugrundelegung experimenteller Daten berechneten DUBOIS u. Mitarb. (15), daß mittlere *alveolare* Konzentrationen für O_2 und CO_2 etwa in der Mitte der In- und Exspiration (im Alveolarraum) auftreten, so daß unter Berücksichtigung der zeitlichen Verzögerung diese »mittlere« Alveolarluft sicher im letzten Drittel der exspiratorischen Konzentrationskurve erscheinen wird. Vergleicht man mittexspiratorisch und endexspiratorisch ausgewertete Kurvenpunkte mit den nach der Alveolarluftformel für den gleichen Zeitraum aus der gesammelten Exspirationsluft berechneten Werten, so ergeben sich für die Durchschnittswerte aus der massenspektrometrischen bestimmten Sauerstoff-Konzentrationskurve:

endexspiratorisch-alveolärer O_2-Druck (P_{eAO_2}) = 102,7 ± 8 Torr
mittexspiratorisch-alveolärer O_2-Druck (P_{mAO_2}) = 108,2 ± 8,4 Torr
u. Verw. von P_{aCO_2} berechneter O_2-Druck = 106,2 ± 7 Torr
(n = 35; 22–78 Jahre; s. auch unter 3)

Verglichen mit der berechneten »idealen« Alveolarluft zeigt sich, daß die endexspiratorischen Konzentrationen dem berechneten Wert recht nahe kommen. In der Praxis hat sich uns das in Abb. 1 gezeigte Vorgehen bei Ruheatmung als am zweckmäßigsten erwiesen. Bei Belastungsuntersuchungen werden bei Verwendung der endexspiratorisch-alveolären O_2-Drucke häufig »negative« alveolo-arterielle Druckdifferenzen beobachtet (23), so daß diese Werte sicher nicht mehr repräsentativ sind für eine mittlere Alveolarluft. Dasselbe gilt bekanntlich in pathologischen Fällen, im besonderem bei Vorliegen von obstruktiven Lungenerkrankungen.

Zu den unter d) genannten Verfahren gehören z. B. die Konzeption der »idealen« Alveolarluft nach RILEY und COURNAND (54, 55) bei gleichzeitiger Verwendung des arteriellen Kohlensäure-Drucks oder das Verfahren, das von BARGETON (4) angegeben wurde. – Auf Einzelheiten kann nicht eingegangen werden.

3. Normwert-Bereiche der Partialdruck-Differenzen

Nach dem eingangs Gesagten ist leicht verständlich, daß die große Variabilität der in der Lunge vorkommenden »Verteilungsmuster« m. a. W. der verteilungsbedingte Anteil der alveolo-arteriellen Druckdifferenz schon in der gesunden Lunge relativ große Schwankungen des Globalwertes dieser Funktionsgröße bedingen muß. Dies gilt generell für alle 3 Druckdifferenzen und ist besonders ausgeprägt, wenn beide die AaD formierenden Meßwerte direkt bestimmt werden. Auch in den Angaben der verschiedenen Untersucher über unterschiedliche Mittelwerte mit relativ hohen Streuungen, im besonderen für die AaD O_2, kommt dies zum Ausdruck. Allgemein läßt dieses Verhalten darauf schließen, daß die Verteilungsinhomogenitäten (auch der gesunden Lunge) oder mit einem Terminus der Regelphysiologie: die homoiostatischen Gleichgewichte des respiratorischen Gaswechsels, als dessen globales funktionelles Kriterium die alveolo-arterielle Druckdifferenz anzusehen ist, sehr labile und störanfällige »Zustände« sind. Unabhängig davon stehen jedoch die ein solches »Gleichgewicht« oder Funktionssystem bedingenden Variablen (= Funktionsgrößen) jeweils in ganz bestimmten Abhängigkeiten voneinander, so daß immer die Mehrfach-Meßwertbestimmung zu bevorzugen ist. Sehr gut werden diese gegenseitigen Zuordnungen durch Befunde von LENFANT (38) über zeitabhängige Schwankungen von Gaswechselgrößen demonstriert, womit sich z. B. zwischen den zeitvariablen Änderungen des »triple-Gradienten« und bestimmten Ventilations-Perfusions-Verhältnissen gesetzmäßige Abhängigkeiten aufzeigen lassen.

Wir haben versucht, die für derartige Schwankungen verantwortlich zu machenden Stör- oder besser Einfluß-Faktoren formal und sachlich zu gliedern mit dem Ziel, schärfer abgegrenzte und vergleichbare Normwertbereiche zu erhalten (22). Dabei lassen sich allgemein Alter, biometrische Größen und methodische Bedingungen benennen. Im Hinblick auf die Erstellung von sog. »Normalwerten« können Alter und biometrische Größen durch besondere mathematische Verfahren, die letztgenannten durch Standardisierung der Untersuchungstechnik berücksichtigt werden (31). Erwartungsgemäß bestätigte sich in der mathematischen Verknüpfung von Einflußfaktoren *und* voneinander abhängigen Funktionsgrößen (z. B. über eine schrittweise durchgeführte multiple Regressionsrechnung) der besondere Vorteil einer Mehrfach-Meßwertbestimmung, indem eine deutliche Streuungseinengung der rechnerisch ermittelten Schätz- (=Funktions)-Größen erreicht wird. – (Abschließend wird dafür ein Beispiel gegeben.)

Über die N_2-Druckdifferenz liegen systematische Untersuchungen an einer größeren Personenzahl m.W. noch nicht vor. KLOCKE und RAHN (29) geben Werte zwischen −1 und +6 Torr an; FARHI u. Mitarb. (17) bei 9 Normalpersonen im Mittel 9,4 Torr für den Urin-alveolären Stickstoffgradienten, der von dem gleichzeitig mit 7,2 Torr bestimmten venös-alveolären Wert nicht signifikant unterschieden war. HAAB u. Mitarb. (21) bestimmten bei ihren Untersuchungen zur Höhenanpassung ebenfalls die venös-alveoläre N_2-Druckdifferenz und geben bei 20 Messungen an 10 Personen von 19–36 Jahren einen Durchschnittswert von 9,3 (SE 1,2) Torr an. Wie aus den o.a. Befunden von LENFANT (38) zu entnehmen ist, können jedoch schon beim Gesunden in Entsprechung zur O_2-Druckdifferenz auch erheblich höhere Werte bestimmt werden. Dies ist nach der oben gegebenen Summenformel des »triple-Gradienten« auch zu erwarten.

Zahlreicher sind die Messungen der alveolo-arteriellen CO_2-Druckdifferenz (3, 7, 25, 33, 37, 42, 44, 61, 63, 66, 68 u.a.). Dabei besteht weitgehende Übereinstimmung darüber, daß Werte bis etwa +3 Torr noch als normal anzusehen sind. Auch hier ergeben sich bei der Auswertung endexspiratorischer Konzentrationskurven die gleichen Schwierigkeiten, welche oben für O_2-Werte erwähnt wurden. Nachdem wir an einem großen Untersuchungsmaterial (n = 320) erstmals eine Altersbeziehung der arteriellen CO_2-Drucke nachweisen konnten (20), ließ sich an einer kleinen Stichprobe (n = 35) mit breiter Altersstreuung auch die Altersabhängigkeit der aAD CO_2 regressionsmäßig schätzen. Die entsprechende Beziehung lautet (25):

$$\text{aAD } CO_{2\,(\text{Ruhe})} = 0{,}19 \cdot \text{Alter} - 7{,}1 \qquad (3)$$

Die weitaus meisten Bestimmungen liegen über die Sauerstoff-Druckdifferenz vor (1, 3, 6, 18, 19, 23, 26, 28, 41, 43, 53, 57, 63, 74). Die Werte, die an anderer

Stelle zusammengefaßt sind (52), schwanken bekanntlich nicht unerheblich im Mittel zwischen 6,9 (SD 7,6) bei BARTELS u. Mitarb. (6) bis 23,0 (SD 13,5) bei SCHERRER und BIRCHLER (57). Mit Ausnahme der von WORTH, MUYSERS und SIEHOFF (74) und uns selbst angegebenen Werte wurden dabei die alveolären Drucke berechnet. Für die schon aus dem Verhalten der Einzelgrößen zu erwartende Altersabhängigkeit sind inzwischen 4 Regressionen angegeben worden, welche in Abb. 2 und Tab. 1 zusammengestellt sind. Lediglich die durch uns aufgestellte Regression wurde aus der Messung sowohl des alveolären als auch des arteriellen Wertes erhalten. WORTH u. Mitarb. haben lediglich einen 0,51 betragenden Regressionskoeffizienten berechnet, ein Wert, welcher der 0,52 betragenden Steilheit unserer eigenen Beziehung praktisch entspricht. Wie ein Vergleich der Steilheiten zwischen den Regressionsgleichungen für die Druckdifferenzen und die arteriellen Drucke (s. Tab. 1) zeigt, wird die Altersabhängigkeit dieser Beziehung praktisch ausschließlich durch den Altersgang der arteriellen Drucke festgelegt.

Tab. 1. Zusammenstellung der bis heute bekannten Altersregressionen für die alveolo-arterielle Druckdifferenz. Der Formel 4 entspricht die Gerade 4 in Abb. 2.

	Autoren	Regressionsgleichungen ($\times$ = Alter)			
		n	AaD O_2 (Torr) =	n	PaO_2 (Torr) =
1	RAINE u. BISHOP (1963)	49	$0{,}36 \cdot \times - 4{,}3$ ($\pm$ 5,6)	49	$-0{,}24 \cdot \times + 103{,}7$
2	MELLEMGAARD (1965)	80	$0{,}21 \cdot \times + 2{,}5$ ($\pm$ 7,1)	80	$-0{,}27 \cdot \times + 104{,}2$
3	BURCHARDI u. HARMS (1968)	408	$0{,}374 \cdot \times + 1{,}34$ ($\pm$ 10,1)	408	$-0{,}374 \cdot \times + 102{,}6$
4	Eigene Untersuchungen (1968/69)	65[1])	$0{,}52 \cdot \times - 4{,}85$ ($\pm$ 3,4)[2])	65	$-0{,}39 \cdot \times + 105{,}5$

[1]) = im Gegensatz zu den übrigen Beziehungen handelt es sich um direkt bestimmte endexspiratorisch-alveolo-arterielle Druckdifferenzen.

[2]) = 95% Konfidenzbereich für den Mittelwert; die Streuungsbereiche für die übrigen Beziehungen sind nicht eindeutig deklariert.

Für die alveolären Sauerstoffwerte ist eine solche Abhängigkeit nicht bekannt. Weitere anthropometrische Daten spielen als Einflußgrößen keine Rolle.

Wie schon erwähnt, zeigen die besprochenen Funktionsgrößen, im besonderen die AaD O_2, eine relativ breite Streuung. In Tab. 2 werden abschließend beispielhaft 4 Gleichungen mitgeteilt, in denen der mitt- und endexspiratorisch-alveoläre Sauerstoffdruck und die Partialdruckdifferenzen für CO_2 und O_2 über eine schrittweise multiple Regressionsrechnung geschätzt wurden.

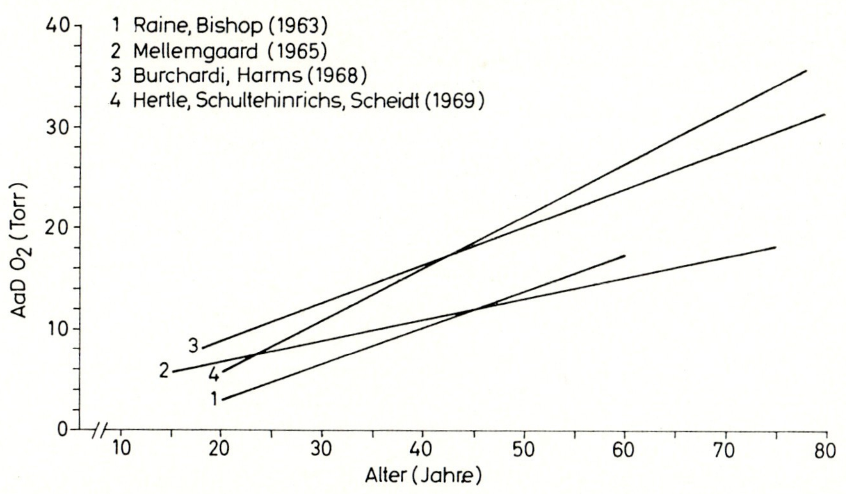

Abb. 2. Die Altersabhängigkeit der alveolo-arteriellen Sauerstoffdruckdifferenz in Ruhe; eingetragen sind die Regressionsgeraden der heute bekannten Untersuchungen; die zugehörigen Formeln sind in Tab. 1 zusammengestellt. Nur die Gerade 4 (eigene Werte) resultiert aus gemessenen endexspiratorisch-alveolären Werten, für die übrigen Beziehungen wurden die Alveolardrucke berechnet; die AaD O_2 wurde nach dem in Abb. 1 gezeigten Vorgehen bestimmt. ($n = 65$; 20–78 Jahre; $P < 0{,}001$.)

Tab. 2. Beispiele für schrittweise berechnete multiple Regressionsgleichungen. Die Reihenfolge der Variablen gibt die »Gewichtung« der jeweiligen Größe für die Streuungseinengung der Schätzgröße (im Vergleich zur Meßgröße) an. – Abkürzungen: V_D = physiologischer Totraum (berechnet über $PaCO_2$); V_T = Atemzugvolumen; $PmACO_2$ = mittexspiratorisch-alveolärer CO_2-(O_2)-Druck; P (a—mA) = arterio-mittexspiratorisch-alveoläre CO_2-Druckdifferenz; m = mittexspiratorisch; e = endexspiratorisch (s. Text).

Alveolärer Sauerstoffdruck

(1) $Y_{R(m)} = -0{,}93 \cdot PmACO_2 + 33{,}25 \cdot R - 0{,}51 \cdot P\,(a\text{-}mA) + 130{,}73$

(2) $Y_{R(e)} = -0{,}74 \cdot PmACO_2 + 36{,}84 \cdot R - 0{,}54 \cdot P\,(a\text{-}mA) + 119{,}87$

Alveolo-arterielle O_2-Druckdifferenz

(3) $Y_{R(m)} = 0{,}43 \cdot \text{Alter} + 39{,}51 \cdot V_D/V_T - 0{,}47 \cdot PmACO_2 + 2{,}46$

Arterio-alveoläre CO_2-Druckdifferenz

(4) $Y_{R(m)} = 23{,}23 \cdot V_D/V_T + 0{,}09 \cdot \text{Alter} + 0{,}06 \cdot PmAO_2 - 16{,}12$

Es wurde dafür aus dem o.a. Kollektiv für die Aufstellung der AaD O_2 eine Zufalls-Stichprobe von 35 Patienten mit breitem Altersgang (22–73) ausgewählt, bei denen zusätzlich unter streng standardisierten methodischen Bedingungen auch die CO_2-Druckdifferenz und weitere Gaswechselgrößen gemessen wurden. Von 34 Variablen (Einflußgrößen und Funktionswerte) wurde eine statistische Analyse durchgeführt. Die aufgrund der Ergebnisse der Korrelationsmatrix vorgenommene schrittweise multiple Regression ergab, daß mit den in Tab. 2 zusammengestellten Formeln die beste Schätzung des jeweiligen Funktionswertes erreicht wird. Die Reihenfolge der Variablen in den Formeln gibt dabei die »Gewichtung« für die Streuungseinengung an. Es zeigt sich für den alveolären Sauerstoffdruck ein Streuungsrückgang (einfache Standardabweichung) von 8,4 (=Meßgröße) auf 3,1 Torr (=Schätzgröße; Formel 1), bzw. von 8 auf 3,3 Torr (Formel 2).

Für die Sauerstoff- und Kohlensäuredruckdifferenz ergibt sich eine Streuungseinengung von 14,5 (=Meßgröße) auf 8,3 Torr (=Schätzgröße; Formel 3), bzw. von 4,7 auf 2,7 Torr für die CO_2-Druckdifferenz. – (Einzelheiten s. bei 25.)

Wie aus den beiden ersten Gleichungen sichtbar wird, werden zur Schätzung des alveolären O_2-Druckes praktisch die gleichen Variablen herangezogen wie sie auch in der Alveolarluftformel benutzt werden. Für die O_2- und CO_2-Druckdifferenz zeigt sich die bekannte Abhängigkeit dieser Größen von dem Ventilations-Perfusions-Verhältnis, wie es sich in der Relation V_D/V_T ausdrückt, weiter die unterschiedliche Gewichtung des Alters als Einflußgröße. Eine Berücksichtigung weiterer Variablen ergibt – für die von uns durchgeführte Auswahl und Prüfung – keine weitere Streuungseinengung mehr. Gleichzeitig weist der etwas höhere Streuungsrückgang für die Schätzung des endexspiratorischen Sauerstoffdruckes, im Vergleich zu der entsprechenden Formel des mittexspiratorischen Wertes, darauf hin, daß die erstgenannte Größe den tatsächlichen Bedingungen besser entspricht.

Die mathematisch-formulierten Beziehungen sind zunächst beispielhaft zu verstehen, d. h. an einer größeren Stichprobe können sich Koeffizienten und Konstanten etwas ändern, bei gleichen Untersuchungsbedingungen werden sich jedoch Auswahl und »Gewichtung« der Variablen kaum verschieben. Wesentlich erscheint, daß eine entsprechende mathematische Berücksichtigung mehrerer, eine Funktionsgröße determinierender Variablen über eine signifikante Streuungsreduzierung zu einer schärferen Abgrenzung von Normwertbereichen und damit zu besseren Beurteilungskriterien führt.

Literatur

(1) Aksnes, E. G.: Scand. J. clin. Lab. Invest. *14:* 443–452 (1962).
(2) Aksnes, E. G., H. Rahn: J. appl. Physiol. *10:* 173–178 (1957).
(3) Asmussen, E., M. Nielsen: Acta physiol. scand. *50:* 153–166 (1960).
(4) Bargeton, D.: Bull. physio-path. respir. *3:* 503–526 (1967).
(5) Bartels, H., G. Rodewald: Pflügers Arch. ges. Physiol. *258:* 163–176 (1953).
(6) Bartels, H., R. Beer, H. P. Koepchen, J. Wenner, J. Witt: Pflügers Arch. ges. Physiol. *261:* 133–151 (1955).
(7) Bjurstedt, H., C. M. Hesser, G. Liljestrand, G. Matell: Acta physiol. scand. *53:* 65–82 (1962).
(8) Briscoe, W. A.: J. appl. Physiol. *14:* 299–304 (1959).
(9) Briscoe, W. A., H. P. Gurtner: Fed. Proc. *19:* 381 (1960).
(10) Burrows, B., A. H. Niden, P. V. Harper jr., W. R. Barclay: J. clin. Invest. *39:* 795–801 und 943–951 (1960).
(11) Canfield, R. E., H. Rahn: J. appl. Physiol. *10:* 165–172 (1957).
(12) Cole, R. B., J. M. Bishop: J. appl. Physiol. *18:* 1043–1048 (1963).
(13) Cole, R. B., J. M. Bishop: J. appl. Physiol. *22:* 685–693 (1967).
(14) Dirken, M. N. J., H. Heemstra: Arch. neerl. Physiol. *28:* 501–517 (1947).

(15) DuBois, A. B., A. G. Britt, W. O. Fenn: J. appl. Physiol. *4:* 535–548 (1952).
(16) Farhi, L. E., H. Rahn: J. appl. Physiol. *7:* 699–703 (1955).
(17) Farhi, L. E., A. W. T. Edwards, T. Homma: J. appl. Physiol. *18:* 97–106 (1963).
(18) Filley, G. F., F. Gredoire, C. W. Wright: J. clin. Invest. *33:* 517–529 (1954).
(19) Friehoff, F. J.: Pflügers Arch. ges. Physiol. *270:* 431–444 (1960).
(20) Goerg, R.: Inaugural-Dissertation, Mainz 1969.
(21) Haab, P., D. R. Held, H. Ernst, L. E. Farhi: J. appl. Physiol. *26:* 77–81 (1969).
(22) Hertle, F. H.: Habilitationsschrift, Mainz 1969.
(23) Hertle, F. H., F. Meerkamm, E. Strunk: Verh. dtsch. Ges. inn. Med. *73:* 859–863 (1967).
(24) Hertle, F. H., D. Kafarnik, W. Schmidt: In Frey, R., F. Kern, O. Mayrhofer: »Anaesthesiologie und Wiederbelebung«; Bd. 30: Hypoxie, S. 120–124, Springer, Berlin, Heidelberg, New York 1969.
(25) Hertle, F. H., D. Schultehinrichs, A. Scheidt, D. Kafarnik: (In Vorbereitung.)
(26) Hesser, C. M., G. Matell: Acta physiol. scand. *63:* 247–256 (1965).
(27) Hill, L., J. F. Twort, H. B. Walker: J. Physiol. (Lond.) *41:* VI–VII (1910).
(28) Hofer, P., M. Scherer: Med. thorac. *22:* 450–469 (1965).
(29) Klocke, F. J., H. Rahn: J. clin. Invest. *40:* 286–294 (1961).
(30) Keith, A.: Zit. bei (38).
(31) Lange, H.-J., F. H. Hertle: In C. W. Hertz (Hrsg.) »Begutachtung von Lungenfunktionsstörungen«, Colloquium im April 1968 in Malente/Holst. Thieme, Stuttgart 1968.
(32) Langlands, J. H. M., W. F. M. Wallace: Lancet *II:* 315–317 (1965).
(33) Larson, G. P., J. W. Severinghaus: J. appl. Physiol. *17:* 417–420 (1962).
(34) Lenfant, G.: J. Physiol. (Paris) *53:* 410–417 (1961).
(35) Lenfant, G.: J. appl. Physiol. *18:* 1090–1094 (1963).
(36) Lenfant, G.: Ann. N. Y. Acad. Sci. *121:* 779–808 (1965).
(37) Lenfant, G.: J. appl. Physiol. *21:* 1356–1362 (1966).
(38) Lenfant, G.: J. appl. Physiol. *22:* 675–684 (1967).
(39) Lenfant, G., G. Augutt: Respirat. Physiol. *1:* 398–407 (1966).
(40) Lenfant, G., T. Okubo: J. appl. Physiol. *24:* 658–667 (1968).
(41) Lilienthal, J. L., R. L. Riley, D. D. Proemmel, R. E. Franke: Amer. J. Physiol. *147:* 199–216 (1964).
(42) Matell, G.: Acta physiol. scand. *58* Suppl. *206:* 1–53 (1963).
(43) Mellemgaard, K.: Acta physiol. scand. *67:* 10–20 (1966).
(44) Muysers, K., F. Siehoff, G. Worth, L. Gasthaus: Int. Arch. Gewerbepath. Gewerbehyg. *19:* 589–612 (1960).
(45) Muysers, K., G. Worth, F. Siehoff: Med. thorac. *21:* 12–26 (1964).
(46) Olszowka, A. J., L. E. Farhi: J. appl. Physiol. *26:* 141–146 (1969).
(47) Piiper, J.: J. appl. Physiol. *16:* 493–498 und 507–510 (1961).
(48) Piiper, J.: Respirat. Physiol. *6:* 209–218 und 219–232 (1969).
(49) Rahn, H.: Amer. J. Physiol. *158:* 21–30 (1949).
(50) Rahn, H., W. O. Frenn: A graphical analysis of the respiratory gas exchange. The O_2-CO_2-Diagram. Washington DC: The American Physiological Society 1954.
(51) Rahn, H., H. D. Van Liew: Zit. bei (13).
(52) Rahn, H., L. E. Farhi: In: Ciba Foundation Symposion on Pulmonary Structure and Function, ed. by A. V. S. de Reuck, M. O'Connor. Churchill, London 1962.
(53) Raine, J. M., J. M. Bishop: J. appl. Physiol. *18:* 284–288 (1963).
(54) Riley, R. L., A. Cournand: J. appl. Physiol. *1:* 825–847 (1949).
(55) Riley, R. L., A. Cournand: J. appl. Physiol. *4:* 77–101 (1951).
(56) Riley, R. L., A. Cournand, K. W. Donald: J. appl. Physiol. *4:* 102–120 (1951).
(57) Scherrer, M., A. Birchler: Med. thorac. *24:* 99–117 (1967).
(58) Schmidt, W., K. H. Schnabel, G. Thews: (In diesem Band S. 127.)

(59) Schoedel, W.: Ergebn. Physiol. *39:* 450–488 (1937).
(60) Sikand, R., P. Cerretelli, L. E. Farhi: J. appl. Physiol. *21:* 1331–1337 (1966).
(61) Sivertson, S. E., W. S. Fowler: J. Lab. clin. Med. *47:* 869–884 (1956).
(62) Staub, N. G.: J. appl. Physiol. *18:* 673–680 (1963).
(63) Suskind, M. R., A. Bruce, M. E. McDowell, P. N. G. Yu, F. N. Lovejoy: J. appl. Physiol. *3:* 282–390 (1950).
(64) Thews, G.: Pflügers Arch. ges. Physiol. *276:* 89–98 (1962).
(65) Thews, G., H.-R. Vogel: Pflügers Arch. ges. Physiol. *303:* 195–205 (1968).
(66) Ulmer, W. T., G. Reichel: In: Physiologie und Pathologie des Gasaustausches in der Lunge, Bartels, H., E. Wizleb (Hrsg.). Bad Oeynhaus. Gespräche IV (1960); Springer, Berlin, Göttingen, Heidelberg 1961.
(67) Ulmer, W. T., G. Berta, G. Reichel: Med. thorac. *20:* 235–249 (1963).
(68) Ulmer, W. T., F. H. Hertle, G. Reichel: Poumon S. 1305–1313 (1963).
(69) Ulmer, W. T., G. Thews, G. Reichel: Verh. dtsch. Ges. inn. Med. *69:* 670–675 (1963).
(70) Visser, B. F., A. H. J. Maas: Phys. in Med. Biol. *3:* 264–272 (1956).
(71) West, J. B.: J. appl. Physiol. *17:* 893–898 (1962).
(72) West, J. B.: Ventilation blood flow and gas exchange. Blackwell, Oxford 1966.
(73) Wiener, F., C. Hatzfeld, W. A. Briscoe: J. appl. Physiol. *23:* 439–457 (1967).
(74) Worth, G., K. Muysers, F. Siehoff: Med. thorac. *20:* 223–234 (1963).

Aus dem Physiologischen Institut der Universität Mainz
(Direktor: Prof. Dr. Dr. G. Thews)

Messung der arteriovenösen Sauerstoffdifferenz unter Norm- und Hypoxiebedingungen mittels einer Rückatemmethode

K. H. Schnabel, W. Schmidt, W. Döhring und G. Thews

In der kardiopulmonalen Funktionsdiagnostik kann über die Bestimmung der arteriovenösen Differenz (avD_{O_2}) die Sauerstoffversorgung der peripheren Gewebe beurteilt werden.

Die bisherigen Voraussetzungen zur Bestimmung der avD_{O_2} waren eine Katheterisierung des rechten Herzens und eine Arterienpunktion, um die O_2-Drucke sowohl im venösen Mischblut als auch arteriell zu ermitteln. Beide Eingriffe sind keine risikolosen Routinemethoden.

Wir möchten daher ein von Döhring und Thews (1969) entwickeltes Rückatmungsverfahren vorstellen, das es erlaubt, die zur Berechnung der avD_{O_2} notwendigen Partialdrucke des venösen Mischblutes ohne Anwendung des Herzkatheters festzustellen.

Die Untersuchung basiert auf der fortlaufenden Registrierung der endinspiratorischen und endexspiratorischen O_2 und CO_2-Partialdrucke während einer ca. 20 Sekunden dauernden Rückatmungsperiode.

Die Methode unterscheidet sich in 2 Punkten von den oft modifizierten Äquilibrierverfahren, wie sie seit der Erstbeschreibung durch Plesch (5) publiziert wurden.

1. Es wird auf einen vollständigen Partialdruckausgleich zwischen den venösen und alveolären O_2 und CO_2-Werten verzichtet, denn der Rückatemversuch wird nach 5–6 Atemzügen abgebrochen. Die Bestimmung der venösen O_2 und CO_2-Partialdrucke erfolgt durch Extrapolation aus dem vorgegebenen monotonen Kurvenverlauf der endinspiratorischen und endexspiratorischen alveolären Werte.

2. Durch zeitliche Beschränkung auf ca. 20 Sekunden werden Störungen der Meßwerte durch Einfluß der Rezirkulation vermieden.

Wir untersuchten 20 gesunde jugendliche Versuchspersonen in Ruhe mit folgender Versuchsanordnung (Abb. 1).

a) Ein Douglassack mit dem Fassungsvermögen von 200 Litern enthält ein Hypoxiegemisch, das sich aus 11,5 Vol% O_2, 10 Vol% Argon und 78,5 Vol% N_2 zusammensetzt. Die Versuchsperson ist unter Zwischenschaltung eines Atem-

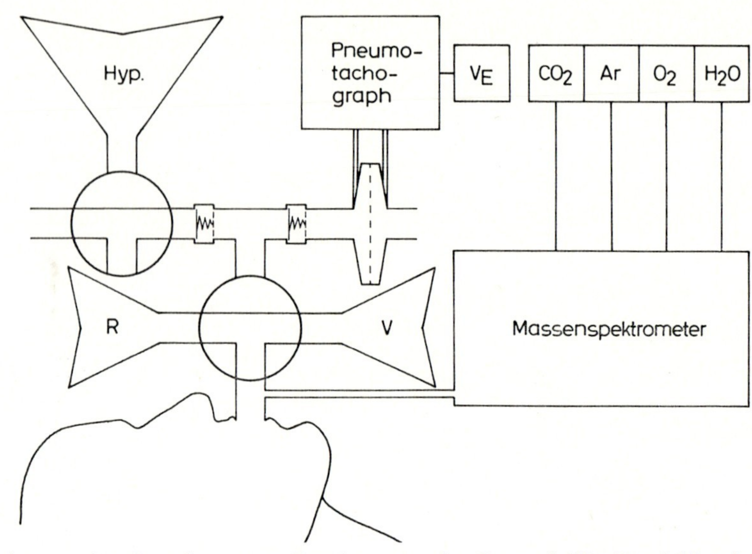

Abb. 1. Apparative Anordnung zur Bestimmung des O_2- und CO_2-Partialdrucks im venösen Mischblut. Die Versuchsperson atmet über ein ventilgesteuertes Atemmundstück Zimmerluft ein bzw. Hypoxiegemisch aus einem Douglassack (Hyp.). Durch Drehen des mundnahen Dreiwegehahnes wird für einen Atemzug auf das Rückatmungsgemisch(R) umgeschaltet. Die fortlaufende Messung der Partialdruckänderungen erfolgt über ein Massenspektrometer. Während der Luft- und Hypoxieatmung werden die Atemvolumina exspiratorisch mit einem Pneumotachographen registriert.

ventils und eines 2. Dreiwegehahnes mit der Außenluft oder dem Douglassack verbunden. Der 2. Dreiwegehahn trägt den Voratembeutel (V) mit dem Voratemgemisch, das 9–10 Vol% CO_2 in N_2 enthält und den Rückatembeutel (R) mit ca. 2 Litern eines Gasgemisches, bestehend aus 5,5–7,5 Vol% CO_2 in N_2.

b) Zur fortlaufenden Atemgasanalyse verwendeten wir das Massenspektrometer (MAT 3).

c) Die Aufzeichnung der Meßwerte erfolgte durch Höfler-Kompensationslinienschreiber.

Versuchsdurchführung

Die liegende Versuchsperson trägt eine Nasenklemme und atmet über ein Mundstück zunächst im offenen Spirometersystem für ca. 10 Minuten Außenluft vor. Durch Umschalten des 2. Dreiwegehahnes wird der Proband nach einer Exspiration für die Dauer eines Atemzuges an den Voratembeutel angeschlossen. Danach folgen 5–6 Atemzüge aus dem Rückatembeutel. Während dieser Rückatemperiode entspricht das geschlossene System Beutel – Lunge einem Tonometer, das es dem Atemgemisch erlaubt, sich mit seinen Gasdrucken denen des gemischtvenösen Blutes anzugleichen. Dabei konvergieren bei fortlaufender

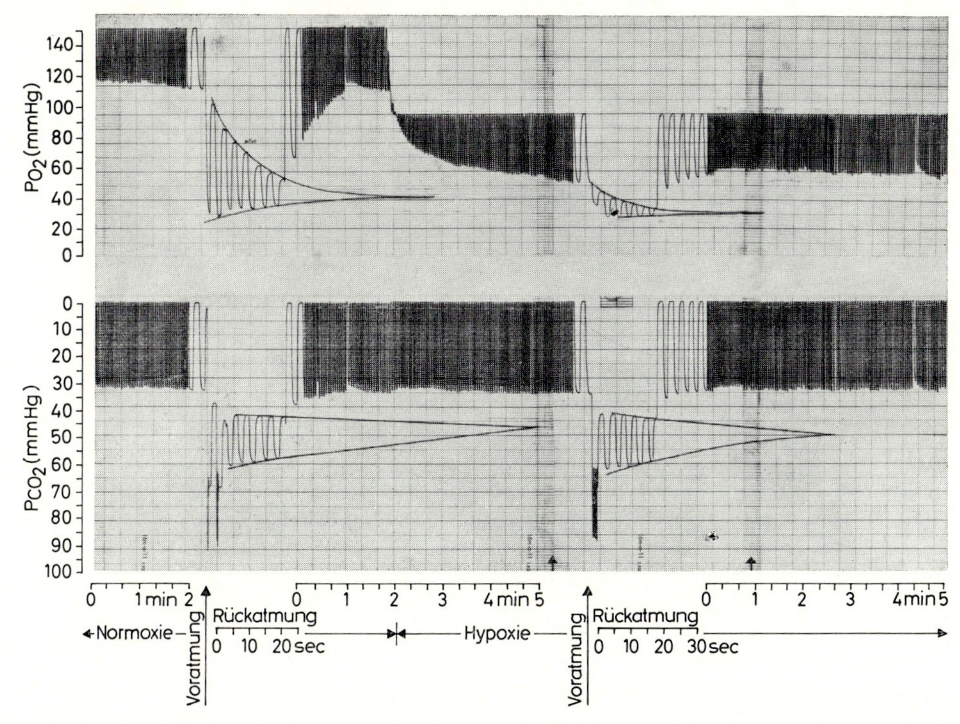

Abb. 2. Originalkurven der O_2- und CO_2-Atemgaspartialdrucke bei Zimmerluft- und Hypoxieatmung. Die obere Kurve stellt O_2-Partialdrucke dar. Bei Normoxie und Hypoxie wird durch Extrapolation der endex- und endinspiratorischen Werte nach Rückatmung der gemischtvenöse O_2-Partialdruck ermittelt. Die untere Kurve zeigt die Registrierung der CO_2-Partialdrucke, die wie die O_2-Kurve ausgewertet wird. Bei ↑ wurden die Originalkurven zur besseren Darstellung verkürzt.

Gasanalyse die endexspiratorischen und endinspiratorischen Kurvenpunkte gegen die O_2- und CO_2-Partialdrucke des venösen Mischblutes. Der gleiche Versuchsablauf wiederholt sich nach einer 15 Minuten dauernden Vorphase, bei der an Stelle atmosphärischer Luft das Hypoxiegemisch aus dem Douglassack geatmet wird (Abb. 2).

Die Auswertung der registrierten Kurven erfolgt durch Verbindung der endexspiratorischen und endinspiratorischen O_2 und CO_2 Partialdruckwerte. Nach Abbruch der Rückatmung werden beide umhüllende Kurven extrapolatorisch fortgeführt, bis sie sich auf einer Abszissenparallelen berühren. Bei der Bestimmung des gemischt-venösen O_2-Partialdrucks kann es zu einer Überschneidung beider Kurven kommen. Mit diesem Schnittpunkt ermittelten Ashton und McHardy (1) die O_2-Spannung des venösen Mischblutes. Der Wert entspricht jedoch nur einem Gleichgewicht zwischen Alveolarluft und Rückatembeutel ohne den diffusionsabhängigen Ausgleich zwischen Alveolen und venösem Mischblut zu berücksichtigen. Erst im weiteren Verlauf kommt es zu einer asymptotischen Annäherung beider Kurven an eine Abszissenparallele, die dem realen gemischt-venösen Punkt entspricht. Da nur die endexspiratorische Kurve stets einen monotonen Verlauf aufweist, ist sie zur Bestimmung des venösen O_2-Partialdruckes maßgebend. Das Lot von dem ermittelten Punkt auf die Abszisse ergibt eine Strecke, mit der man auf einer Eichkurve den gemischt-venösen O_2- bzw. CO_2-Meßwert feststellt. Die Genauigkeit der Methode liegt bei ± 1 Torr. Durch Untersuchung der O_2- und CO_2-Partialdruckwerte im Kapillarblut des hyperämisierten Ohrläppchens mit den Mikroanalyseverfahren nach Thews (7) wurde die arterielle O_2- und CO_2-Spannung bestimmt.

Ergebnisse und Diskussion

Die von uns mittels Rückatmungsmethode festgestellten venösen O_2- und CO_2-Partialdrucke liegen unter Normoxie bei 38–41 mm Hg O_2 und 45–48 mm Hg

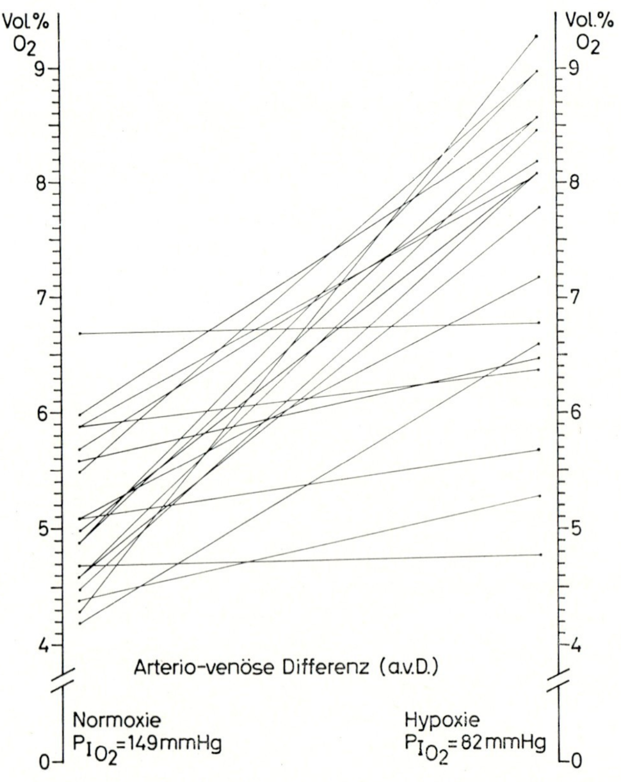

Abb. 3. Darstellung des Anstiegs der avD unter Hypoxiebedingungen.

CO_2. Unter Hypoxiebedingungen war ein Abfall der venösen O_2-Drucke bis auf 24 mm Hg, sowie ein Anstieg der CO_2-Drucke bis auf 52 mm Hg zu beobachten. Diese Werte sind praktisch identisch mit Angaben von BARTELS u. Mitarb. (3), die ihre venösen Partialdrucke mit dem Herzkatheter ermittelten. Zur Umrechnung der Sauerstoffpartialdrucke in die entsprechende Sauerstoffsättigung benutzten wir die O_2-Bindungskurve nach SEVERINGHAUS (6) unter Berücksichtigung ihrer Abhängigkeit vom jeweiligen CO_2-Partialdruck. Die Sauerstoffkapazität unserer gesunden Jugendlichen wurde mit 20,4 Vol% angenommen. Unter diesen Voraussetzungen bestimmten wir an 20 Versuchspersonen nach dem Fickschen Prinzip die avD_{O_2}-Werte (Abb. 3). Sie lagen unter Normoxie durchschnittlich bei 5,15 Vol% [$S = 0{,}68$, $S\bar{x} = 0{,}15$]. Im Vergleich mit einer Literaturzusammenstellung über die avD_{O_2} von ASMUSSEN und NIELSEN (2) liegen unsere Ergebnisse im oberen Normbereich.

Unter Hypoxie stieg die avD_{O_2} auf durchschnittlich 7,39 Vol% an [$S = 1{,}39$, $S\bar{x} = 0{,}31$]. Für den Anstieg der avD_{O_2} unter Hypoxiebedingungen war der Abfall der venösen O_2-Partialdrucke überwiegend verantwortlich. Durch die beschriebene Rückatmungsmethode ist es uns möglich, ohne Anwendung des Herzkatheters und ohne Arterienpunktion einen einfachen Weg zur Bestimmung der avD_{O_2} aufzuzeigen. Neben diesem Meßwert können mit dem gleichen Verfahren die Kapillarperfusion und die Diffusionskapazität der Lunge bestimmt werden. Die Durchführung ist, bei ausreichender Genauigkeit, technisch leicht ohne großen Zeitaufwand möglich und für den Untersuchten völlig gefahrlos.

Literatur

(1) ASHTON, C. H., G. J. R. MCHARDY: A rebreathing method for determining mixed venous P_{CO_2} during exercise. J. appl. Physiol. *18:* 668–671 (1963).

(2) ASMUSSEN, E., M. NIELSEN: Cardiac output during muscular work and its regulation. Physiol. Rev. *35:* 778–800 (1955).

(3) BARTELS, H., R. BEER, E. GLEISCHER, H. J. HOFFHEINZ, J. KRALL, G. RODEWALD, J. WENNER, J. WITT: Bestimmung von Kurzschlußdurchblutung und Diffusionskapazität der Lunge bei Gesunden und Lungenkranken. Pflügers Arch. ges. Physiol. *261:* 99–132 (1955).

(4) DÖHRING, W., G. THEWS: Ein Extrapolationsverfahren zur unblutigen Bestimmung des O_2- und CO_2-Partialdruckes im venösen Mischblut. Pflügers Arch. ges. Physiol. *311:* 326 (1969).

(5) PLESCH, J.: Hämodynamische Studien. Z. ges. Physiol. exp. Path. Ther. *6:* 380–618 (1909).

(6) SEVERINGHAUS, J. W.: Oxyhemoglobin dissociation curve correction for temperature and pH variation in human blood. J. appl. Physiol. *12:* 485–486 (1958).

(7) THEWS, G.: Ein Mikroanalyse-Verfahren zur Bestimmung der Sauerstoffdrucke in kleinen Blutproben. Pflügers Arch. ges. Physiol. *276:* 89–98 (1962).

Aus dem Physiologischen Institut der Universität Bonn
(Direktor: Prof. Dr. J. Pichotka)

Kontinuierliche Bestimmung der Feinvariation von $O_2^{34}-O_2^{32}$ in menschlicher Exspirationsluft

H. W. Dahners

Mit dem von Muysers u. Mitarb. (S. 179 dieses Bandes) entwickelten Verfahren wurde der Verlauf der Feinvariation der Sauerstoffisotope O_2^{34} und O_2^{32} in der menschlichen Exspirationsluft gemessen. Aus der analogen Verarbeitung der vom Massenspektrometer gelieferten Daten resultiert eine Anzeige a (t), welche der momentanen Feinvariation (t) proportional ist:

$$\vartheta\,(t) \propto a\,(t).$$

Zur Bestimmung des Proportionalitätsfaktors wird eine Probe mit bekanntem und von Null verschiedenem ϑ benötigt. Dazu wurde das Verhältnis der Isotopenhäufigkeiten in Luft und in einer Rückatmungsluftprobe bestimmt, und zwar in der Weise, daß auf einen Auffänger durch Variation der Beschleunigungsspannung alternierend die Massen 32 und 34 gebracht wurden. Das Verhältnis der Peakhöhen ist dann gleich dem Isotopenhäufigkeitsverhältnis. Dieses war für Luft 4,098 ‰ und für die Rückatmungsluftprobe 4,104‰. Daraus resultierte eine Feinvariation von $\vartheta = 1{,}5$ mit einem relativen mittleren Fehler, der trotz einer Genauigkeit von 1‰ in der Bestimmung der Isotopenhäufigkeitsverhältnisse 73% betrug. Damit war diese Art der Eichung nicht durchführbar. In Ermangelung einer Probe mit genau genug bekanntem und von Null verschiedenem ϑ wurde die Eichung folgendermaßen vorgenommen: Bei Lufteinlaß wurde die direkte Anzeige für das seltenere Isotop O_2^{34} durch Variation des Verstärkungsgrades der zugehörigen Spannung um Δa_{34} verändert. Dies wirkte für den nachgeschalteten Datenverarbeitungsteil wie eine Änderung der Feinvariation $\Delta\vartheta$. Damit konnte der Proportionalitätsfaktor mit einem relativen mittleren Fehler von 5% bestimmt werden.

Wegen der zur Verbesserung des Signal-Rausch-Verhältnisses eingeführten Tiefpässe und der damit verbundenen Vergrößerung der Zeitkonstanten der Meßapparatur konnte nur während langsamer (verlängerter) Exspiration gemessen werden. Gemessen wurde während verlängerter Exspiration aus der Ruheatmung heraus (ER), nach vorangegangener Hyperventilation (EH) und nach vorangegangener Belastung (EB) von 100 Watt während einer Minute.

Zur Eliminierung störender Verstärkerdriften wurden Gruppen kontinuierlicher Messungen »sandwichartig« umrahmt von Bestimmungen in gesammelten Rückatmungsluftproben, die bei Ruhe (RR) und bei Belastung (RB) gewonnen wurden, sowie von Kontrollen (K, Luft, $\vartheta = 0$) und Eichungen (E):

$$E - K - RR - RB - ER1 \ldots 5 - RB - RR - K - E - \ldots$$

Der Verlauf der Funktion $\vartheta(t)$ stellte sich so dar, daß bei der Exspiration der Totraumluft ϑ konstant und gleich Null ist, in der folgenden Exspiration der Mischluft steil ansteigt und im Verlauf der Exspiration von Alveolarluft schwächer ansteigt, bis sie bei hinreichend langer Exspiration gegen einen Grenz-

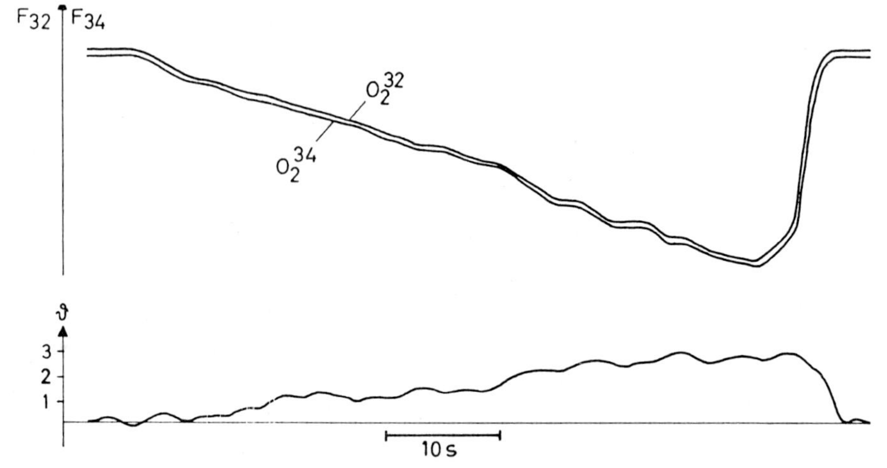

Abb. 1. Verlauf der Konzentrationen von O_2^{32} und O_2^{34} sowie deren Feinvariation während verlängerter Exspiration nach Hyperventilation.

wert zu laufen scheint. In Abb. 1 ist der Verlauf der Feinvariation nach vorangegangener Hyperventilation dargestellt. Dabei ist naturgemäß der steile Anstieg während der Mischluftexspiration, der bei Exspiration aus der Ruhe und nach Belastung sehr deutlich ist, nicht zu erkennen. Die im Mittel während verlängerter Exspiration erreichten Endwerte von ϑ und die ϑ-Werte der Rückatmungsluftproben sind in Tab. 1 zusammengestellt.

Tab. 1

	ϑ
ER	$2{,}82 \pm 0{,}16$
EH	$2{,}83 \pm 0{,}21$
EB	$2{,}31 \pm 0{,}14$
RR	$2{,}88 \pm 0{,}18$
RB	$2{,}86 \pm 0{,}18$

Erwartungsgemäß ist ϑ in allen untersuchten Alveolarluftproben positiv, da wegen der um den Faktor 1,03 größeren Diffusionsgeschwindigkeit des leichteren Sauerstoffisotops O_2^{32} eine relative Anreicherung an O_2^{34} eintritt. Diese relative Anreicherung der Alveolarluft mit O_2^{34} verlangsamt sich im weiteren Verlauf der Exspiration, und ϑ strebt einem Grenzwert zu, wie die Untersuchungen während verlängerter Exspirationen zeigen. Besonders deutlich zeigt sich dieses asymptotische Verhalten von ϑ (t) während der Exspiration nach vorangegangener willkürlicher Hyperventilation, weil dabei eine längere Exspirationsdauer ($\Delta t = 52$ s) als bei Exspiration aus der Ruheatmung heraus ($\Delta t = 30$ s) möglich war. Dagegen war bei der verlängerten Exspiration nach Belastung kein solches Verhalten der Funktion ϑ (t) festzustellen, was bei der kürzeren Exspirationsdauer ($\Delta t = 9$ s) nicht überrascht. Im übrigen zeigt der Vergleich von ϑ in unter Ruhe und Belastung gewonnener Rückatmungsluft, daß die Größe des Energieumsatzes für die Größe des Separationseffektes unerheblich ist. Insgesamt unterstützen die Befunde die Anschauung, daß in der Alveolarluft im Verlauf der Exspiration zunächst eine relative Anreicherung von O_2^{34} eintritt, die sich in einem langsameren Abfallen des alveolären Partialdruckes von O_2^{34} äußert und durch die damit verbundene Erhöhung der Partialdruckdifferenz zwischen Alveolarluft und Blut eine Vergrößerung der O_2^{34}-Aufnahme bewirkt. Dieser Vorgang scheint einem Gleichgewichtszustand zuzustreben, in dem die massenzahlabhängige Diskriminierung des schwereren Isotops durch die resultierende größere alveolo-kapilläre Partialdruckdifferenz kompensiert wird. Voraussetzung für das Eintreten des Gleichgewichtszustandes beim alveolo-kapillären O_2-Transport ist eine Änderung des Verbrauchs beider O_2-Isotopen in der Peripherie. Bei Annahme eines konstanten und vom Partialdruck unabhängigen O_2-Verbrauches des Organismus wird der Verbrauch der miteinander konkurrierenden O_2-Isotope ihrem Partialdruck am Verbrauchsort proportional sein, so daß also die Erkenntnis veränderlicher alveolo-kapillärer Diffusionsströme der O_2-Isotope durchaus vereinbar ist mit unserer Kenntnis des peripheren O_2-Stoffwechsels.

Abschließend sei bemerkt, daß die hier dargestellten Einstellvorgänge wahrscheinlich von Einstellvorgängen im Blut begleitet sind, doch dürften dieselben keine Änderung des hier grundsätzlich dargestellten Sachverhaltes bedingen.

Bezüglich des überraschend niedrigen Wertes von ϑ gegenüber dem von anderen Autoren gemessenen $\vartheta = 18$ (1) und $\vartheta = 36 \ldots 100$ (2) ist zu sagen, daß einerseits das hier verwendete Massenspektrometer mit kontinuierlichem Einlaß für die Analyse von Sauerstoff wegen der Oberflächeneffekte in der Analysatorkammer besser geeignet ist als Massenspektrometer mit diskontinuierlichem Einlaß, daß andererseits bei der hier angewandten Methode der Eichung größere Fehler eingehen können als die mittleren Streuungen in Tab. 1

erkennen lassen. Außerdem wurden die Messungen an Exspirationsluft einer einzigen Person durchgeführt, so daß eventuelle individuelle Unterschiede, die einen höheren Mittelwert von ϑ ergeben könnten, nicht wirksam wurden. Diese Fragen, ebenso wie die der Feinvariation der O_2-Isotopen im arteriellen und venösen Blut sollen in nächster Zeit untersucht werden.

Literatur

(1) Lane, G. A., M. Dole: Fractionation of oxygen isotopes during respiration. Science *123:* 574 (1956).

(2) Muysers, K., F. Siehoff, G. Worth: Respiratorischer Gasaustausch von Sauerstoffisotopen. Beitr. Silikose-Forsch. S.-Bd. *5:* 389 (1963).

SACHREGISTER